黄河水沙调控与生态治理丛书

黄河上游宁蒙河段治理研究

张厚军　鲁　俊　张　建　万占伟　罗秋实等　著

科学出版社

北　京

内 容 简 介

本书以河流动力学、河床演变为基础，充分利用以往研究成果，采用现场调研、实测资料分析、数学模型计算、实体模型试验等手段相结合的研究方法，在对宁蒙河段来水来沙、河道冲淤演变等深入分析的基础上，研究了宁蒙河段主槽淤积萎缩原因，提出了宁蒙河段的各项治理措施，研究了各项治理措施的效果，总结提出了宁蒙河段治理策略。

本书研究成果可供从事泥沙规律、河道治理等方面研究、设计和管理的科技人员及高等院校相关专业的师生参考。

图书在版编目（CIP）数据

黄河上游宁蒙河段治理研究 / 张厚军等著. —北京：科学出版社，2020.11
（黄河水沙调控与生态治理丛书）
ISBN 978-7-03-063744-4

Ⅰ.①黄… Ⅱ.①张… Ⅲ.①黄河–上游–河道整治–研究 Ⅳ.①TV882.1

中国版本图书馆 CIP 数据核字（2019）第 280994 号

责任编辑：朱 瑾 习慧丽 / 责任校对：严 娜
责任印制：吴兆东 / 封面设计：无极书装

科学出版社 出版
北京东黄城根北街 16 号
邮政编码：100717
http://www.sciencep.com

北京建宏印刷有限公司 印刷
科学出版社发行 各地新华书店经销
*

2020 年 11 月第 一 版 开本：787×1092 1/16
2021 年 1 月第二次印刷 印张：14 1/2
字数：345 000

定价：218.00 元
（如有印装质量问题，我社负责调换）

前　言

天然状态下黄河上游宁蒙河段呈微淤状态。自 1986 年以来，受龙羊峡水库、刘家峡水库联合调度运用及人类活动的影响，宁蒙河段的径流过程及水沙关系发生了变化，导致河道排洪输沙能力降低，主槽淤积萎缩严重。根据 2000~2008 年内蒙古巴彦高勒至蒲滩拐河段断面法冲淤量的计算分析结果，该河段主槽淤积量占全断面淤积量的 91%，主槽淤积造成中小流量水位明显抬高，局部平滩流量下降到 1000m³/s 左右，加之十大孔兑来沙淤堵内蒙古河道，使河道更加宽浅散乱，河势摆动加剧，排洪能力下降，严重威胁宁蒙河段的防凌、防洪安全。开展宁蒙河段治理研究，解决宁蒙河段因淤积萎缩带来的防凌、防洪问题迫在眉睫。

宁蒙河段近期淤积量增多的原因多而复杂，各影响因素相互交织在一起，错综复杂。影响因素可分为自然因素和人为因素两种。自然因素包括降水、风积沙、支流（孔兑）来沙等；人为因素包括引水引沙、青铜峡水库排沙、三盛公水库排沙、龙刘水库联合调度运用及水土保持等。

由于对宁蒙河段基础工作的研究比较薄弱，本书首次全面系统地收集、整理、分析了宁蒙河段干支流来水来沙、引水引沙、风积沙、大断面等资料；利用不同方法计算了河道冲淤量，包括沙量平衡法、断面法及沙量平衡法与断面法的对比分析，并对沙量平衡法进行了修正。通过现场调研、实测资料分析、数学模型计算及实体模型试验等手段，对影响宁蒙河段淤积的主要因素（包括龙刘水库运用、引水引沙、支流来沙等）进行了分析计算；提出了解决宁蒙河段淤积的治理措施，包括调整龙刘水库运用方式、修建大柳树水库、南水北调西线调水工程、加高两岸堤防、挖河、十大孔兑治理等措施。治理宁蒙河段的淤积是一个极其复杂的问题，多年的治黄实践经验和各方面的研究成果表明，解决宁蒙河段的淤积问题，不能只靠单一的途径或单一的工程措施，需要多种措施相互配合，要做长期的努力。

本书共分 14 章，主要内容及参与人员分工如下。

第 1 章概述，由张建、鲁俊执笔；第 2 章宁蒙河段不同时期来水来沙特点，由鲁俊、周丽艳执笔；第 3 章宁蒙河段不同时期冲淤变化特点及其与水沙条件的关系，由周丽艳、鲁俊执笔；第 4 章宁蒙河段不同时期主槽过流能力变化与水沙条件的关系，由张建、鲁俊执笔；第 5 章宁蒙河段不同量级洪水输沙及冲淤特点，由鲁俊、周丽艳执笔；第 6 章宁蒙河段主要支流来水来沙对冲淤的影响，由罗秋实、张建执笔；第 7 章宁蒙河段引水引沙对冲淤的影响，由罗秋实、张建执笔；第 8 章青铜峡水库、三盛公水库排沙对宁蒙河段冲淤的影响，由鲁俊、张建执笔；第 9 章龙刘水库运用对宁蒙河段冲淤的影响，由万占伟、周丽艳执笔；第 10 章宁蒙河段冲淤及水流数学模型研发，由万占伟、孙东坡执笔；第 11 章宁蒙河段主槽淤积萎缩的原因，由张厚军、鲁俊执笔；第 12 章解决宁蒙河段淤积的治理措施及治理效果研究，由张厚军、鲁俊执笔；第 13 章典型河段实体模型试验，由孙东坡、鲁俊、张建执笔；第 14 章结论，由张厚军执笔。全书由张厚军统稿。

在本书研究和编写过程中，黄河勘测规划设计研究院有限公司的张金良、刘继祥、安催花、李世滢、付健等领导和专家给予了指导，段高云、崔振华、钱裕、钱胜等同志提供了帮助，在此表示衷心的感谢。

限于作者水平，加之宁蒙河段治理问题复杂，书中难免有欠妥之处，敬请读者批评指正。

张厚军

2020 年 8 月

目　录

1　概述 1
　　1.1　自然概况 1
　　1.2　河道概况 2
　　1.3　气象 4
　　1.4　洪水 4
　　1.5　防凌、防洪形势及河道治理现状 9
2　宁蒙河段不同时期来水来沙特点 12
　　2.1　宁蒙河段水文站及资料情况 12
　　2.2　宁蒙河段来水来沙变化 15
　　2.3　小结 27
3　宁蒙河段不同时期冲淤变化特点及其与水沙条件的关系 ...29
　　3.1　冲淤量计算方法 29
　　3.2　断面法冲淤量与沙量平衡法冲淤量的比较 31
　　3.3　沙量平衡法冲淤量的修正 31
　　3.4　沙量平衡法冲淤量分析 33
　　3.5　断面法冲淤量分析 36
　　3.6　河道冲淤与水沙的关系 44
　　3.7　宁蒙河段河床淤积物组成 46
　　3.8　小结 48
4　宁蒙河段不同时期主槽过流能力变化与水沙条件的关系 ...50
　　4.1　宁蒙河段不同时期断面形态调整变化 50
　　4.2　宁蒙河段不同时期主槽过流能力变化 56
　　4.3　小结 61
5　宁蒙河段不同量级洪水输沙及冲淤特点 62
　　5.1　宁蒙河段洪水概况 62
　　5.2　宁蒙河段洪水冲淤特性 63
　　5.3　宁蒙河段洪水冲淤效率与水沙的关系 66
　　5.4　宁蒙河段洪水输沙特性 68
　　5.5　内蒙古河段分组沙冲淤特性 69
　　5.6　小结 72
6　宁蒙河段主要支流来水来沙对冲淤的影响 73
　　6.1　支流来水来沙特性 73
　　6.2　十大孔兑来水来沙对内蒙古河段干流的影响 80
　　6.3　支流水沙对河道冲淤影响的数值模拟计算 85
　　6.4　小结 88
7　宁蒙河段引水引沙对冲淤的影响 89
　　7.1　引水引沙特性 89

7.2 引水引沙对干流水沙条件的影响 91

7.3 引水引沙对河道冲淤的影响 95

7.4 引水引沙对河道冲淤影响的数值模拟研究 96

7.5 小结 98

8 青铜峡水库、三盛公水库排沙对宁蒙河段冲淤的影响 99

8.1 水库概况 99

8.2 水库排沙分析 100

8.3 水库排沙对宁蒙河段冲淤的影响分析 105

8.4 小结 109

9 龙刘水库运用对宁蒙河段冲淤的影响 110

9.1 龙刘水库运用对进入宁蒙河段水沙量的影响分析 110

9.2 龙刘水库运用对宁蒙河段冲淤的影响分析 120

9.3 小结 126

10 宁蒙河段冲淤及水流数学模型研发 127

10.1 经验模型 127

10.2 一维数学模型 127

10.3 平面二维水流数学模型 132

11 宁蒙河段主槽淤积萎缩的原因 150

11.1 自然因素对宁蒙河段淤积的影响 150

11.2 人为因素对宁蒙河段淤积的影响 154

11.3 小结 155

12 解决宁蒙河段淤积的治理措施及治理效果研究 156

12.1 设计水沙 156

12.2 调整龙刘水库运用方式对宁蒙河段的减淤作用分析 157

12.3 大柳树水库对宁蒙河段的减淤作用分析 169

12.4 南水北调西线调水对宁蒙河段的减淤作用分析 172

12.5 加高两岸堤防对减缓内蒙古河道防洪压力的作用分析 176

12.6 挖河对内蒙古河段的减淤作用分析 179

12.7 十大孔兑治理对内蒙古河段的减淤作用分析 183

12.8 小结 186

13 典型河段实体模型试验 187

13.1 典型河段选择 187

13.2 实体模型设计 187

13.3 典型河段不同工况下河道冲淤演变试验 188

13.4 典型河段不同治理措施下的河道冲淤演变试验 196

13.5 不同治理方案的分析比较 220

13.6 小结 222

14 结论 223

参考文献 226

1 概　　述

1.1　自　然　概　况

黄河宁蒙河段位于宁夏和内蒙古境内,是黄河上游的下段。黄河上游跨越了青藏高原和内蒙古高原两大高原地区。兰州以上主要是青藏高原地区,兰州至头道拐黄河行进在内蒙古高原上,海拔 1000~1400m。

黄河上游玛多以上称为河源区,该区河谷宽阔,湖泊沼泽众多,水源相对中下游较为丰富,湖沼水面达 2000km^2。其中,鄂陵湖和扎陵湖较大,鄂陵湖面积为 610km^2,平均水深 17.6m,最大水深 30.7m;扎陵湖面积为 526km^2,平均水深 9.0m 左右。自玛多至玛曲,黄河顺势蜿蜒而下,流经山区和丘陵地带,河道切割渐深。玛曲以上,区域内地势相对平坦、开阔,水草丰富且有较多的成片灌木,较大的支流白河、黑河自黄河右岸汇入,流域蓄水能力强,调蓄作用大,是黄河上游水量的主要来源区。自玛曲至唐乃亥,河道穿行于崇山峻岭之中,山高谷深,坡陡流急,蕴藏着丰富的水力资源。该河段植被较好,沟谷坡地上灌木丛生,兼有小片的松柏森林。河网密度大,降水量也较大。自唐乃亥至龙羊峡,河谷切割很深,植被稀疏,水量增加很少。自龙羊峡至青铜峡,河道蜿蜒曲折,一束一放,川、峡相间。该河段有 19 个较大峡谷和 17 个较大川地,峡谷长度占河段长度的 40%以上;该河段总落差 1324m,在刘家峡库区至兰州之间有大夏河、洮河、湟水、庄浪河等大支流汇入,其中,大夏河、洮河降水量丰富,是黄河上游洪水的主要来源区之一。自安宁渡以下,因有祖厉河、清水河汇入,黄河的沙量有所加大。

黄河出青铜峡后,流经宁夏和内蒙古两大河套平原,整个河段大多属宽浅的平原河道。

黄河宁夏段自中卫的南长滩入境,至石嘴山的麻黄沟出境,河流流向由偏东转为偏北,跨 37°17′~39°23′N。境内河势差异明显,下河沿以上 62.7km 为峡谷河段;下河沿至青铜峡河道迂回曲折,河心滩地多,为粗砂卵石河床;青铜峡至石嘴山河段为粗砂河床,该河段大部分属于干旱地区,降水量少,蒸发量大,加之灌溉引水量大,且无大支流加入,黄河水量有所减少。

黄河内蒙古河段地处黄河流域最北端,位于 37°35′~41°50′N、106°10′~112°50′E。干流从宁蒙交界处都思兔河口入境,至鄂尔多斯的龙口出境。该河段平面形状呈“∩”形大弯曲。上游流经黄土高原及沙漠边缘,河水含沙量剧增,致使泥沙落淤、河床抬升,河身逐渐由窄深变为宽浅,河道中浅滩弯道迭出,比降变缓。

1.2 河 道 概 况

黄河干流自宁夏中卫的南长滩全内蒙占鄂尔多斯的龙口全长 1203.8km，约占黄河总长的 1/5，大部分属黄河上游段。由于受两岸地形的控制，该河段形成了峡谷河段与平原河段相间出现的格局，南长滩至下河沿、石嘴山至乌达公路桥及蒲滩拐至龙口为峡谷型河道，其余河段河面宽阔。该河段还建设有青铜峡水库和三盛公水库，白马至青铜峡坝址为青铜峡库区河段，长 40.9km；磴口至三盛公坝址为三盛公库区河段，长 54.2km。按区间水文站及库区范围，宁蒙河段干流可分为 10 个河段，见表 1.2-1。

表 1.2-1   黄河上游宁蒙河段基本特性表

河段	河型	河长（km）	平均河宽（m）	主槽宽（m）	纵比降（‰）	弯曲率
南长滩至下河沿	峡谷型	62.7	200	200	0.87	1.80
下河沿至白马	非稳定分汊型	82.6	915	520	0.80	1.16
青铜峡库区	库区	40.9	坝前段 400 其他段 4000	600	0.20	1.18
青铜峡至头道墩	过渡型	107.6	2500	550	0.15	1.21
头道墩至石嘴山	游荡型	87.0	3300	650	0.18	1.23
石嘴山至磴口	峡谷型	86.4	400	400	0.56	1.50
三盛公库区	库区	54.2	2000	1000	0.15	1.31
巴彦高勒至三湖河口	游荡型	221.1	3500	750	0.17	1.28
三湖河口至昭君坟	过渡型	126.4	4000	710	0.12	1.45
昭君坟至头道拐	弯曲型	184.1	上段 3000 下段 2000	600	0.10	1.42
头道拐至龙口	峡谷型	150.8	—	—	—	—
合计	—	1203.8	—	—	—	—

注：青铜峡至石嘴山河段因河型复杂，分为青铜峡至头道墩、头道墩至石嘴山两段进行统计

（1）南长滩至下河沿河段

该河段为黄河黑山峡峡谷尾端，长 62.7km，河槽束范于两岸高山之间，宽 150～500m，平均宽 200m。河道纵比降为 0.87‰，弯曲率为 1.80。受两岸山体夹峙，主流常年基本稳定。

（2）下河沿至白马河段

白马为青铜峡水库的入库断面，下河沿至白马河段长 82.6km，宽 500～1500m，平均宽 915m。主槽宽 300～1000m，平均宽 520m。河道纵比降为 0.80‰，弯曲率为 1.16。由于黄河出峡谷后，水面展宽，卵石推移质沿程淤积，洪水漫溢时悬移质泥沙落淤于滩面，因此，河岸具有典型的二元结构，下部为砂卵石，上部覆盖有砂土。河道内心滩发育，汊河较多，水流分散，水流多为 2 汊或 3 汊，属非稳定分汊型河道，其河床演变主要表现为主汊、支汊的兴衰及心滩的消长，主流顶冲滩岸，造成险情。

（3）青铜峡库区河段

白马至青铜峡坝址长 40.9km，为青铜峡库区河段。青铜峡库区河段坝上 8km 为峡谷段，峡谷以上河段河床宽浅，水流散乱，其河床演变除受来水来沙条件及河床边界条件的影响外，还与水库运用密切相关。20 世纪 80 年代以来，水库已形成较为稳定的滩槽形态，主槽宽 500～700m。

（4）青铜峡至石嘴山河段

Ⅰ. 青铜峡至头道墩河段

该河段为平原冲积河道，是非稳定分汊型河道向游荡型河道的过渡段，受鄂尔多斯台地控制，右岸形成若干处节点，因此，平面上出现多处大的河湾，心滩较少，边滩发育。其河床演变主要表现为单向侧蚀，主流摆动较大。抗冲能力弱的一岸，主流坐弯，常造成滩岸坍塌，出现险情。该河段长107.6km，河宽 1000～4000m，平均宽 2500m。主槽宽 400～900m，平均宽 550m。河道纵比降为 0.15‰，弯曲率为 1.21。主流多靠右岸，左岸顶冲点变化不定，平面变化较大。

Ⅱ. 头道墩至石嘴山河段

该河段受右岸台地和左岸堤防控制，平面上宽窄相间，呈藕节状，断面宽浅，水流散乱，沙洲密布，河床河岸抗冲性差，冲淤变化较大，主流游荡摆动剧烈，两岸主流顶冲点不定，经常出现险情，属游荡型河道。该河段长 87.0km，宽 1800～6000m，平均宽 3300m。主槽宽 500～1000m，平均宽 650m。河道纵比降为 0.18‰，弯曲率为 1.23。

（5）石嘴山至磴口河段

该河段穿行于右岸桌子山及左岸乌兰布和沙漠之间，长86.4km，属峡谷型河道，平均宽 400m，局部地段达 1000～1300m，纵比降为 0.56‰。受右岸山体和左岸高台地制约，平面外形呈弯曲状，弯曲率为 1.50，主流常年基本稳定。

（6）三盛公库区河段

从入库站磴口水文站到三盛公坝址全长 54.2km，三盛公水库为平原型水库，库区平均宽 2000m，其主槽平均宽 1000m。其出库站为巴彦高勒水文站，上距三盛公坝址 422m。

（7）巴彦高勒至三湖河口河段

该河段长 221.1km，河身顺直，断面宽浅，水流散乱。河道内沙洲众多，主流游荡摆动剧烈，属游荡型河道。该河段河宽 2500～5000m，平均宽 3500m。主槽宽 500～900m，平均宽 750m。河道纵比降为 0.17‰，弯曲率为 1.28。

（8）三湖河口至昭君坟河段

该河段横跨乌拉山山前倾斜平原，北岸为乌拉山，南岸为鄂尔多斯台地，河长126.4km。由于河道宽广，河岸黏性土分布不连续，加之孔兑泥沙的汇入，该河段主流摆动幅度仍然较大，其河床演变特性介于游荡型和弯曲型之间。该河段河宽 2000～

7000m，平均宽 4000m。主槽宽 500～900m，平均宽 710m。河道纵比降为 0.12‰，弯曲率为 1.45。

（9）昭君坟至头道拐河段

该河段自包头折向东南，沿北岸土默川平原南边缘与南岸准格尔台地奔向喇嘛湾，河段长 184.1km。平面上呈弯曲状，由连续的弯道组成，南岸有五大孔兑汇入，北岸有数条阴山支流汇入。

该河段宽 1200～5000m，上段较宽，平均宽 3000m，下段较窄，平均宽 2000m。主槽宽 400～900m，平均宽 600m。河道纵比降为 0.10‰，弯曲率为 1.42。

（10）头道拐至龙口河段

该河段长 150.8km，河道穿行于山区，属峡谷型河道，河宽 400～1000m。在该段建有万家寨水利枢纽。

1.3 气　　象

下河沿至石嘴山河段，黄河干流横贯宁夏平原。该区属典型的大陆性气候，降水稀少，蒸发强烈。年均降水量为 180～200mm，主要集中在 7～9 月，占全年降水量的 60%～70%。年均蒸发量为 1740mm，是降水量的 8 倍多。年均气温为 8.1～8.4℃，极端最高气温约为 38.0℃，极端最低气温为–27℃。年均日照时数为 2959h，日照率在 65% 以上，无霜期为 150～161d。

石嘴山至蒲滩拐河段属中温带大陆性气候，年内寒暑巨变。春季干旱多风，夏季短促炎热，冬季漫长严寒而少雪，日照率高，无霜期短，年温差及日温差较大，降水量小，蒸发量大。统计海勃湾区、磴口县、临河区、乌拉特前旗、包头市、达拉特旗、托克托县 7 个气象站 1961～1990 年的气象资料，年均降水量为 138.1～351.0mm，7～10 月降水量占全年的 70%～76%，最大一日降水量为 46.3～146.4mm；年均蒸发量为 1848.5～2389.0mm；年均气温为 6.3～7.8℃，最高气温为 38.0～40.2℃，最低气温为–36.3～–30.7℃；历年最大冻土深度为 1.08～1.78m；最大风速为 18.0～24.2m/s，春秋两季大风频繁，风沙严重。

1.4 洪　　水

1.4.1 伏秋洪水

1.4.1.1 洪水发生时间及过程

黄河宁蒙河段洪水主要来自兰州以上河段，由降水形成。年最大流量多发生在 7 月、9 月，尤以 9 月居多，洪量大，峰型以单峰为主且较胖，峰量关系较好，洪水涨落平缓，历时长约 45d。

根据青铜峡站 1939～1998 年的洪水资料统计，大洪水多发生在 7 月、9 月，8 月发生的多系一般洪水。7 月洪水一般峰型较尖瘦，流量保持在 5000m³/s 以上的累计为 6d。9 月的洪水一般较肥胖，流量保持在 5000m³/s 以上的累计为 16d。就工程出险而言，9 月洪水因持续时间较长，堤防受洪水侵袭时间长，发生险情相对较多。1967～1985 年（龙羊峡水库蓄水前）青铜峡站年均洪峰流量为 3295m³/s，1986～1998 年（龙羊峡水库蓄水后）为 2290m³/s。实测最大洪峰流量为 6230m³/s（1946 年 9 月 16 日），历时 45d，洪水总量达 146 亿 m³。历史调查最大洪峰流量为 8010m³/s（1904 年 7 月，重现期为 130～170 年）。1949 年以来，出现过两次大洪水，1964 年 7 月 29 日青铜峡站洪峰流量达 5930m³/s，1981 年 9 月 17 日青铜峡站洪峰流量达 6040m³/s。这两次大洪水使沿河两岸遭受了一定的损失，由于汛情预报准确及时，抗洪组织得力，未造成重大损失。青铜峡站较大洪水（洪峰流量大于 5000m³/s）发生情况见表 1.4-1。

表 1.4-1　青铜峡站较大洪水发生情况表

发生时间	洪峰流量（m³/s）	洪水历时（d）	洪水总量（亿 m³）	最大 45d 洪水总量（亿 m³）	流量在 5000m³/s 以上历时（d）	流量从 4000m³/s 涨到峰顶历时（d）
1904-07	8010*	20	—	—	—	—
1946-09-16	6230	45	146	146	9	9
1964-07-29	5930	32	98	130	5.4	—
1967-09-13	5140	62	—	148	6	13
1981-09-17	6040	34	124	142	6	8

注：—表示未查到数据

* 洪峰流量为调查值，其余为实测值

1.4.1.2　洪水遭遇情况

下河沿至石嘴山河段较大的支流主要分布在右岸，有清水河、红柳沟、苦水河、都思兔河 4 条。其中，都思兔河为宁蒙交界河流。区间暴雨洪水汇入，以清水河为最大。若洪峰相遇，则河水暴涨。但是随着清水河上游多座水库的投运，洪峰经过调节，其洪水对黄河干流的影响已不大。1964 年 8 月 19 日通过还原计算，泉眼山站洪峰流量可达 2260m³/s，但经其上游水库拦蓄调节后，只有 422m³/s 入黄河，洪峰削减了 81%。

石嘴山至蒲滩拐河段伏汛洪水主要来自上游，其次是本河段的支流，如十大孔兑及昆都仑河、大黑河等。从形成暴雨的天气成因及实测资料统计分析来看，干流大洪水与区间支流大洪水洪峰流量及洪水过程基本不遭遇。

1.4.1.3　洪水演进

安宁渡至头道拐河段长 1172.7km，区间面积为 124 030km²，黄河穿行于腾格里沙漠和毛乌素沙漠之间，气候干旱，降水量少，蒸发渗漏损失大，与区间支流汇入相抵后，安宁渡至头道拐洪峰流量沿程略有减小，其中，安宁渡至石嘴山河段有时沿程基本不变。表 1.4-2 统计了 3 场典型洪水的洪峰流量沿程变化情况，安宁渡至石嘴山有 2 场洪水沿程略有增大（0.5%～2.9%），有 1 场沿程略有减小（-4.2%）；安宁渡至头道拐 3 场典型洪水均沿程减小（−8.5%～−2.9%）。综上分析，安宁渡至头道拐河段洪峰流量各站间变化幅度均不大。

表 1.4-2 安宁渡至石嘴山、头道拐洪峰流量沿程变化表

年份	洪峰流量（m³/s）			（石−安） /安（%）	（头−安） /安（%）
	安宁渡	石嘴山	头道拐		
1967	5470	5240	5310	−4.2	−2.9
1978	4100	4220	3780	2.9	−7.8
1981	5630	5660	5150	0.5	−8.5

1.4.2 冰凌洪水

1.4.2.1 凌情特点

黄河上游宁蒙河段冬季寒冷而漫长，气温在 0℃ 以下的持续时间可达 4～5 个月，最低气温可达−35℃，结冰期长达 4～5 个月，大部分为稳定封冻河段，且封冻时间长，封河期、开河期受气温和流量变化及河道边界条件的影响，易形成冰塞、冰坝等较为严重的凌情，常给该地区带来凌汛灾害。

（1）下河沿至石嘴山河段

下河沿至石嘴山河段属宁夏河段，自中宁县枣园以上，因河道比降大，为不常封河段，其下河宽流缓，为常封河段。刘家峡、青铜峡等水库蓄水运行后，黄河水温、流量发生了变化，不常封河段由枣园下延 20km 至新田附近，青铜峡坝下至永宁县望洪附近 40 多千米也为不常封河段。根据石嘴山站 1957～1995 年的观测资料统计，石嘴山平均在 11 月 24 日开始流凌，12 月 26 日封河，次年 3 月 7 日开河，多年变化幅度在 50d 左右，冰厚 0.5m 左右。刘家峡水库、青铜峡水库蓄水前，始凌期和封河期石嘴山站分别比青铜峡站早 5～20d 和 5～50d，分别比下河沿站早 10～30d 和 20d 以上。水库蓄水后，始凌期石嘴山站比青铜峡站早 5～50d，比下河沿站早 10～70d。封河自下而上，开河则相反，自上而下。自 1986 年龙羊峡、刘家峡等多库联合调度运用后，黄河水流和热量分配特性发生了变化。河道冬季多以流凌出现，不再封河。只是在青铜峡至石嘴山河段的部分宽浅段，河岸有结冰现象。但是，若遇特殊年份局部河段仍会有较为严重的凌情发生，例如，2004～2005 年是 20 世纪 90 年代以来凌情较为严重的一年，受气温、水流等多种因素影响，银川河段多处出现冰塞，其中，兴庆区的掌政、通贵等河段水位接近 1981 年大洪水水位，农田受淹，堤防受损。

（2）石嘴山至蒲滩拐河段

该河段黄河自西南流向东北，进入内蒙古，使内蒙古河段形成封河自下而上、开河自上而下的规律。三盛公至蒲滩拐河段由于河道开阔、比降缓、流速小、气温低，较利于封冻，因此一般是黄河内蒙古河段的首封段和最后开河段，也是内蒙古冰情最严重的河段。

根据昭君坟站 1957～1995 年的资料统计分析，平均封冻日期在 11 月下旬，平均解冻日期在 3 月下旬，平均封冻天数为 107d。封冻期平均流量为 534m³/s，最大流量为 1080m³/s（1973～1974 年），最小流量为 60.4m³/s（1976～1977 年）。封河流凌期年均天数为 21d，一般发生在 11 月中、下旬，封河流凌期年均流量为 606m³/s，最大流量为 1380m³/s（1981 年），最小流量为 63.3m³/s（1986 年）。开河流凌期年均天数为 6d，一般发生在 3 月中、下旬。最长流凌天数为 13d（1973 年），最短为 1 天（1988 年）；开河流凌期年均流量为 1026m³/s，最大流量为 2670m³/s（1981 年），最小流量为 479m³/s（1971 年）。开河流凌冰块较封河流凌冰块大，最大冰块面积达 50 000m²，相应冰速为 0.69m/s，最大冰厚达 1.30m。

1.4.2.2　凌汛发生概率及灾害

鉴于宁蒙河段特殊的地理位置及由南向北的河道流向走势，年年均有凌情发生，尤其是内蒙古河段，年年均有较为严重的凌汛发生，凌汛影响的程度高、范围广，且发生概率高。其凌汛特点主要表现为冰坝洪水和冰塞洪水。

宁蒙河段上游先开河，下游后开河。当上游开河形成凌峰而下游还未达到自然开河条件时，冰层下的过流能力不足以通过上游的凌峰，冰块在强大水流的推动下向下游移动，在狭窄河段或弯道浅滩等地带，冰块上爬下插，阻拦冰水去路，易形成冰坝，导致河水猛涨。据内蒙古资料统计，1950～1968 年（刘家峡水库运用前）的 18 年中，开河结坝达 236 次，平均每年约 13 次；1968～2005 年的 38 年中，尽管由于水库控制运用，但开河结坝仍有 137 处，平均每年约 4 处，见表 1.4-3。

自 1986 年上游龙羊峡水库投入运用以来，尤其是自 20 世纪 90 年代以来，由于大流量概率减少，且水沙异源，内蒙古河段河床逐年淤高，再加上气温的变化和人类活动影响等环境因素的变化，内蒙古河段封河期出现冰塞壅水的概率有所增高，而且发生冰灾的河段有所增多，影响范围随之扩大。除 1991 年流量较小、冰塞最高水位为 1051.91m 外，其余各年均高于 1052.50m。1990 年、1992 年、1994 年、1995 年巴彦高勒站冰塞壅水水位均超过百年一遇洪水位，1988 年和 1993 年冰塞水位超过千年一遇洪水位，分别达 1054.33m 和 1054.40m。其中，1993 年冰塞壅水造成堤防决口，12 个村庄受淹，面积达 0.8 万 hm²，直接经济损失达 4000 万元。

根据 1950～2005 年的资料统计，黄河内蒙古河段封河期冰塞主要发生在巴彦高勒河段；解冻开河期卡冰结坝常发生在乌海的乌达、九店湾，鄂尔多斯的杨盖补隆、三湖河口、贡格尔、王根圪卜、大如旺、色气、昭君坟，包头的东坝、南海子、李五营子等河段。

表 1.4-3　内蒙古河道历年主要冰坝统计成果

资料年限	结坝时间（月/日）		消失时间（月/日）		结坝历时（h）		结坝长度（m）		结坝宽度（m）		结坝高度（m）		壅水高度（m）		结坝次数	自开次数	炸开次数	平均每年结坝次数
	最早	最晚	最早	最晚	最长	最短	最长	最短	最宽	最窄	最高	最低	最高	最低				
1950～1968 年	3/9	4/3	3/9	4/4	100	1	10 000	20	1 400	30	3.5	0.4	1.7	—	236	38	151	13
1968～2005 年	3/6	4/4	3/7	4/7	96	6	7 000	1 000	1 500	400	>3	1.2	>6	0.45	137	34	39	4

根据 1953～2005 年的凌汛资料统计，黄河石嘴山至蒲滩拐河段各水文站（断面）实测历年凌汛最高水位见表 1.4-4。2008 年 2 月 22 日、23 日，处于稳定封河期的黄河内蒙古河段三湖河口站出现了历史最高水位 1020.85m，水位距大堤堤顶不足 1.0m。3 月 11 日 10 时，黄河宁夏河段全线开通，开河断面移至内蒙古河段，内蒙古封冻河段进入开河期。随着封冻河段的逐渐融化，大量集蓄于河槽内的冰凌洪水集中释放。自 3 月 18 日起，三湖河口站水位持续上涨；自 19 日 16 时起，三湖河口站水位表现异常，急剧上涨，18 时水位高达 1020.93m，每小时涨幅达 0.05m，且仍持续上涨；19 日，水位连续 5 次突破历史最高，最高水位达 1021.22m，流量达 1450m³/s。由于大堤长时间被浸泡，持续高水位运行，渗水、管涌、脱坡等险情时有发生，加之风力较大，导致内蒙古河段鄂尔多斯市杭锦旗独贵塔拉奎素河段大堤出现溃堤重大险情。20 日 1 时 50 分左右，独贵塔拉奎素河段大堤第一次发生溃堤险情，该堤段桩号 195～196 处上游 2km 处又发生一处溃堤险情，受灾群众达 1 万多人。

表 1.4-4　石嘴山至蒲滩拐河段各水文站（断面）实测历年凌汛最高水位

站名（断面）	历年凌汛最高水位	
	发生年份	水位*（m）
石嘴山	1966～1967	1088.92
磴口	1979～1980	1061.92
巴彦高勒	1993～1994	1054.40
三湖河口	2007～2008	1019.78
昭君坟	1963～1964	1007.97
头道拐	1967～1968	989.87

* 黄海高程

1.5　防凌、防洪形势及河道治理现状

1.5.1　河道泥沙淤积严重，防凌、防洪形势严峻

近年来，由于上游引黄水量增加，宁蒙河段来水大幅减少，同时，龙羊峡水库、刘家峡水库联合调度运用后，虽然发挥了水库巨大的兴利效益，但同时也改变了径流的年内分配，每年将 50 亿 m³ 左右的水量调节到了非汛期，减少了大流量出现的概率，加剧了宁蒙河段水沙关系的不协调，使内蒙古河道主槽淤积严重，排洪能力降低。

宁蒙河段的淤积主要集中在内蒙古巴彦高勒至头道拐河段，根据 2000～2008 年内蒙古巴彦高勒至蒲滩拐河段断面法冲淤量的计算分析结果，该河段主槽淤积量占全断面淤积量的 91%，主槽淤积造成中小流量水位明显抬高。该河段的平均平滩流量由 1982 年的 2500m³/s 左右下降到 2008 年的不足 1500m³/s，严重威胁内蒙古河段的防洪、防凌安全。1986 年龙羊峡水库建成后仍出现了 5 次凌汛决口，2003 年 8 月河道流量只有 1000m³/s，造成堤防决口。

1.5.2 十大孔兑洪灾频繁

十大孔兑位于三湖河口至头道拐河段右岸一侧。流向由南向北，流经库布齐沙漠，横穿下游洪积平原汇入黄河，这些洪沟上游坡度陡，比降约为 1%，河流冲蚀强烈；下游坡度突然变缓，比降为 0.77‰～1.25‰。十大孔兑为季节性河流，汛期才有洪水，由于它们流经沙漠地带，局地暴雨形成的洪水往往是峰高量大、陡涨陡落，大量泥沙被洪水挟带进入黄河，常在入黄口处形成沙坝而淤堵黄河。一方面淤堵引起干流局部水位急剧上升，回水延长，大量泥沙落淤，并给堤防工程带来很大威胁；另一方面泥沙堵塞干流，干流流量很小，造成引水困难，严重影响两岸的工农业用水。

1989 年 7 月 21 日黄河支流十大孔兑因暴雨产生了径流量为 2.5 亿 m^3、输沙量为 1.13 亿 t 的高含沙洪水，一部分泥沙堆积在支流下游，还有相当一部分泥沙淤积在入黄口附近和黄河干流河滩及主槽内，在黄河干流形成了长 60～1000m、宽约 7km 的沙坝，滩面上沙坝高 0.5～2.0m，在主槽形成了高 4m 以上的大沙坝，使昭君坟断面水位壅高 2.18m，回水 7km，历时 25d，在该时段内排出的沙量仅 0.13 亿 t。该河段当年淤积严重，沿程同流量水位普遍抬高。

2003 年 7 月 29 日鄂尔多斯市中东部普降中到大雨，达拉特旗局部降暴雨，敖包梁最大降水量达 128.5mm。鄂尔多斯市十大孔兑除壕庆河外均在 29 日晚 8 时至次日凌晨 2 时相继发生大洪水，毛不拉孔兑洪峰流量为 2720m³/s，卜尔色太沟洪峰流量为 3560m³/s，黑赖沟洪峰流量为 5860m³/s，西柳沟洪峰流量为 2410m³/s，罕台川洪峰流量为 1550m³/s，哈什拉川洪峰流量为 1390m³/s，母花河洪峰流量为 2300m³/s，东柳沟洪峰流量为 566m³/s，呼斯太河洪峰流量为 199m³/s。九孔兑洪水挟带大量的泥沙淤积在黄河主河道，据毛不拉孔兑图格日格水位站实测资料，7 月 29 日毛不拉孔兑总输沙量达 1910 万 t。毛不拉孔兑和卜尔色太沟入黄洪水挟带的泥沙在黄河主槽形成长 11km、宽 4km 的扇形沙坝，迫使黄河主流北移，河滩全部上水，河道水位抬高，到 9 月 3 日，三湖河口流量在 1420m³/s 时，水位达 1019.99m，比 1981 年过流 5820m³/s 流量的水位还高出 2cm，大河湾一带有 33km 堤防吃水深度在 2.2m，洪水位距防洪大堤顶 0.8m 左右。由于泥沙淤堵黄河主槽，黄河水位壅高，防洪大堤长时间高水位运行，超过大堤的防御能力，因此 9 月 5 日 8 时 30 分左岸黄河大堤在大河湾（大堤桩号 245+500）处决口，决口口门宽最大时发展到 54m，决口段洪水位达到 1015.20m，超过设计洪水位（1014.46m）0.74m，超过凌汛最高水位（1014.58m）0.62m。从 9 月 5 日晚到 9 月 9 日经全力组织抢险，才堵复了大河湾决口，但这次决口造成乌拉特前旗先锋乡、公庙子镇 13 个自然村的 1724 户 6899 人严重受灾，淹没浸泡房屋 10 344 间，2 所学校被淹，50 间教室进水，10.2 万亩[1]农田受淹，4350 亩枸杞因被浸泡而死亡，枸杞干果损失 406 万斤[2]，洪水造成直接经济损失达 11 638 万元。

自 1961 年至 2004 年的 44 年间，位于西柳沟入黄口的昭君坟河段，多次发生堵塞现象，影响较大的有 10 次，基本上是四五年发生一次。这种现象的产生除与入黄汇合处的边界条件及支流洪水的水沙条件密切相关外，还与干流的来水大小有关。若上游来

---

① 1 亩≈666.7m²。

② 1 斤=0.5kg。

水流量较大，则水流挟沙能力及冲刷能力较强，即使形成沙坝，其体积也较小并且易被冲蚀乃至消失。若支流发生暴雨洪水，干流来水流量较小，就会形成沙坝侵占河道，极易造成灾害，例如，2003年大河湾堤防决口就是支流来沙淤堵干流造成的。因此，淤堵黄河现象必须引起足够的重视。

1.5.3 河道治理现状

黄河宁蒙河段修建堤防的历史最早可追溯到清代雍正年间。历代以来，随着河道的变迁，两岸人民为了保护自己的生命财产不断修建堤防。中华人民共和国成立后，国家和地方政府对宁蒙河段的防洪、防凌问题十分重视，20世纪五六十年代在宁蒙河段开展了大规模的防洪工程建设，取得了巨大的经济效益。

"九五"以来，特别是1998～2000年，宁夏、内蒙古先后完成了大量的堤防加高培厚建设，大大提高了宁蒙河段的防洪、防凌能力。另外，部分支流及灌区排退水渠入干汇口处也修建了部分堤防。目前黄河宁蒙河段各类堤防长1453.123km（不含三盛公库区围堤），其中，干流堤防长1399.939km，支流汇口回水段堤防长53.184km。

但是，目前的河道治理现状仍不能满足宁蒙河段的防洪防凌要求，主要表现在以下三个方面。

（1）堤防高度不足

黄河宁蒙河段干流堤防大部分是在20世纪50年代开始建设的，"九五"以来，对部分堤防高度及厚度不足的堤段进行了加高培厚，并新建了部分堤防。但是，由于"九五"期间设计所依据的标准为1993年发布的《堤防工程技术规范》（SL51—93），相对于1998年10月发布的《堤防工程设计规范》（GB 50286—98），其波浪爬高计算指标偏低，加上近年来受泥沙淤积的影响，河床抬高，同时长期的雨蚀、风蚀致使干流堤防大部分堤段高度达不到设计标准。

（2）堤防长度不足，部分堤段布局不合理

黄河宁蒙河段特别是三盛公以下河段，由于支流及排水干沟的汇入、人为破坏及其他原因，堤防缺口较多，堤防不连续已成为防洪的重大隐患，严重制约堤防工程整体防洪能力的发挥。

（3）河道整治工程少，主流摆动频繁

"九五"以来按规划的治导线进行了河道整治工程建设，但由于投资所限，安排的工程数量太少，现有的河道整治工程还远远达不到控制河势的要求。按照总体规划，宁蒙河段规划需要建设河道整治工程224处、坝垛5387道，工程长度513.3km。现状河道整治工程有138处，占规划工程处数的61.6%；坝垛2111道，占规划工程坝道数的39.2%；工程长度173.4km，占规划工程长度的33.8%。现有的工程中还有相当一部分不在治导线上，起不到控导河势的作用，而且有部分坝垛为草埽坝，质量较差。因此，现状河道整治工程太少，工程长度不足，难以有效控制河势，中常洪水也有可能冲毁堤防。

2 宁蒙河段不同时期来水来沙特点

2.1 宁蒙河段水文站及资料情况

2.1.1 干流水文站及资料情况

黄河宁蒙河段自上而下有下河沿、青铜峡、石嘴山、磴口、巴彦高勒、三湖河口、昭君坟、头道拐八个水文站，下河沿站上游约 192.5km 有安宁渡站。这些水文站中设站最早的是青铜峡站（1939 年 5 月），设站最晚的是巴彦高勒站（1972 年 10 月）。各水文站观测的项目主要有水位、流量、泥沙、水温等，青铜峡站以下各水文站还观测冰情资料。宁蒙河段干流水文站及其资料收集情况见表 2.1-1。

表 2.1-1　宁蒙河段水文站及其资料收集情况一览表

项目	名称	建成时间	水文站	设站监测时间	已收集资料年份	
					月流量资料时间	月输沙率资料时间
	黄河	天然	下河沿	1951 年 5 月	1951～2005 年	1951～2005 年
引水渠	扶农渠	1950 年	迎水桥	1965 年 4 月	1965～1990 年	无
	跃进渠	1958 年	胜金关	1963 年 1 月	1960～1991 年	1981～1988 年
	七星渠	公元前 92 年	申滩	1978 年 1 月	1978～2005 年	1978～2005 年
	东干渠	1975 年	东干渠	1975 年 9 月	1975～1990 年	1975～1990 年
	唐徕渠	公元前 102 年	青铜峡	1960 年 4 月	1960～2005 年	1960～2005 年
	汉渠	公元前 119 年	青铜峡	1945 年 5 月	1953～2005 年	1953～2005 年
	秦渠	公元前 214 年	青铜峡	1945 年 5 月	1953～2005 年	1953～2005 年
	羚羊寿渠	1708 年			无	无
	其他引水渠				无	无
排水沟	第一排水沟	1950 年	胜金关	1963 年 1 月	1963～2005 年	1981～2005 年（缺 1991 年）
	第五排水沟				无	无
	第六排水沟				无	无
	第八排水沟				无	无
	金丁沟				无	无
	合作沟				无	无
	铁桶沟				无	无
	碱沟				无	无
	其他排水沟				无	无
入黄支流	清水河	天然	泉眼山	1953 年 8 月	1960～2005 年	1954～2005 年
	南河子沟	天然	南河子	1962 年 2 月	1962～2005 年	1962～2005 年
	红柳沟	天然	鸣沙洲	1960～2005 年（缺 1971～1980 年）	1958～2005 年（缺 1971～1980 年）	
	北河子沟	天然			无	无

项目	名称	建成时间	水文站	设站监测时间	已收集资料年份	
					月流量资料时间	月输沙率资料时间
	黄河	天然	青铜峡	1939 年 5 月	1950～2005 年	1950～2005 年
排水沟	南干沟		新华桥	1967 年 5 月	1969～1975 年	无
	反帝沟	1970 年	反帝沟	1972 年 5 月	1972～1975 年	无
	丰登沟		龙门桥	1969 年 5 月	1969～1975 年	无
	第一排水沟	1951 年	望洪堡	1956 年 5 月	1960～2005 年	1960～2005 年（缺 1967～1971 年、1989～1991 年）
	第二排水沟	1952 年	贺家庙	1956 年 4 月	1960～2005 年	1957～1966 年、1985～2007 年（缺 1989～1991 年）
	第三排水沟	1953 年	达家梁子（二）	1956 年 4 月	1960～2005 年	1960～2005 年（缺 1967～1971 年、1989～1992 年）
	第四排水沟	1956 年	通伏堡（二）	1957 年 5 月	1960～2005 年	1960～2005 年（缺 1967～1971 年、1989～1991 年）
	第五排水沟	1957 年	熊家庄（三）	1958 年 7 月	1960～2005 年	1960～2005 年（缺 1967～1971 年、1989～1991 年）
	龙须排水沟				无	无
	胜利沟	1974 年			无	无
	团结沟				无	无
	天子渠				无	无
	中干沟				无	无
	梧桐树沟				无	无
	西排水沟				无	无
	第一农场渠				无	无
	东排水沟				无	无
	永清沟				无	无
	水洞沟				无	无
	永二干沟				无	无
	银东干渠				无	无
	第七排水沟				无	无
	涝渠				无	无
	银新干沟	1973 年			无	无
	通义渠				无	无
	其他排水沟				无	无
入黄支流	清水沟	天然	新华桥（三）	1956 年 5 月	1960～2005 年	1955～2005 年
	苦水河	天然	郭家桥（三）	1954 年 10 月	1960～2005 年	1955～2005 年
	都思兔河	天然			无	无

续表

项目	名称	建成时间	水文站	设站监测时间	已收集资料年份	
					月流量资料时间	月输沙率资料时间
	黄河	天然	石嘴山	1942年9月	1950~2005年	1951~2005年
引水渠	五七干渠				无	无
	黄河	天然	磴口	1944年4月	1963~1990年（缺1974年、1981年）	1963~1990年（缺1974年、1981年）
引水渠	沈乌干渠	1961年	巴彦高勒	1971年4月	1961~2005年	1961~2005年
	南岸总干渠	1961年	巴彦高勒	1962年6月	1962~2005年	1962~2005年
	北岸总干渠	1961年	巴彦高勒（二）	1961年5月	1961~2004年	1961~2004年
	黄河	天然	巴彦高勒	1972年10月	1950~2005年	1950~2005年
排水沟	泄水渠		永济渠	1965年5月	1965~1990年	1966~1967年
	泄水渠		丰复渠	1968年5月	1970~1990年	无
	泄水渠		四闸	1967年5月	1962~1990年	1966~1967年
	总排干沟		西山嘴	1947年9月	1954~1965年	1954~1965年
	大滩分干沟				无	无
	其他排水沟				无	无
排水沟	黄河		三湖河口	1950年8月	1950~2005年	1952~2005年
	四排干渠				无	无
入黄支流	毛不拉孔兑	天然	图格日格	1958年6月	1958~2005年	1958~2005年
	卜尔色太沟	天然			无	无
	黑赖沟	天然			无	无
引水渠	黄河	天然	昭君坟		1950~1995年	1950~1995年
	新干渠				无	无
	民利渠				无	无
排水沟	一排干沟				无	无
	二排干沟				无	无
	三排干沟				无	无
	西干沟				无	无
	其他排水沟				无	无
入黄支流	西柳沟	天然	龙头拐	1960年4月	1960~2005年	1960~2005年
	昆都仑河	天然	塔尔湾	1954年5月	1961~2005年	1961~2005年
	罕台川	天然	红塔沟	1980年7月	1980~2005年	1980~2005年
	五当沟	天然	东园	1952年7月	1952~2005年	1952~2005年
	壕庆河	天然			无	无
	哈什拉川	天然			无	无
	母花河	天然			无	无
	东柳沟	天然			无	无
	呼斯太河	天然			无	无
	黄河	天然	头道拐	1952年1月	1950~2005年	1950~2005年

2.1.2 支流、引水渠和排水沟水文站及资料收集情况

宁蒙河段支流、引水渠、排水沟众多。宁夏河段较大的支流有清水河、红柳沟、苦水河和都思兔河，内蒙古河段主要有昆都仑河、五当沟及十大孔兑；宁夏河段引水渠有七星渠、汉渠、秦渠及唐徕渠等，内蒙古河段引水渠有沈乌干渠、北岸总干渠及南岸总干渠；宁夏河段入黄的排水沟较多，而内蒙古河段入黄的排水沟较少。

各支流、引水渠及排水沟的设站时间、资料年限见表 2.1-1，从资料情况分析，存在以下四种问题：一是设站时间不一致，最早设站时间为 1945 年（宁夏河段秦渠青铜峡站、汉渠青铜峡站），最晚设站时间为 1980 年（内蒙古河段支流罕台川红塔沟站）；二是种种原因导致部分年份缺测；三是 20 世纪 90 年代以后的资料收集的较少；四是一些排水沟和小支沟无测站、无任何资料。以上问题，给数据的处理与分析带来了一定的误差。

2.1.3 资料应用情况

（1）黄河干流水文站资料

宁蒙河段干流水文站（除磴口站、昭君坟站外）资料比较齐全，资料年限均截至 2005 年。

（2）黄河宁蒙河段支流水文站资料

宁夏河段的支流水文站资料年限截至 2005 年；内蒙古河段的支流水文站资料年限也截至 2005 年。但支流水文站资料长短不一，中间有部分年份缺测。

（3）引水引沙资料

宁蒙河段共有大的引水渠 14 个，其中有引水引沙资料的共 9 个（资料年限长短不一），其余 5 个引水渠个别年份有引水资料。

（4）资料的插补延长

支流、引水渠和排水沟有水无沙资料的处理，是根据其与上下游测站含沙量的关系或者利用本站已有资料建立的水沙关系进行推求；因缺测而无任何水沙资料的处理，是采用已有资料的平均值代替或根据其他方法（如根据输沙模数推算支流来沙量）推算得到。

2.2 宁蒙河段来水来沙变化

2.2.1 干流来水来沙及近期水沙变化

2.2.1.1 干流来水来沙特点

（1）水沙异源

宁蒙河段位于黄河上游的下段，来水来沙特点为水沙异源。宁蒙河段的水量主要来

自上游吉迈至唐乃亥和循化至兰州区间。该区间汇集了洮河、湟水等 20 多条支流，年来水量占下河沿年径流量的 60%以上；沙量主要来自循化至安宁渡区间的支流。祖厉河流域、洮河流域和湟水流域中下游悬移质输沙模数在 5000～10 000t/(km²·a)，居上游地区首位。据实测资料统计，安宁渡断面水量的 68.8%来自循化以上的黄河干流；而沙量的 75.4%来自循化至安宁渡区间的几条主要支流。

（2）水沙量年际变化大

图 2.2-1 为下河沿站历年的实测水沙量过程，下河沿站最大年沙量为 1958 年的 4.39 亿 t，其为最小年沙量 0.21 亿 t（2003 年）的 20.9 倍；最大年水量为1966年的509.1 亿 m³，其为最小年水量 188.7 亿 m³（1996 年）的 2.7 倍。另外，黄河上游也曾出现连续枯水期，从唐乃亥站的实测水量过程分析，曾出现 1922～1932 年长达 11 年的枯水系列。

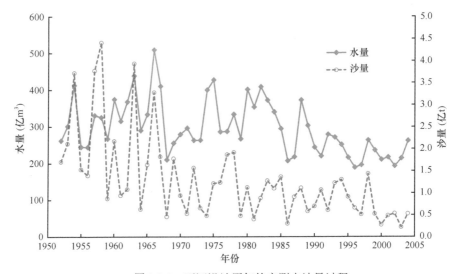

图 2.2-1　下河沿站历年的实测水沙量过程

（3）水沙量年内分配不均

黄河上游径流量和输沙量在年内的分配比较集中。径流受季节影响，主要由暴雨形成，多集中于 7～10 月，上游干流各水文站汛期水量占全年水量的 60%左右，非汛期水量主要由地下水补给，径流甚微。输沙量的分配比水量更为集中，汛期沙量占全年沙量的 90% 左右，特别是集中于 7 月、8 月，更集中于几场暴雨洪水。

2.2.1.2　下河沿断面水沙变化

（1）水沙量减少幅度大

表 2.2-1 为下河沿站 1952 年 11 月至 2005 年 10 月的水沙特征值，年均水量为 296.6 亿 m³，汛期水量为 157.3 亿 m³，占全年水量的 53.0%；年均沙量为 1.29 亿 t，汛期沙量为 1.09 亿 t，占全年沙量的 84.5%。

表 2.2-1　黄河下河沿站不同时期水沙特征值

时段	水量（亿 m³）			沙量（亿 t）		
	非汛期	汛期	全年	非汛期	汛期	全年
1952-11～1961-10	114.4	192.2	306.6	0.24	2.17	2.41
1961-11～1968-10	146.4	234.0	380.4	0.29	1.61	1.90
1968-11～1986-10	149.8	169.1	318.9	0.18	0.89	1.07
1986-11～2005-10	138.7	101.4	240.1	0.16	0.57	0.73
1952-11～2005-10	139.3	157.3	296.6	0.20	1.09	1.29

　　天然状态下（1952 年 11 月至 1961 年 10 月），年均水量为 306.6 亿 m³，其中，汛期、非汛期的水量分别占年均水量的 62.7%和 37.3%；年均沙量为 2.41 亿 t，其中，汛期、非汛期的沙量分别占年均沙量的 90.0%和 10.0%。

　　盐锅峡水库位于刘家峡水库下游 31.6km 处，该水库于 1961 年 11 月蓄水发电，总库容为 2.16 亿 m³，1965 年底淤满。1961～1969 年淤积 1.7 亿 m³。截至 2002 年正常蓄水位 1619m 以下库容已由设计值 2.16 亿 m³ 减至 0.31 亿 m³，库容损失达 85.6%。1961 年 11 月至 1968 年 10 月上游水量较大，下河沿站年均水量为 380.4 亿 m³，其中，汛期水量为 234.0 亿 m³，占年均水量的 61.5%；由于盐锅峡水库的拦沙作用，年均沙量为 1.90 亿 t，为天然状态下的 78.8%。

　　1968 年刘家峡水库投入运用，1968 年 11 月至 1986 年 10 月，下河沿站汛期水量占全年水量的比值由天然状态下的 62.7%下降为 53.0%；汛期、非汛期沙量均有所减少，汛期沙量仅为天然状态下的 41.0%，非汛期沙量减少的不多。

　　1986 年 10 月龙羊峡水库投入运用至今，大型水库的联合调度运用，改变了年内汛期、非汛期的来水比例，改变了汛期场次洪水的来水过程，降低了大流量出现的概率；加之黄河上游干流沿程工农业用水的增加，进入下河沿断面的水量大幅度减少。1986 年 11 月至 2005 年 10 月下河沿站年均水量为 240.1 亿 m³，是天然状态下的 78.3%，汛期水量减少尤其突出，为天然状态下的 52.8%；年均沙量为 0.73 亿 t，是天然状态的 30.3%，汛期沙量减少尤其突出，为天然状态下的 26.3%。

（2）汛期大流量出现概率大幅度减少

　　从下河沿站历年实测汛期各流量级的年均出现天数统计分析（表 2.2-2，图 2.2-2），1986 年以来大流量出现的概率明显降低，中小流量出现的概率增高。

表 2.2-2　下河沿站 1952～2005 年实测汛期各流量级的年均出现天数、水沙特征值

时段	流量级（m³/s）	年均出现天数		年均水量		年均沙量	
		出现天数（d）	出现天数占比（%）	水量（亿 m³）	水量占比（%）	沙量（亿 t）	沙量占比（%）
1952～1968（17 年）	≤1000	16.0	13.0	11.2	5.4	0.036	2.1
	1000～2000	55.1	44.8	71.2	34.4	0.535	31.6
	2000～3000	37.7	30.7	79.3	38.3	0.793	46.8
	>3000	14.2	11.5	45.3	21.9	0.329	19.4
	合计	123.0	100.0	207.0	100.0	1.693	100.0

续表

时段	流量级（m³/s）	年均出现天数		年均水量		年均沙量	
		出现天数（d）	出现天数占比（%）	水量（亿 m³）	水量占比（%）	沙量（亿 t）	沙量占比（%）
1969～1986（18 年）	≤1000	32.3	26.3	22.3	13.2	0.091	10.2
	1000～2000	60.4	49.1	71.4	42.2	0.442	49.4
	2000～3000	19.9	16.2	42.4	25.1	0.194	21.7
	>3000	10.4	8.5	33.0	19.5	0.167	18.7
	合计	123.0	100.0	169.1	100.0	0.894	100.0
1987～2005（19 年）	≤1000	84.4	68.6	56.6	55.9	0.220	38.7
	1000～2000	35.7	29.0	37.8	37.3	0.312	54.8
	2000～3000	1.5	1.2	3.1	3.1	0.025	4.4
	>3000	1.4	1.1	3.8	3.8	0.012	2.1
	合计	123.0	100.0	101.3	100.0	0.569	100.0

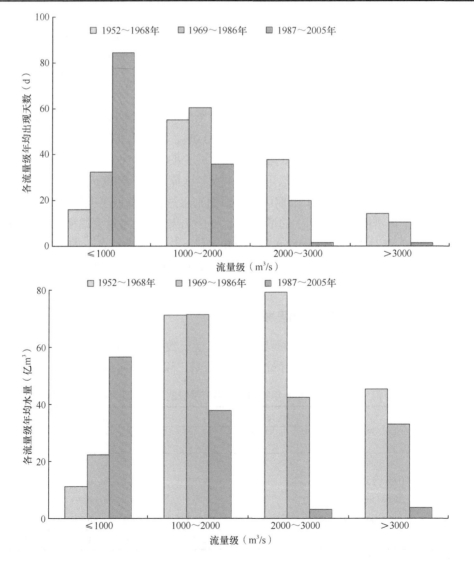

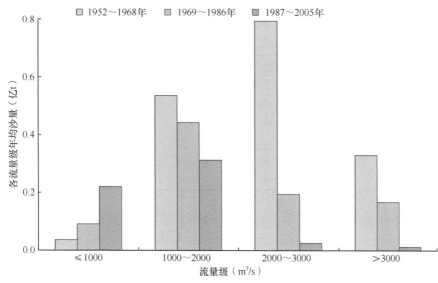

图 2.2-2　下河沿站不同时段实测汛期各流量级的年均出现天数、水沙特征值

Ⅰ. 1952～1968 年各级流量特征值

1952～1968 年，汛期各流量级的年均出现天数主要集中在 1000～3000m³/s 流量级，其出现天数占总天数的 75.5%，水量占总水量的 72.7%，沙量占总沙量的 78.4%。下河沿站沙量的输送主要集中在 1000～3000m³/s 流量级。汛期日平均流量大于 3000m³/s 的天数为 14.2d，占总天数的 11.5%。

Ⅱ. 1969～1986 年各级流量特征值

1968 年 10 月刘家峡水库投入运用后，宁蒙河段来水来沙发生了较大的变化，1969～1986 年汛期各流量级的年均出现天数仍然集中在 1000～3000m³/s 流量级，其出现天数占总天数的 65.3%，水量占总水量的 67.3%，沙量占总沙量的 71.1%，均比 1952～1968 年有所降低。汛期日平均流量大于 3000m³/s 的天数较上一时段有所减少，为 10.4d，占总天数的 8.5%。

Ⅲ. 1987～2005 年各级流量特征值

1986 年 10 月龙羊峡水库投入运用后，与刘家峡水库联合运用，该河段出现大流量的天数进一步减少。0～1000m³/s 流量级的年均出现天数占总天数的 68.6%，水量占总水量的 55.9%，沙量占总沙量的 38.7%。1000～2000m³/s 流量级的年均出现天数占总天数的 29.0%，水量占总水量的 37.3%，沙量占总沙量的 54.8%。由上述分析可知，水量集中在 0～1000m³/s 流量级下泄，沙量则集中在 1000～2000m³/s 流量级输沙，出现小水带大沙的情况。汛期水量大于 3000m³/s 的年均出现天数进一步减少为 1.4d，占总天数的 1.1%。

2.2.1.3　头道拐断面水沙变化

头道拐断面是黄河上游与中游的分界断面，具有承上启下的作用。表 2.2-3 为头道拐站 1952 年 11 月至 2005 年 10 月的水沙特征值。年均水量为 215.3 亿 m³，汛期水量为 115.3 亿 m³，占全年水量的 53.6%；年均沙量为 1.06 亿 t，汛期沙量为 0.83 亿 t，占全年沙量的 78.3%。

表 2.2-3　头道拐站的水沙特征值

时段	水量（亿 m³）			沙量（亿 t）		
	非汛期	汛期	全年	非汛期	汛期	全年
1952-11～1961-10	86.5	148.5	235.0	0.23	1.37	1.60
1961-11～1968-10	111.9	184.0	295.9	0.44	1.57	2.01
1968-11～1986-10	108.7	128.8	237.5	0.23	0.86	1.09
1986-11～2005-10	93.8	61.6	155.4	0.16	0.27	0.43
1952-11～2005-10	100.0	115.3	215.3	0.23	0.83	1.06

1952 年 11 月至 1961 年 10 月，天然状态下年均水量为 235.0 亿 m³，其中，汛期、非汛期的水量分别占年均水量的 63.2%和 36.8%；年均沙量为 1.60 亿 t，其中，汛期、非汛期的沙量分别占年均沙量的 85.6%和 14.4%。

1968 年 10 月刘家峡水库投入运用后，宁蒙河段来水来沙发生了较大的变化，头道拐站 1968 年 11 月至 1986 年 10 月年均水量为 237.5 亿 m³，与 1961 年 11 月至 1968 年 10 月的年均水量相比有所减小，汛期、非汛期水量占年均水量的比例分别为 54.2%和 45.8%，非汛期水量变化不大，汛期水量相对减小。年均沙量为 1.09 亿 t，为天然状态下的 68.1%。

1986 年 11 月至 2005 年 10 月头道拐站的来水来沙量锐减，年均水量为 155.4 亿 m³，汛期、非汛期水量占年均水量的比例分别为 39.6%和 60.4%，年均沙量为 0.43 亿 t，汛期、非汛期沙量占年均沙量的比例分别为 62.8%和 37.2%。

2.2.2　区间来水来沙变化

2.2.2.1　支流来水来沙特性

1960 年 11 月至 2005 年 10 月，宁蒙河段年均支流来水来沙量分别为 9.60 亿 m³ 和 0.652 亿 t，其中，汛期来水来沙量分别占全年来水来沙量的 56.8%和 91.9%。宁夏河段支流来水来沙量占宁蒙河段支流来水来沙量的比例分别为 80.2%和 55.5%，由此可见，支流的来水主要集中在宁夏河段，而内蒙古河段支流来水量仅占总水量 19.8%，但挟带的沙量达 44.5%。1986 年以来，宁蒙河段支流来沙量有较大幅度的增加，1986 年 11 月至 2005 年 10 月年均支流来水来沙量分别为 10.19 亿 m³ 和 0.827 亿 t。不同时段的支流水沙特征值见表 2.2-4。

表 2.2-4　宁蒙河段支流水沙特征值[①]

河段	时段	水量（亿 m³）			沙量（亿 t）		
		非汛期	汛期	全年	非汛期	汛期	全年
宁夏河段	1960-11～1968-10	2.82	4.40	7.22	0.030	0.249	0.279

---

　① 本文数据进行了数值修约，因此合计项（或占比项）与依据文中相关数据计算出来的结果可能不完全一致，全文余同。

续表

河段	时段	水量（亿 m³）			沙量（亿 t）		
		非汛期	汛期	全年	非汛期	汛期	全年
宁夏河段	1968-11～1986-10	3.26	4.02	7.28	0.037	0.208	0.245
	1986-11～2005-10	4.12	4.19	8.31	0.063	0.444	0.508
	1960-11～2005-10	3.54	4.16	7.70	0.047	0.315	0.362
内蒙古河段	1960-11～1968-10	0.64	1.44	2.07	0.008	0.286	0.294
	1968-11～1986-10	0.60	1.24	1.84	0.005	0.252	0.257
	1986-11～2005-10	0.60	1.28	1.88	0.006	0.313	0.320
	1960-11～2005-10	0.61	1.29	1.90	0.006	0.284	0.290
合计	1960-11～1968-10	3.46	5.84	9.30	0.038	0.535	0.572
	1968-11～1986-10	3.86	5.26	9.11	0.042	0.460	0.502
	1986-11～2005-10	4.72	5.47	10.19	0.069	0.758	0.827
	1960-11～2005-10	4.15	5.45	9.60	0.053	0.599	0.652

（1）宁夏河段支流来水来沙特性

宁夏河段较大的支流有清水河、红柳沟、苦水河和都思兔河 4 条河流，均分布在黄河右岸，其中，都思兔河为宁夏、内蒙古的分界河流。1960 年 11 月至 2005 年 10 月该河段支流水沙特征值见表 2.2-4。年均支流来水量为 7.70 亿 m³，年均支流来沙量为 0.362 亿 t。1986 年以后，支流来水来沙量增大，尤其以沙量增大表现明显，1986 年 11 月至 2005 年 10 月支流年均来水来沙量分别为 8.31 亿 m³ 和 0.508 亿 t，分别比年均值大了 7.9% 和 40.3%。

宁夏河段支流水沙特性表现为水少沙多，水沙量年际变化大，且年内分配不均。以清水河为例（表 2.2-5），年均来水量为 1.11 亿 m³，年均来沙量为 0.260 亿 t，含沙量为 234.2kg/m³；实测最大年（1963 年 11 月至 1964 年 10 月）径流量为 3.71 亿 m³，最大年（1995 年 11 月至 1996 年 10 月）输沙量为 1.04 亿 t，最小年（1974 年 11 月至 1975 年 10 月）径流量为 0.29 亿 m³，最小年（1960 年 11 月至 1961 年 10 月）输沙量为 0.02 亿 t；汛期年均来水来沙量分别占全年的 67.6% 和 88.8%。清水河年均来水来沙量分别占宁夏河段支流来水来沙量的 14.4% 和 71.8%，由此说明，宁夏支流来沙量以清水河来沙量为主。

表 2.2-5 宁夏河段支流清水河水沙特征值

时段	水量（亿 m³）			沙量（亿 t）		
	非汛期	汛期	全年	非汛期	汛期	全年
1960-11～1968-10	0.47	1.06	1.54	0.021	0.184	0.205
1968-11～1986-10	0.25	0.53	0.77	0.022	0.147	0.169
1986-11～2005-10	0.41	0.83	1.24	0.039	0.330	0.369
1960-11～2005-10	0.36	0.75	1.11	0.029	0.231	0.260

（2）内蒙古河段支流来水来沙特性

内蒙古河段支流主要有十大孔兑和昆都仑河、五当沟。1960 年 11 月至 2005 年 10 月该河段支流（包括十大孔兑）水沙特征值见表 2.2-4。该河段支流年均来水量为 1.90 亿 m³，年均来沙量为 0.290 亿 t。1986 年 11 月至 2005 年 10 月，支流来水量变化不大，来沙量较年均值增大 10.3%。

十大孔兑位于黄河河套平原内，发源于鄂尔多斯台地，流经库布齐沙漠，横穿下游冲洪积平原后泄入黄河。集水面积为 10 767km²，从西向东依次为毛不拉孔兑、卜尔色太沟、黑赖沟、西柳沟、罕台川、壕庆河、哈什拉川、母花河、东柳沟和呼斯太河。

十大孔兑仅毛不拉孔兑、西柳沟及罕台川 3 条孔兑有实测资料，统计 3 条孔兑不同时段的水沙特征值，见表 2.2-6，毛不拉孔兑、西柳沟及罕台川的年均来水量分别是 1166 万 m³、3031 万 m³ 和 981 万 m³，汛期来水量分别占全年的 83.8%、67.1% 和 95.4%；年均来沙量分别是 382 万 t、423 万 t 和 130 万 t，汛期来沙量分别占全年的 98.2%、99.1% 和 99.2%，由此说明，水沙量主要集中在汛期。其他 7 条孔兑的水沙资料引用其他方法估算的成果，见表 2.2-7。

表 2.2-6   内蒙古河段 3 条孔兑实测水沙特征值

孔兑名称	时段	水量（万 m³）			沙量（万 t）		
		非汛期	汛期	全年	非汛期	汛期	全年
毛不拉孔兑	1960-11~1986-10	52	520	572	1	134	135
	1986-11~2005-10	375	1603	1978	16	705	721
	1960-11~2005-10	189	977	1166	7	375	382
西柳沟	1960-11~1986-10	920	2136	3056	5	341	346
	1986-11~2005-10	1106	1891	2997	4	525	529
	1960-11~2005-10	998	2033	3031	4	419	423
罕台川	1984-11~2005-11	45	936	981	1	129	130

表 2.2-7   1960 年 11 月至 2005 年 11 月内蒙古河段十大孔兑水文泥沙特征值

孔兑名称	控制站名	建站年份	历年最大		年均		输沙模数 [t/(km²·a)]
			流量（m³/s）	含沙量（kg/m³）	水量（万 m³）	沙量（万 t）	
毛不拉孔兑*	图格日格	1958	5600	1500	1166	382	
卜尔色太沟			3670		430	158	2890
黑赖沟			4040		998	367	3890
西柳沟*	龙头拐	1960	6940	1550	3031	423	
罕台川*	红塔沟	1980	3090	1350	981	130	
壕庆河			435		335	84	3940
哈什拉川			4070		3510	524	4810
母花河			1610		708	177	4350
东柳沟			1500		669	167	3700
呼斯太河			2350		590	148	3650
7 条孔兑					9959	2560	

* 水量、沙量为实测资料统计的年均值

2.2.2.2 区间引水渠、排水沟水沙特性

（1）灌区概况

黄河河套平原西起宁夏的下河沿，东至内蒙古的托克托。

Ⅰ．宁夏灌区

宁夏灌区是我国四大古老的大型灌区之一，已有 2000 多年的灌溉历史。享有得天独厚的引排水条件，是宁夏主要的粮棉油产区。灌区位于宁夏北部，南起中卫美利渠口，北止石嘴山；地势南高北低，南北长 320km，东西宽 40km，灌区总面积为 6573km²。灌区引水渠共有总干渠 2 条、干渠 15 条，总长 1540km，干渠衬砌比例为 23.8%，灌溉面积为 650 万亩，设计引水能力为 768m³/s。灌区排水沟有干沟 32 条，总长 790km，设计排水能力为 580m³/s，控制排水面积为 630 万亩。

引黄自流灌区以青铜峡为界，南部为卫宁无坝引水灌区，灌溉面积为 80 万亩左右，以黄河为界又分为河南灌区和河北灌区；北部为青铜峡有坝控制引水灌区，灌溉面积为 460 万亩左右，黄河以西称河西灌区，以东称河东灌区。宁夏灌区主要有七星渠、汉渠、秦渠和唐徕渠等引黄灌渠，排水沟主要包括清水沟、第一排水沟、第二排水沟、第三排水沟、第四排水沟和第五排水沟等。

Ⅱ．内蒙古灌区

内蒙古河套灌区历史悠久，早在秦汉时期就开渠引水，清代后期形成八大灌渠，成为我国西北最重要的农业灌区，于是就有了"黄河百害，唯富一套"的说法。

中华人民共和国成立后，已通过三次大规模的水利工程建设使灌区逐步走向成熟和完善，基本实现了由旧灌区到现代化新灌区的转变。目前，灌区引水渠已有总干渠 1 条，干渠 13 条，分干渠 49 条，支渠 372 条，斗渠、农渠、毛渠 8.6 万条。各级渠道总长 4.7 万 km。灌区排水沟有总干沟 1 条，干沟 12 条，分干沟 60 条，支沟 225 条，斗沟、农沟、毛沟 1.8 万条。各级干沟总长 1.2 万 km。加上 3.2 万座各类灌排建筑物，河套灌区已经成为我国最大的一首制有坝引水的特大型灌区，灌溉面积由 20 世纪 50 年代的 300 万亩发展到 2008 年的 861 万亩。

（2）灌区引水引沙、退水退沙

利用宁蒙灌区引水渠及排水沟监测的流量、输沙率资料，统计了不同时段的引水引沙、退水退沙特征值，见表 2.2-8。1960 年 11 月至 2005 年 10 月，宁蒙灌区年均引水量为 134.4 亿 m³，年均引沙量为 0.439 亿 t；其中，汛期引水量占全年引水量的 54.3%，汛期引沙量占全年引沙量的 80.4%，由此可见，灌区引沙量主要集中在汛期。

表 2.2-8　宁蒙河段引退水沙特征值

河段	引退水渠	时段	水量（亿 m³）			沙量（亿 t）		
			非汛期	汛期	全年	非汛期	汛期	全年
宁夏灌区	引水渠	1960-11～1968-10	25.8	28.7	54.5	0.044	0.186	0.230

续表

河段	引退水渠	时段	水量（亿 m³）			沙量（亿 t）		
			非汛期	汛期	全年	非汛期	汛期	全年
宁夏灌区	引水渠	1968-11～1986-10	42.6	39.2	81.8	0.046	0.204	0.250
		1986-11～2005-10	46.2	38.1	84.2	0.079	0.275	0.355
		1960-11～2005-10	41.1	36.9	78.0	0.060	0.231	0.291
	入黄排水沟（不完全）	1960-11～1968-10	4.3	7.1	11.4	0.004	0.006	0.010
		1968-11～1986-10	5.8	7.2	13.0	0.005	0.007	0.013
		1986-11～2005-10	7.5	6.6	14.1	0.005	0.008	0.014
		1960-11～2005-10	6.3	6.9	13.2	0.005	0.007	0.012
内蒙古灌区	引水渠	1960-11～1968-10	15.1	31.4	46.5	0.025	0.136	0.161
		1968-11～1986-10	19.3	34.5	53.8	0.016	0.091	0.107
		1986-11～2005-10	23.5	39.6	63.1	0.035	0.146	0.181
		1960-11～2005-10	20.4	36.1	56.4	0.026	0.122	0.148
	入黄排水沟	1960-11～1968-10	0.8	1.6	2.4	0.001	0.005	0.006
		1968-11～1986-10	2.2	5.2	7.4	0.005	0.017	0.022
		1986-11～2005-10	2.7	5.4	8.1	0.007	0.015	0.022
		1960-11～2005-10	2.1	4.6	6.8	0.005	0.014	0.019
合计	引水渠	1960-11～1968-10	40.9	60.1	101.0	0.069	0.322	0.390
		1968-11～1986-10	61.9	73.8	135.7	0.063	0.295	0.357
		1986-11～2005-10	69.7	77.6	147.3	0.115	0.421	0.536
		1960-11～2005-10	61.5	73.0	134.4	0.086	0.353	0.439
	入黄排水沟	1960-11～1968-10	5.1	8.7	13.7	0.005	0.011	0.016
		1968-11～1986-10	8.0	12.5	20.4	0.011	0.024	0.035
		1986-11～2005-10	10.2	11.9	22.2	0.012	0.023	0.035
		1960-11～2005-10	8.4	11.6	20.0	0.010	0.021	0.032

注：表中引退水沙量数据仅采用有详细实测记录的各引退水沟渠资料进行统计而成

据不完全统计，1960 年 11 月至 2005 年 10 月，宁蒙灌区年均退水量为 20.0 亿 m³，占年均引水量的 14.9%，年均退沙量为 0.032 亿 t，占年均引沙量的 7.3%，由此可见，灌区泥沙沉积较多，而入黄的退沙量相对较少。

Ⅰ. 宁夏灌区引退水沙特征值

1960 年 11 月至 2005 年 10 月，宁夏灌区年均引水量为 78.0 亿 m³，年均引沙量为 0.291 亿 t；年均退水量为 13.2 亿 m³，年均退沙量为 0.012 亿 t。

从不同时段看，青铜峡水库建库运行前宁夏灌区引水量相对较小，1960 年 11 月至 1968 年 10 月年均引水量为 54.5 亿 m³，与长时段平均引水量相比，小了 30.1%；而 1968 年以后，灌区平均引水量增大至 80 亿 m³ 以上，1968 年 11 月至 1986 年 10 月和 1986 年 11 月至 2005 年 10 月的引水量分别为 81.8 亿 m³、84.2 亿 m³，基本相当。1986 年 11 月至 2005 年 10 月灌区年均引沙量为 0.355 亿 t，较上两个时段大；其中，1968 年 11 月至 1986 年 10 月的引水量与之相当，引沙量却小了 29.6%，主要是该时段内青铜峡水库的拦沙作用造成了引水含沙量减小，此外，1986年以来该河段的支流来沙增大了灌区引水含沙量。

Ⅱ. 内蒙古灌区引退水沙特征值

内蒙古灌区自20世纪50年代以来陆续地增设引黄渠道，并修建水利枢纽，逐渐合并形成三大主引黄干渠：北岸总干渠、沈乌干渠和南岸总干渠。渠道退水基本不退回黄河，大多注入乌梁素海。

1960年11月至2005年10月，内蒙古灌区年均引水量为56.4亿m³，年均引沙量为0.148亿t；年均退水量为6.8亿m³，年均退沙量为0.019亿t。与宁夏灌区相比，引水平均含沙量要低。

从不同时段看，内蒙古灌区的引水量是递增的，1960年11月至1968年10月、1968年11月至1986年10月、1986年11月至2005年10月年均引水量分别是46.5亿m³、53.8亿m³、63.1亿m³；引沙量无递增性变化，三个时段的年均引沙量分别是0.161亿t、0.107亿t、0.181亿t。

宁蒙河段的排水渠、沟较多，据统计宁蒙河段共有排水渠、沟约130个，仅有10个排水渠设了水文站，因此，退水量应包括有实测的排水量和无控制排水量两部分。经对有实测的排水量资料统计，年均排水量为20.0亿m³。无控制排水量则根据各河段引水渠、退水沟及支流入汇情况，并考虑渗漏蒸发，分别进行各河道的水量平衡，得到各个河段无控制退水量，为44.7亿m³。因此，宁蒙河段的排水量为64.7亿m³。

2.2.2.3 入黄风积沙

黄河流域土壤遭受风力侵蚀的面积在10km²以上，其中黄河上游风力侵蚀面积为5.87km²，占58.2%，主要分布在黄河左岸的青海共和沙区和宁夏沙坡头至内蒙古头道拐之间黄河干流两岸的沙漠地区。沙坡头至头道拐是黄河风沙活动的主要分布区，沿黄河干流两岸分布有腾格里沙漠、河东沙区、乌兰布和沙漠及库布齐沙漠。其中，中卫河段和乌海至三盛公河段是两个风口，风沙较为活跃，是风沙入黄的主要通道。

宁蒙河段风积沙入黄有三种形式：一是黄河干流两岸的风成沙直接入黄，如乌兰布和沙漠风成沙直接入黄；二是通过沙漠、沙地及覆沙梁地的支流入黄，如流经库布齐沙漠的十大孔兑，两岸的流沙于风季被带入沟内，在洪水季节被洪水挟带入黄；三是通过干流两岸冲洪积平原上覆盖的片状流沙地、半固定起伏沙地入黄，在大风、特大风时，风成沙被吹入黄河，如石嘴山至乌海段、乌海至磴口段的黄河东岸。

关于入黄风积沙量的大小，在不同的阶段对其有不同的认识和相应的研究成果。1991年3月，中国科学院黄土高原综合科学考察队完成的《黄土高原地区北部风沙区土地沙漠化综合治理》报告成果为：1971～1980年下河沿至头道拐河段年均入黄风积沙量为4555万t。其中，下河沿至石嘴山河段入黄风积沙量为1360万t；石嘴山至磴口河段入黄风积沙量为1856万t；磴口至巴彦高勒河段入黄风积沙量为361万t；巴彦高勒至头道拐河段入黄风积沙量为978万t。按河段长度分配各河段入黄风积沙量，见表2.2-9。

表 2.2-9　1971～1980 年黄河干流宁蒙河段风积沙入黄量

河段	河段距离（km）	风积沙量（万 t）		
		11月至次年6月	次年7～10月	11月至次年10月
下河沿至青铜峡	123.5	350	80	430
青铜峡至石嘴山	194.6	755	175	930
石嘴山至磴口	87.2	1492	364	1856
磴口至巴彦高勒	54.2	290	71	361
巴彦高勒至三湖河口	221.1	354	53	407
三湖河口至昭君坟	126.4	202	30	232
昭君坟至头道拐	184.1	295	44	339
下河沿至头道拐	990.3	3738	817	4555

　　2009 年 2 月，中国科学院寒区旱区环境与工程研究所完成的《黄河宁蒙河道泥沙来源与淤积变化过程研究》报告成果为：宁蒙河段入黄风积沙量为 3710 万 t。其中，宁夏河东沙地河段（青铜峡至石嘴山河段）的入黄风积沙量为 1540 万 t；乌兰布和沙漠河段（石嘴山至巴彦高勒河段）的入黄风积沙量为 1800 万 t；库布齐沙漠河段（巴彦高勒至毛不拉孔兑河段）的入黄风积沙量为 370 万 t。

　　上述两个成果相比较，后者认为在毛不拉孔兑以下河段的直接入黄风积沙量较少，风积沙主要通过孔兑在洪水期搬运的形式入黄。

　　根据 1971～1980 年历年逐月气象资料，下河沿至石嘴山河段、石嘴山至磴口河段、磴口至巴彦高勒河段和巴彦高勒至头道拐河段分别以陶乐、磴口、磴口和托克托气象站为代表站，对各代表气象站观测的大风日、沙尘暴日及扬沙日的资料进行统计，分析河段内各代表站的各月大风、沙尘暴和扬沙日数所占比例分配，然后分配各河段逐月入黄风积沙量。计算结果见表 2.2-10～表 2.2-13。

表 2.2-10　1971～1980 年按陶乐站设计下河沿至石嘴山河段月平均入黄风积沙量表

月份	1	2	3	4	5	6	7	8	9	10	11	12	全年
大风日	0.4	0.5	0.6	2.1	1.2	0.5	0.8	0.3	0.7	0.9	0.3	0.7	9.0
沙尘暴日	1.4	1.8	1.5	3.7	1.6	1	0.4	0.2	0	0.1	0.2	1.9	13.8
扬沙日	4.1	5.3	10.6	11.8	12.6	7.9	5.4	4.8	2.2	3.5	5.6	6.8	80.6
风沙日总和	5.9	7.6	12.7	17.6	15.4	9.4	6.6	5.3	2.9	4.5	6.1	9.4	103.4
占全年百分数（%）	5.7	7.4	12.3	17.0	14.9	9.1	6.4	5.1	2.8	4.4	5.9	9.1	100
入黄风积沙量（万 t）	78	99	167	231	203	124	87	69	38	60	80	124	1360

表 2.2-11　1971～1980 年按磴口站设计石嘴山至磴口河段月平均入黄风积沙量表

月份	1	2	3	4	5	6	7	8	9	10	11	12	全年
大风日	0.8	1.3	1.6	3.3	2.2	1.4	1.9	0.8	0.6	0.8	0.9	1.0	16.6
沙尘暴日	0.9	1.7	3.1	4.3	3.3	1.4	1.4	0.6	0.3	0.3	0.8	1.3	19.4
扬沙日	5.1	4.7	6.4	7.7	8.1	5.5	4.3	2.4	2.6	2.7	4.8	5.3	59.6
风沙日总和	6.8	7.7	11.1	15.3	13.6	8.3	7.6	3.8	3.5	3.8	6.5	7.6	95.6

续表

月份	1	2	3	4	5	6	7	8	9	10	11	12	全年
占全年百分数（%）	7.1	8.1	11.6	16.0	14.2	8.7	7.9	4.0	3.7	4.0	6.8	7.9	100
入黄风积沙量（万 t）	132	149	215	297	264	161	148	74	68	74	126	148	1856

表 2.2-12　1971～1980 年按磴口站设计磴口至巴彦高勒河段月平均入黄风积沙量表

月份	1	2	3	4	5	6	7	8	9	10	11	12	全年
大风日	0.8	1.3	1.6	3.3	2.2	1.4	1.9	0.8	0.6	0.8	0.9	1	16.6
沙尘暴日	0.9	1.7	3.1	4.3	3.3	1.4	1.4	0.6	0.3	0.3	0.8	1.3	19.4
扬沙日	5.1	4.7	6.4	7.7	8.1	5.5	4.3	2.4	2.6	2.7	4.8	5.3	59.6
风沙日总和	6.8	7.7	11.1	15.3	13.6	8.3	7.6	3.8	3.5	3.8	6.5	7.6	95.6
占全年百分数（%）	7.1	8.1	11.6	16.0	14.2	8.7	7.9	4.0	3.7	4.0	6.8	7.9	100
入黄风积沙量（万 t）	26	29	42	58	51	31	29	14	13	14	25	29	361

表 2.2-13　1971～1980 年按托克托站设计巴彦高勒至头道拐河段月平均入黄风积沙量表

月份	1	2	3	4	5	6	7	8	9	10	11	12	全年
大风日	0	0.1	0.3	0.8	0.6	1.2	0.1	0.3	0.3	0.2	0.3	0.2	4.4
沙尘暴日	0.5	0.4	0.9	2.5	2.8	2.2	0.5	0.1	0.1	0.1	0.6	0.9	11.6
扬沙日	3.3	3.4	4.5	6.9	6.9	4.0	3.1	0.7	0.6	1.2	2.6	3.1	40.3
风沙日总和	3.8	3.9	5.7	10.2	10.3	7.4	3.7	1.1	1.0	1.5	3.5	4.2	56.3
占全年百分数（%）	6.7	6.9	10.1	18.1	18.3	13.1	6.6	2.0	1.8	2.7	6.2	7.5	100
入黄风积沙量（万 t）	66	68	99	177	179	129	64	19	17	26	61	73	978

2.3　小　结

1）黄河宁蒙河段的来水来沙特性为：水沙异源，水沙量年际变化大，水沙量年内分配不均。

2）1952 年 11 月至 2005 年 10 月，下河沿站年均水沙量分别为 296.6 亿 m³ 和 1.29 亿 t，其中，汛期水沙量分别占全年的 53.0%和 84.5%。1986 年 10 月以后，大型水库的联合调度运用，改变了汛期、非汛期的来水比例，改变了汛期场次洪水的来水过程，降低了大流量出现的概率；加之黄河上游干流沿程工农业用水的增加，进入下河沿断面的水量大幅度减少。1986 年 11 月至 2005 年 10 月下河沿站年均水量为 240.1 亿 m³，为天然状态下的 78.3%，汛期水量减少尤其突出，为天然状态下的 52.7%；年均沙量为 0.73 亿 t，为天然状态下的 30.3%，汛期沙量减少尤其突出，为天然状态下的 26.3%。

3）1960 年 11 月至 2005 年 10 月，宁蒙河段年均支流来水来沙量分别为 9.60 亿 m³ 和 0.652 亿 t。1986 年以来，宁蒙河段支流来沙量有较大幅度的增加。1986 年 11 月至 2005 年 10 月支流年均来水来沙量分别为 10.19 亿 m³ 和 0.827 亿 t。

4）1960 年 11 月至 2005 年 10 月，宁蒙灌区年均引水量为 134.4 亿 m³，年均引沙量为 0.439 亿 t。汛期引水引沙量占全年引水引沙量的比例分别是 54.3%、80.4%。

5）宁蒙河段的排水渠、沟较多，据统计宁蒙河段共有排水渠、沟约 130 个，仅有 10 个排水渠设了水文站，因此，退水量应包括有实测的排水量和无控制排水量两部分。经对有实测的排水量资料统计，年均排水量为 20.0 亿 m³。无控制排水量则根据各河段引水渠、退水渠及支流汇入情况，并考虑渗漏蒸发，分别进行各河道的水量平衡，得到各个河段无控制退水量，为 44.7 亿 m³。宁蒙河段的排水量为 64.7 亿 m³。

3 宁蒙河段不同时期冲淤变化特点及其与水沙条件的关系

3.1 冲淤量计算方法

宁蒙河段的冲淤既受上游来水来沙的影响，又与入黄支流的来水来沙有关。河道冲淤量一是根据输沙率资料采用沙量平衡法计算，二是根据实测大断面资料采用断面法计算。断面法因断面资料测次的不足导致在时间、空间上的连续性不够，但测验断面布设间距较短，使河道冲淤量的计算结果较为准确；沙量平衡法根据进入、输出河段的输沙率资料（包括干流控制断面、区间支流及引水渠等的输沙率资料）进行逐年计算，在时间、空间上能够保持连续，但因考虑的计算因子多、空间距离远、引水口和排水口设站不足及输沙率自身的测验误差等，河道冲淤量的计算结果有缺陷。两种方法各有利弊，可互为补充，因断面法计算结果较为可靠，沙量平衡法计算成果可依据断面法计算结果进行修正。修正后的沙量平衡法结果可用于工程设计。

3.1.1 沙量平衡法

沙量平衡法即利用某河段区间内进入的沙量与输出的沙量之差，计算该河段冲淤量的方法。采用沙量平衡法计算宁蒙河段冲淤量时，考虑了区间支流来沙、排水沟排沙和风积沙的加入，考虑了引水引沙。资料范围为 1952 年 11 月至 2005 年 10 月。计算公式如下：

$$\Delta W_{\text{s}} = W_{\text{s进}} + W_{\text{s支}} + W_{\text{s排}} + W_{\text{s风}} - W_{\text{s出}} - W_{\text{s引}}$$

式中，ΔW_{s} 为河段冲淤量（亿 t）；$W_{\text{s进}}$ 为河段进口沙量（亿 t）；$W_{\text{s支}}$ 为支流来沙量（亿 t）；$W_{\text{s排}}$ 为区间排水沟排沙量（亿 t）；$W_{\text{s风}}$ 为入黄风积沙量（亿 t）（20 世纪 50 年代不考虑）；$W_{\text{s出}}$ 为河段出口沙量（亿 t）；$W_{\text{s引}}$ 为区间引沙量（亿 t）。

3.1.2 断面法

3.1.2.1 淤积断面测量简介

黄河上游宁蒙河段，由于种种原因，淤积大断面测量甚少。其中，宁夏河段大断面测量 4 次，即 1993 年 5 月、1999 年 5 月、2001 年 12 月和 2009 年 8 月；测量河段的范围为下河沿至青铜峡入库 22 个断面，以及青铜峡坝下至石嘴山河段 32 个断面。

内蒙古河段石嘴山至磴口和磴口至三盛公仅有一次大断面测量资料；巴彦高勒至头道拐河段全长 531.6km，是内蒙古河段淤积最严重的河段，该河段实测大断面 6 次，即 1962 年、1982 年、1991 年 12 月、2000 年 8 月、2004 年 8 月和 2008 年 6 月；实测断面 113 个，平均间距为 4.6km。但各次测量的断面个数不一致，给资料的分析带来一定的误差，表 3.1-1 统计了各次测量的断面个数。

表 3.1-1　内蒙古河段巴彦高勒至头道拐河段历次测量的断面个数

测量时间	1962 年	1982 年	1991 年 12 月	2000 年 8 月	2004 年 8 月	2008 年 6 月
断面测量个数	109	112	113	112	58	87

3.1.2.2　断面法冲淤量计算方法

（1）断面法冲淤面积的计算

$$\Delta S = S_1 - S_2$$

式中，ΔS 为相邻测次同一断面的冲淤面积（m^2）；S_1、S_2 分别为相邻测次在同一断面某一高程下的面积（m^2）。

（2）断面间冲淤量的计算

$$V = \frac{S_u + S_d + \sqrt{S_u S_d}}{3} L$$

式中，V 为相邻断面间河道冲淤体积（m^3）；S_u、S_d 分别为上、下游相邻断面的冲淤面积（m^2）；L 为相邻断面间距（m）。

（3）滩槽定义与划分

宁蒙河段断面法冲淤量的计算，采用分滩槽的方法，分别计算主槽和滩地的冲淤量。内蒙古河道断面为典型的复式断面，由主槽和滩地组成，见图 3.1-1。主槽包括深槽及嫩滩，由于中水较洪水持续的时间长又较枯水流速大，因此在中水时能维持一个比较明显的深槽。滩地是指河道中水河槽以外至堤防以内的部分。

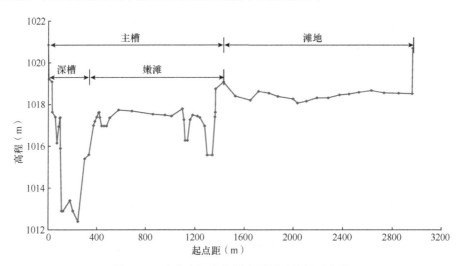

图 3.1-1　内蒙古河段典型实测断面特征示意图

3.2 断面法冲淤量与沙量平衡法冲淤量的比较

（1）宁夏下河沿至石嘴山河段断面法冲淤量与沙量平衡法冲淤量的比较

表 3.2-1 为宁夏下河沿至石嘴山河段断面法冲淤量与沙量平衡法冲淤量的对比分析。下河沿至青铜峡河段无论是沙量平衡法冲淤量还是断面法冲淤量，均表明该河段多年冲淤基本平衡。两种方法计算的冲淤量基本吻合。青铜峡至石嘴山河段，两种方法计算的冲淤量在定性上一致，由于冲淤量的绝对值较小，相对误差较大。

表 3.2-1 宁夏下河沿至石嘴山河段沙量平衡法与断面法计算的冲淤量比较　（单位：亿 t）

时段	下河沿至青铜峡		青铜峡至石嘴山		
	沙量平衡法	断面法	沙量平衡法	断面法	沙量平衡法/断面法
1993-5～1999-5	−0.054	−0.006	0.209	0.108	1.94
1999-5～2001-12	−0.023	0.007	0.211	0.123	1.72

（2）内蒙古巴彦高勒至头道拐河段断面法冲淤量与沙量平衡法冲淤量的比较

表 3.2-2 为内蒙古巴彦高勒至头道拐河段断面法冲淤量与沙量平衡法冲淤量的对比分析。各河段冲淤量在定性上一致，1982 年至 2000 年 8 月、2000 年 8 月至 2004 年 8 月断面法冲淤量与沙量平衡法冲淤量相差不大。

表 3.2-2 内蒙古巴彦高勒至头道拐河段沙量平衡法与断面法计算冲淤量比较　（单位：亿 t）

时段	巴彦高勒至三湖河口			三湖河口至头道拐		
	沙量平衡法	断面法	沙量平衡法/断面法	沙量平衡法	断面法	沙量平衡法/断面法
1982～2000-8	0.152	0.102	1.49	0.388	0.328	1.18
2000-8～2004-8	0.213	0.214	1.00	0.384	0.391	0.98

3.3 沙量平衡法冲淤量的修正

3.3.1 宁夏河段沙量平衡法冲淤量的修正

根据上述宁夏河段沙量平衡法冲淤量和断面法冲淤量的对比分析，下河沿至青铜峡河段两种方法计算的冲淤量结果相差不大，该河段沙量平衡法计算结果不做修正。

青铜峡至石嘴山河段，沙量平衡法冲淤量与断面法冲淤量的比值在 1.72～1.94 倍，沙量平衡法计算结果较大。点绘石嘴山站 1961 年、1982 年、1990 年、1999 年和 2001 年的水位-流量关系，见图 3.3-1。1961～2001 年石嘴山站汛期同流量水位略有抬升，但抬升幅度不大，1961～1999 年 1000m³/s 流量水位累计抬升 0.25m，年均抬升 0.007m，与断面法计算的该河段平均淤积厚度基本相当。因此，经以上两个方面的分析，认为青铜峡至石嘴山河段沙量平衡法计算结果偏大，需进行修正。在对沙量平衡法的计算因子及相关资料进行分析后，认为导致该河段沙量平衡法计算结果偏大的原因是计算因子中加入的风积沙量偏大，修正该河段入黄风积沙量为 430 万 t。

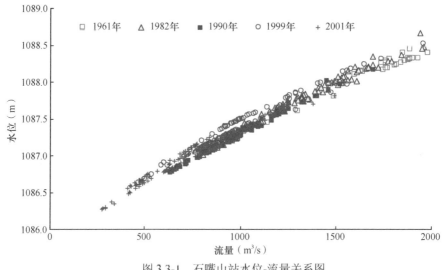

图 3.3-1　石嘴山站水位-流量关系图

3.3.2　内蒙古河段沙量平衡法冲淤量的修正

经对内蒙古巴彦高勒至头道拐河段沙量平衡法冲淤量和断面法冲淤量的比较，认为两种方法计算的冲淤量相差不大，因此，该河段沙量平衡法计算结果不做修正。

石嘴山至巴彦高勒河段没有断面法资料，沙量平衡法计算结果无法与断面法计算结果进行比较。该河段磴口至巴彦高勒为三盛公库区，磴口站为三盛公的入库水文站。根据磴口断面同流量水位分析，1966~1992 年 1000m³/s 的水位抬升了 0.14m，年均抬升0.005m，同时期石嘴山断面 1000m³/s 的水位年均抬升 0.004m，两个断面同流量水位的抬升值基本一致，远小于该河段沙量平衡法计算的年均淤积厚度值 0.034m。另外，就该河段的河道地形而言，磴口以上为峡谷型河道，河道比降较大，河流输沙能力强，也不会产生大幅的淤积。结合以上两方面的分析和认识，认为该河段沙量平衡法计算的冲淤量结果偏大。经对沙量平衡法计算因子的逐个分析，认为石嘴山至磴口河段年均入黄风积沙量 1856 万 t 过大，修正该河段的入黄风积沙量为 361 万 t。

3.3.3　修正后的入黄风积沙

对沙量平衡法计算结果的修正，主要是对入黄风积沙量的修正。经分析，青铜峡至石嘴山河段和石嘴山至巴彦高勒河段的入黄风积沙量偏大。另外，根据最新的研究成果，在利用沙量平衡法计算冲淤量时三湖河口至头道拐河段不再加入风积沙量。修正后的风积沙量见表 3.3-1。

表 3.3-1　修正后的宁蒙河段入黄风积沙量

河段	入黄风积沙量（万 t）		
	非汛期	汛期	全年
下河沿至青铜峡	350	80	430

河段	入黄风积沙量（万 t）		
	非汛期	汛期	全年
青铜峡至石嘴山	350	80	430
石嘴山至磴口	290	71	361
磴口至巴彦高勒	290	71	361
巴彦高勒至三湖河口	354	53	407
三湖河口至昭君坟	0	0	0
昭君坟至头道拐	0	0	0
下河沿至头道拐	1634	355	1989

3.4　沙量平衡法冲淤量分析

表 3.4-1 为利用沙量平衡法计算的宁蒙河段冲淤量，1952 年 11 月至 2005 年 10 月，宁蒙河段年均淤积量为 0.541 亿 t。其中，宁夏河段多年呈微淤状态，淤积主要发生在内蒙古河段。

表 3.4-1　宁蒙河段沙量平衡法年均冲淤量　（单位：亿 t）

时段	宁夏			内蒙古				全河段
	下河沿至青铜峡	青铜峡至石嘴山	下河沿至石嘴山	石嘴山至巴彦高勒	巴彦高勒至三湖河口	三湖河口至头道拐	石嘴山至头道拐	
1952-11～1961-10	−0.025	0.401	0.376	−0.064	0.349	0.570	0.855	1.231
1961-11～1968-10	−0.022	−0.382	−0.404	0.062	−0.203	0.180	0.039	−0.365
1968-11～1986-10	0.117	−0.072	0.045	0.102	−0.033	0.091	0.161	0.206
1986-11～2005-10	0.047	0.122	0.168	0.061	0.242	0.394	0.696	0.865
1952-11～2005-10	0.049	0.037	0.086	0.054	0.108	0.293	0.454	0.541

从各时段的冲淤量分析，天然状态下宁蒙河段淤积较多，年均淤积量达 1.231 亿 t。1961 年上游盐锅峡水库投入运用，该河段三盛公水库、青铜峡水库分别在 1961 年、1967 年投入运用。1961 年 11 月至 1968 年 10 月，宁蒙河段年均冲刷 0.365 亿 t。1968 年刘家峡水库投入运用，1968 年 11 月至 1986 年 10 月年均淤积 0.206 亿 t。

1986 年龙羊峡水库投入运用至 2005 年 10 月，该河段淤积量增大，年均淤积量为 0.865 亿 t。其中，宁夏河段年均淤积量为 0.168 亿 t；内蒙古河段年均淤积 0.696 亿 t，占全河段淤积量的 80.5%，其中，三湖河口至头道拐淤积量最大，为 0.394 亿 t。

3.4.1　宁夏河段冲淤量分析

表 3.4-2～表 3.4-4 分别为利用沙量平衡法计算的宁夏河段不同时段分河段年均冲淤量、年均冲淤厚度及年均冲淤强度。1952 年 11 月至 2005 年 10 月宁夏河段下河沿至石

嘴山年均淤积量为 0.086 亿 t，其中汛期淤积 0.160 亿 t，非汛期冲刷 0.073 亿 t。下河沿至青铜峡河段年均淤积 0.049 亿 t，汛期冲刷 0.006 亿 t，非汛期淤积 0.055 亿 t；青铜峡至石嘴山河段年均淤积 0.037 亿 t，汛期淤积 0.166 亿 t，非汛期冲刷 0.129 亿 t，与上一河段相比，该河段汛期与非汛期冲淤变化较剧烈，这与青铜峡至石嘴山河段为冲积性河段的特性有关。

表 3.4-2　宁夏河段沙量平衡法年均冲淤量　　　　　　　　（单位：亿 t）

时段	下河沿至青铜峡			青铜峡至石嘴山			下河沿至石嘴山		
	非汛期	汛期	全年	非汛期	汛期	全年	非汛期	汛期	全年
1952-11~1961-10	−0.064	0.039	−0.025	−0.046	0.447	0.401	−0.110	0.486	0.376
1961-11~1967-10	0.054	−0.067	−0.014	−0.235	−0.132	−0.367	−0.181	−0.199	−0.380
1967-11~1971-10	0.079	−0.049	0.030	−0.143	−0.023	−0.166	−0.064	−0.072	−0.135
1971-11~1986-10	0.107	0.020	0.127	−0.137	0.064	−0.074	−0.030	0.084	0.054
1986-11~2005-10	0.067	−0.020	0.047	−0.125	0.247	0.122	−0.059	0.227	0.168
1952-11~2005-10	0.055	−0.006	0.049	−0.129	0.166	0.037	−0.073	0.160	0.086

表 3.4-3　宁夏河段各时段年均冲淤厚度　　　　　　　　　（单位：m）

时段	下河沿至青铜峡			青铜峡至石嘴山		
	非汛期	汛期	全年	非汛期	汛期	全年
1952-11~1961-10	−0.056	0.035	−0.022	−0.007	0.067	0.060
1961-11~1967-10	0.047	−0.059	−0.012	−0.035	−0.020	−0.055
1967-11~1971-10	0.070	−0.043	0.027	−0.021	−0.003	−0.025
1971-11~1986-10	0.095	0.018	0.112	−0.021	0.010	−0.011
1986-11~2005-10	0.059	−0.018	0.041	−0.019	0.037	0.018
1952-11~2005-10	0.049	−0.005	0.043	−0.019	0.025	0.006

表 3.4-4　宁夏河段各时段年均冲淤强度　　　　　　　　（单位：万 t/km）

时段	下河沿至青铜峡			青铜峡至石嘴山		
	非汛期	汛期	全年	非汛期	汛期	全年
1952-11~1961-10	−7.22	4.43	−2.79	−2.39	23.35	20.96
1961-11~1967-10	6.04	−7.59	−1.55	−12.27	−6.89	−19.16
1967-11~1971-10	8.93	−5.52	3.42	−7.46	−1.20	−8.67
1971-11~1986-10	12.12	2.26	14.38	−7.19	3.34	−3.85
1986-11~2005-10	7.51	−2.25	5.26	−6.55	12.92	6.37
1952-11~2005-10	6.26	−0.69	5.56	−6.74	8.67	1.93

1952 年 11 月至 1961 年 10 月为天然状态，该河段年均淤积量为 0.376 亿 t，下河沿至青铜峡河段为冲刷，年均冲刷量为 0.025 亿 t；青铜峡至石嘴山河段为淤积，汛期淤积，非汛期冲刷，年均淤积量为 0.401 亿 t，年均淤积厚度达 0.060m。

1961 年 11 月盐锅峡水库投入运用，1961 年 11 月至 1967 年 10 月，宁夏河段普遍发生冲刷,年均冲刷量达 0.380 亿 t;从冲淤强度分析,青铜峡至石嘴山的冲刷量大于下河沿至青铜峡,其年冲刷强度分别为 19.16 万 t/km 和 1.55 万 t/km。

1967 年青铜峡水库开始蓄水运用,1967 年 11 月至 1971 年 10 月水库初期蓄水淤积 6.39 亿 t,其间 1968 年刘家峡水库也投入运用。该时段下河沿至青铜峡河段发生淤积,年均淤积量为 0.030 亿 t;水库以下青铜峡至石嘴山河段发生冲刷,年均冲刷量达 0.166 亿 t。

1971 年 11 月至 1986 年 10 月,青铜峡水库采用"蓄清排浑"的运用方式,库区冲淤基本平衡,下河沿至青铜峡河段仍表现为淤积,年均淤积量为 0.127 亿 t;青铜峡至石嘴山河段呈微冲状态。

1986 年 11 月至 2005 年 10 月为龙刘水库联合调度运用时期,在此期间青铜峡水库采取汛末不定时的拉沙,上游来水偏枯,再加上龙刘水库调蓄,汛期平均流量仅 900m³/s。流量过程均匀,中小水持续历时长,河道发生淤积。库区上游基本冲淤平衡,库区下段淤积,青铜峡至石嘴山河段年均淤积量为 0.122 亿 t,年均淤积厚度为 0.018m。

3.4.2 内蒙古河道冲淤量分析

表 3.4-5~表 3.4-7 分别为利用沙量平衡法计算的内蒙古河段不同时段分河段年均冲淤量、年均冲淤厚度及年均冲淤强度。1952 年 11 月至 2005 年 10 月石嘴山至头道拐河段年均淤积量为 0.454 亿 t,其中汛期淤积 0.315 亿 t,非汛期淤积 0.140 亿 t。淤积主要发生在巴彦高勒以下河段,其中又以三湖河口至头道拐河段淤积较多,年均淤积 0.293 亿 t,占内蒙古河段淤积量的 64.5%,相应的年均淤积厚度为 0.017m。

表 3.4-5 内蒙古河段沙量平衡法年均冲淤量　　　　　　　　（单位:亿 t）

时段	石嘴山至巴彦高勒			巴彦高勒至三湖河口		
	非汛期	汛期	全年	非汛期	汛期	全年
1952-11~1961-10	0.051	−0.114	−0.064	0.027	0.322	0.349
1961-11~1968-10	0.183	−0.121	0.062	−0.036	−0.168	−0.203
1968-11~1986-10	0.096	0.006	0.102	0.046	−0.079	−0.033
1986-11~2005-10	0.034	0.027	0.061	0.129	0.113	0.242
1952-11~2005-10	0.077	−0.024	0.054	0.062	0.046	0.108

时段	三湖河口至头道拐			全河段		
	非汛期	汛期	全年	非汛期	汛期	全年
1952-11~1961-10	0.043	0.526	0.570	0.121	0.734	0.855
1961-11~1968-10	−0.054	0.234	0.180	0.093	−0.055	0.039
1968-11~1986-10	−0.031	0.123	0.091	0.111	0.050	0.161
1986-11~2005-10	0.030	0.363	0.394	0.194	0.503	0.696
1952-11~2005-10	0.000	0.292	0.293	0.140	0.315	0.454

表 3.4-6　内蒙古河段各时段年均冲淤厚度　　　　　　　　（单位：m）

时段	巴彦高勒至三湖河口			三湖河口至头道拐		
	非汛期	汛期	全年	非汛期	汛期	全年
1952-11~1961-10	0.002	0.026	0.028	0.003	0.031	0.034
1961-11~1968-10	−0.003	−0.013	−0.016	−0.003	0.014	0.011
1968-11~1986-10	0.004	−0.006	−0.003	−0.002	0.007	0.005
1986-11~2005-10	0.010	0.009	0.019	0.002	0.022	0.023
1952-11~2005-10	0.005	0.004	0.009	0.000	0.017	0.017

表 3.4-7　内蒙古河段各时段年均冲淤强度　　　　　　　　（单位：万 t/km）

时段	巴彦高勒至三湖河口			三湖河口至头道拐		
	非汛期	汛期	全年	非汛期	汛期	全年
1952-11~1961-10	1.22	14.57	15.79	1.40	16.98	18.38
1961-11~1968-10	−1.61	−7.58	−9.19	−1.73	7.55	5.81
1968-11~1986-10	2.10	−3.58	−1.48	−1.01	3.96	2.95
1986-11~2005-10	5.85	5.09	10.94	0.98	11.72	12.70
1952-11~2005-10	2.80	2.08	4.88	0.02	9.43	9.44

1952 年 11 月至 1961 年 10 月为天然状态，内蒙古河段年均淤积量为 0.855 亿 t，石嘴山至巴彦高勒河段表现为冲刷，年均冲刷量为 0.064 亿 t；巴彦高勒至三湖河口、三湖河口至头道拐河段年均淤积量分别是 0.349 亿 t、0.570 亿 t。巴彦高勒至三湖河口、三湖河口至头道拐河段年均淤积厚度分别为 0.028m 和 0.034m。

1961 年上游盐锅峡水库及该河段三盛公水库投入运用。三盛公坝址位于巴彦高勒断面上游 0.7km 处。1961 年 11 月至 1968 年 10 月由于水库蓄水拦沙，库区下游河段发生冲刷，冲刷主要发生在巴彦高勒至三湖河口河段，年均冲刷量为 0.203 亿 t；石嘴山至巴彦高勒和三湖河口至头道拐河段仍然表现为淤积，三湖河口至头道拐河段淤积量受水库拦沙的影响有所减少，年均淤积厚度比上一时段减少，淤积厚度为 0.011m。

1968 年 11 月至 1986 年 10 月为刘家峡水库运用时期，截至 1986 年库区淤积量达到 10.78 亿 m³。该时段内蒙古河段年均淤积量为 0.161 亿 t。

1986 年 11 月至 2005 年 10 月为龙刘水库联合调度运用时期，内蒙古河段淤积严重，年均淤积量达到 0.696 亿 t。淤积主要集中在巴彦高勒以下河段，其中巴彦高勒至三湖河口河段年均淤积量为 0.242 亿 t，年均淤积厚度为 0.019m；三湖河口至头道拐河段年均淤积量为 0.394 亿 t，年均淤积厚度达 0.023m。石嘴山至巴彦高勒河段年均淤积量较小，为 0.061 亿 t。

3.5　断面法冲淤量分析

3.5.1　宁夏河段冲淤量分析

宁夏河段共有四次实测大断面资料，即 1993 年 5 月、1999 年 5 月、2001 年 12 月和 2009 年 8 月，冲淤量计算结果见表 3.5-1。1993 年 5 月至 2009 年 8 月，宁夏河段年均淤积量为 0.093 亿 t，下河沿至青铜峡（入库处）河段年均冲淤平衡；青铜峡至石嘴山河段，河道呈淤积状态，年均淤积量为 0.091 亿 t。

表 3.5-1　宁夏河段断面法年均冲淤量 （单位：亿 t）

河段	1993-05～1999-05			1999-05～2001-12		
	主槽	滩地	全断面	主槽	滩地	全断面
下河沿至青铜峡	−0.009	0.003	−0.006	−0.010	0.017	0.007
青铜峡至石嘴山	0.106	0.002	0.108	0.043	0.080	0.123
下河沿至石嘴山	0.097	0.005	0.102	0.033	0.097	0.130

河段	2001-12～2009-08			1993-05～2009-08		
	主槽	滩地	全断面	主槽	滩地	全断面
下河沿至青铜峡	−0.003	0.009	0.006	−0.006	0.008	0.002
青铜峡至石嘴山	−0.007	0.072	0.065	0.043	0.048	0.091
下河沿至石嘴山	−0.010	0.081	0.071	0.037	0.055	0.093

（1）1993 年 5 月至 1999 年 5 月河道沿程冲淤变化

1993 年 5 月至 1999 年 5 月，下河沿至石嘴山河段年均淤积量为 0.102 亿 t。下河沿至白马河段为砂卵石河床，沿程冲淤变化见图 3.5-1，上段下河沿至永丰五队河道比降较缓，为 7.2‰，该河段发生微淤；下段河道比降较陡，为 8.4‰，河道呈微冲状态。

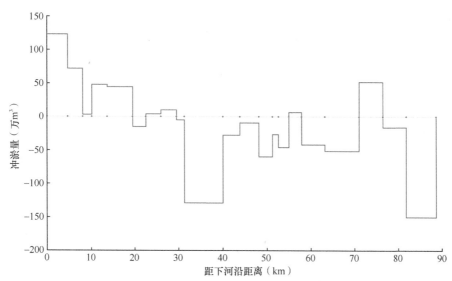

图 3.5-1　1993 年 5 月至 1999 年 5 月下河沿至白马河段沿程冲淤变化图

青铜峡至石嘴山河段的沿程冲淤变化见图 3.5-2。青铜峡坝址至仁存渡河段河道长 39.7km，河道平均比降为 6‰，河床为二元结构，表层为沙土覆盖，其下为砂卵石层，泥沙不易落淤；仁存渡至陶乐渡河道长 106.3km，平均比降为 1.5‰，河床为沙质组成，河身宽浅，边滩发育，该河段年均淤积量为 0.108 亿 t，大部分泥沙淤积在主槽，致使平滩高差由 2.44m 降为 2.00m，平滩流量由 2500m³/s 降为不足 2000m³/s。陶乐渡至石嘴山公路桥河道长 48.89km，比降较大，滩地坍塌，该河段表现为冲刷。

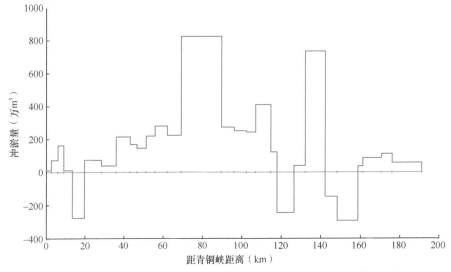

图 3.5-2　1993 年 5 月至 1999 年 5 月青铜峡至石嘴山河段沿程冲淤变化图

（2）1999 年 5 月至 2001 年 12 月河道沿程冲淤变化

1999 年 5 月至 2001 年 12 月，根据实测大断面资料计算，宁夏河道年均淤积 0.130 亿 t，淤积主要分布在青铜峡至石嘴山河段，占总淤积量的 94.6%；下河沿至青铜峡河段呈微淤状态，年均淤积量仅 0.007 亿 t。

图 3.5-3 为下河沿至青铜峡河段沿程冲淤量变化，从河段沿程冲淤的分布看，该河段呈冲淤交替状态。卫宁 10 断面～11 断面、卫宁 17 断面～19 断面和卫宁 21 断面～22 断面河段，与 1993 年 5 月至 1999 年 5 月的沿程冲淤分布相比，冲淤性质恰好相反；其他河段则持续淤积或冲刷。

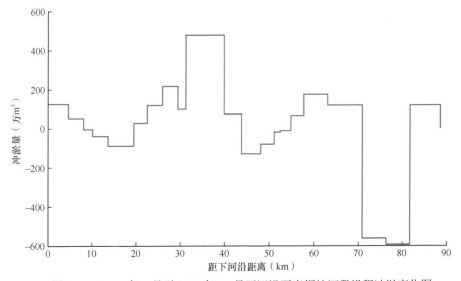

图 3.5-3　1999 年 5 月至 2001 年 12 月下河沿至青铜峡河段沿程冲淤变化图

1999 年 5 月至 2001 年 12 月，青铜峡至石嘴山河段年均淤积量为 0.123 亿 t，冲淤沿程变化见图 3.5-4。青铜峡至陶乐渡河段冲刷，陶乐渡至石嘴山河段淤积。该时段河道的沿程冲淤变化与 1993 年 5 月至 1999 年 5 月相反。

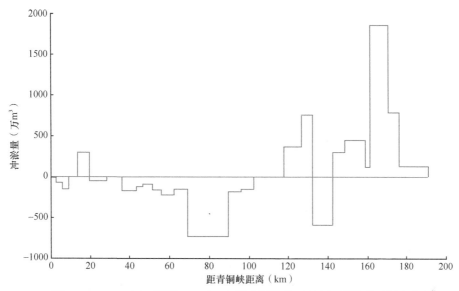

图 3.5-4　1999 年 5 月至 2001 年 12 月青铜峡至石嘴山河段沿程冲淤变化图

（3）2001 年 12 月至 2009 年 8 月河道沿程冲淤变化

下河沿至青铜峡河段上冲下淤（图 3.5-5），总的来说，河道冲淤平衡。青铜峡至石嘴山河段冲淤量的沿程变化呈冲淤交替的状态（图 3.5-6），年均呈微淤状态，淤积量为 0.065 亿 t。主槽微冲，滩地淤积。

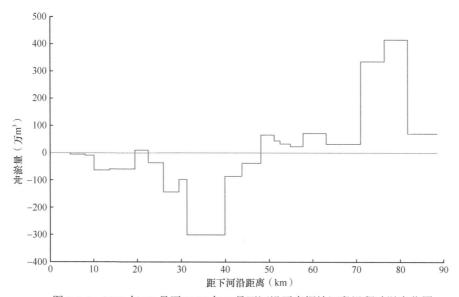

图 3.5-5　2001 年 12 月至 2009 年 8 月下河沿至青铜峡河段沿程冲淤变化图

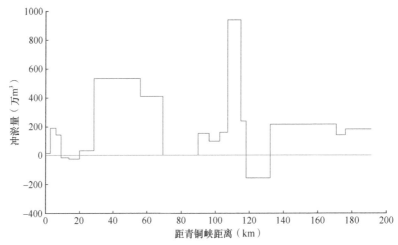

图 3.5-6　2001 年 12 月至 2009 年 8 月青铜峡至石嘴山河段沿程冲淤变化图

3.5.2　内蒙古河道冲淤量分析

内蒙古巴彦高勒至蒲滩拐河段自 1962 年至 2008 年 8 月，共有实测大断面资料六次，对六次测量资料进行了系统的分析、整理，并进行了冲淤量的计算。1962 年至 2008 年 8 月，该河段共淤积泥沙 12.491 亿 t，年均淤积泥沙 0.278 亿 t。其中，主槽淤积 0.146 亿 t，占全断面淤积量的 52.5%；滩地淤积 0.132 亿 t，占全断面淤积量的 47.5%。冲淤量计算结果见表 3.5-2～表 3.5-4。

（1）1962～1982 年河道冲淤变化

1962～1982 年，该河段累计冲刷 0.190 亿 t，年均冲刷 0.009 亿 t，主槽年均冲刷 0.181 亿 t；滩地年均淤积 0.172 亿 t。受三盛公水库 1961 年 11 月蓄水拦沙的影响，该时段内蒙古河段发生沿程冲刷，沿程冲淤量变化见图 3.5-7。三盛公坝下至新河断面长 336km，冲淤相间，以冲刷为主，至新河累计冲刷 2.620 亿 t，新河至头道拐河段以淤积为主，区间有少量的冲刷。

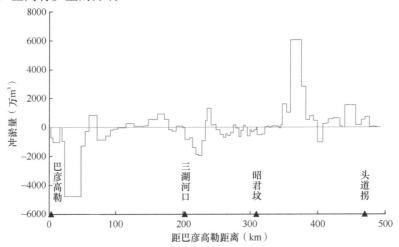

图 3.5-7　1962～1982 年巴彦高勒至蒲滩拐河段沿程冲淤变化图

表 3.5-2 内蒙古河段不同时期断面法累计冲淤量　　　　　　　　　　　　　　　（单位：亿 t）

河段	1962~1982 年			1982~1991-12			1991-12~2000-08			2000-08~2004-08			2004-08~2008-08			1962~2008-08		
	主槽	滩地	全断面	主槽	滩地	全断面	主槽	滩地	全断面	主槽	滩地	全断面	主槽	滩地	全断面	主槽	滩地	全断面
巴彦高勒至三湖河口	-1.488	0.445	-1.043	0.515	0.359	0.874	0.826	0.138	0.964	0.837	0.019	0.856	0.944	0.012	0.956	1.634	0.973	2.607
三湖河口至昭君坟	-1.684	0.238	-1.446	1.073	0.578	1.651	1.649	0.214	1.863	0.567	0.102	0.669	0.540	0.028	0.568	2.145	1.160	3.305
昭君坟至蒲滩拐	-0.458	2.757	2.299	0.327	0.563	0.890	1.309	0.183	1.492	0.889	0.065	0.954	0.724	0.220	0.944	2.791	3.788	6.579
巴彦高勒至蒲滩拐	-3.630	3.440	-0.190	1.915	1.500	3.415	3.784	0.535	4.319	2.293	0.186	2.479	2.208	0.260	2.468	6.570	5.921	12.491

表 3.5-3 内蒙古河段不同时期断面法年均冲淤量　　　　　　　　　　　　　　　（单位：亿 t）

河段	1962~1982 年			1982~1991-12			1991-12~2000-08			2000-08~2004-08			2004-08~2008-08			1962~2008-08		
	主槽	滩地	全断面	主槽	滩地	全断面	主槽	滩地	全断面	主槽	滩地	全断面	主槽	滩地	全断面	主槽	滩地	全断面
巴彦高勒至三湖河口	-0.074	0.022	-0.052	0.057	0.040	0.097	0.103	0.017	0.120	0.209	0.005	0.214	0.236	0.003	0.239	0.036	0.022	0.058
三湖河口至昭君坟	-0.084	0.012	-0.072	0.119	0.064	0.183	0.206	0.027	0.233	0.142	0.025	0.167	0.135	0.007	0.142	0.048	0.026	0.073
昭君坟至蒲滩拐	-0.023	0.138	0.115	0.036	0.063	0.099	0.164	0.023	0.187	0.222	0.017	0.239	0.181	0.055	0.236	0.062	0.084	0.146
巴彦高勒至蒲滩拐	-0.181	0.172	-0.009	0.213	0.166	0.379	0.473	0.067	0.540	0.573	0.047	0.620	0.552	0.065	0.617	0.146	0.132	0.278

表 3.5-4 内蒙古河段不同时期断面法年均冲淤强度　　　　　　　　　　　　　　　（单位：万 t/km）

河段	1962~1982 年			1982~1991-12			1991-12~2000-08			2000-08~2004-08			2004-08~2008-08			1962~2008-08		
	主槽	滩地	全断面	主槽	滩地	全断面	主槽	滩地	全断面	主槽	滩地	全断面	主槽	滩地	全断面	主槽	滩地	全断面
巴彦高勒至三湖河口	-3.3	1.0	-2.4	2.6	1.8	4.4	4.7	0.8	5.4	9.5	0.2	9.7	10.7	0.1	10.8	1.6	1.0	2.6
三湖河口至昭君坟	-6.7	1.0	-5.7	9.5	5.1	14.5	16.4	2.1	18.5	11.3	2.0	13.3	10.7	0.6	11.3	3.8	2.0	5.8
昭君坟至蒲滩拐	-1.2	7.5	6.2	2.0	3.4	5.4	8.9	1.2	10.2	12.1	0.9	13.0	9.8	3.0	12.8	3.4	4.6	8.0
巴彦高勒至蒲滩拐	-3.4	3.2	-0.2	4.0	3.1	7.1	8.9	1.3	10.2	10.8	0.9	11.7	10.4	1.2	11.6	2.7	2.5	5.2

（2）1982年至1991年12月河道冲淤变化

1982年至1991年12月，该河段累计淤积3.415亿t，年均淤积0.379亿t，其中主槽年均淤积0.213亿t，占全断面淤积量的56.2%；滩地年均淤积量为0.166亿t。淤积主要发生在三湖河口至昭君坟河段，主槽年均淤积强度达9.5万t/km，其他两个河段的淤积强度在2.0万～2.6万t/km。图3.5-8为该时段巴彦高勒至蒲滩拐河段沿程冲淤变化，从冲淤量的沿程分布看，基本上是冲淤相间，以淤积为主。淤积主要分布在昭君坟断面上下游、十大孔兑注入黄河的河段。

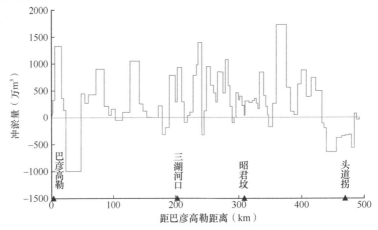

图3.5-8　1982年至1991年12月巴彦高勒至蒲滩拐河段沿程冲淤变化图

（3）1991年12月至2000年8月河道冲淤变化

1991年12月至2000年8月，该河段累计淤积4.319亿t，年均淤积0.540亿t，其中主槽年均淤积0.473亿t，占全断面淤积量的87.6%；滩地年均淤积0.067亿t。淤积主要发生在三湖河口至昭君坟河段、昭君坟至头道拐河段，主槽年均淤积强度分别达16.4万t/km和8.9万t/km。河道淤积加重，特别是主槽淤积比例增大。图3.5-9为该时段巴彦高勒至蒲滩拐河段沿程冲淤变化，从冲淤量的沿程分布看，淤积比较严重的河段位于三盛公坝下25km左右，其次是昭君坟附近。

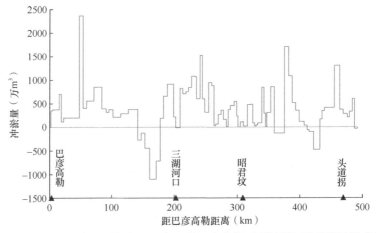

图3.5-9　1991年12月至2000年8月巴彦高勒至蒲滩拐河段沿程冲淤变化图

（4）2000 年 8 月至 2004 年 8 月河道冲淤变化

2000 年 8 月至 2004 年 8 月，该河段累计淤积 2.479 亿 t，年均淤积 0.620 亿 t。其中，主槽年均淤积 0.573 亿 t，占全断面淤积量的 92.4%，几乎所有的泥沙都淤积在主槽；滩地年均淤积量仅为 0.047 亿 t。淤积主要发生在三湖河口至昭君坟河段和昭君坟至蒲滩拐河段，主槽年均淤积强度分别达 11.3 万 t/km 和 12.1 万 t/km，淤积部位下移。由于本次测淤断面缺测较多且距离较长（最长缺测距离达 76km），精度稍差。图 3.5-10 为该时段巴彦高勒至蒲滩拐河段沿程冲淤变化，从冲淤量的沿程分布看，淤积比较严重的河段位于三盛公坝下 25km 左右，其次是昭君坟附近。

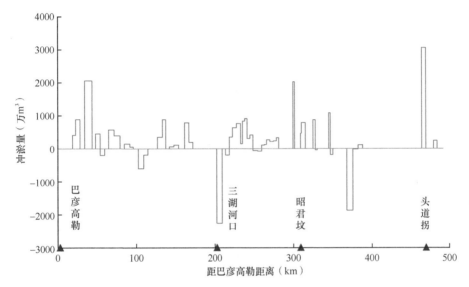

图 3.5-10　2000 年 8 月至 2004 年 8 月巴彦高勒至蒲滩拐河段沿程冲淤变化图

图中冲淤量为零的点据均为缺测断面

（5）2004 年 8 月至 2008 年 8 月河道冲淤变化

2004 年 8 月至 2008 年 8 月，该河段累计淤积 2.468 亿 t，年均淤积 0.617 亿 t，其中主槽淤积量占全断面淤积量的 89.5%。由于种种原因，测量范围为黄淤 1～黄淤 87 断面，黄淤 87 断面以后断面冲淤量是根据 2000 年 8 月至 2004 年 8 月该河段占全河段的比例推算的。该时段巴彦高勒至蒲滩拐河段沿程冲淤变化见图 3.5-11。

从以上分析可知，内蒙古河段近期淤积严重，处于淤积抬升状态。图 3.5-12 为内蒙古河段 2004 年 8 月实测的典型断面，中小洪水和非汛期的泥沙淤积主要发生在河槽，嫩滩附近淤积厚度较大，而远离主槽的滩地因水沙交换作用不强，淤积厚度较小，堤根附近淤积更少，致使平滩水位又明显高于两边的滩地，形成"槽高、滩低、堤根洼"的局面。

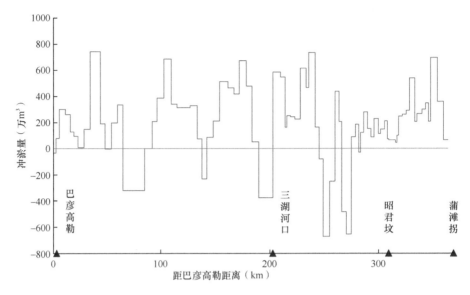

图 3.5-11　2004 年 8 月至 2008 年 8 月巴彦高勒至蒲滩拐河段沿程冲淤变化图

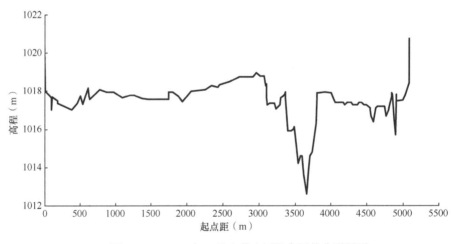

图 3.5-12　2004 年 8 月内蒙古河段实测的典型断面

3.6　河道冲淤与水沙的关系

　　河道冲淤与来水来沙关系密切，来水来沙条件是影响宁蒙河段河道冲淤演变的主要因素。宁蒙河段的水沙主要集中在汛期，冲淤调整也主要发生在汛期。本节重点分析宁蒙河段汛期来水来沙条件与汛期河道冲淤的关系。

　　来沙系数（定义为 $\xi=S/Q$，其中，S 为含沙量，Q 为流量）作为一个重要的水沙参数，在黄河的泥沙研究中得到了广泛的关注，它涉及泥沙输移和河床演变的多个方面。在黄河下游河段，来沙系数可以作为河道输沙平衡的判别指标。本节建立了宁蒙河段汛期来沙系数与汛期冲淤效率（单位水量下的冲淤量，正数表示淤积，负数表示冲刷）的关系，如图 3.6-1 所示。

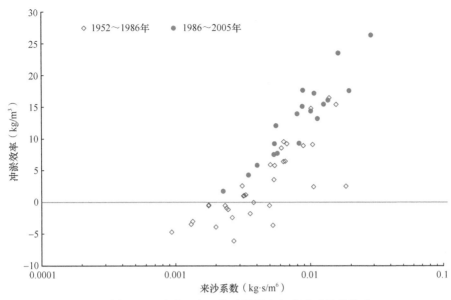

图 3.6-1　宁蒙河段汛期冲淤效率与来沙系数的关系

　　由图 3.6-1 可知，宁蒙河段汛期冲淤效率随来沙系数的增大而增大。来沙系数越大，淤积效率就越大；来沙系数越小，淤积效率就越小，甚至可能发生冲刷。经分析，当宁蒙河段汛期来沙系数约为 0.0031kg·s/m⁶ 时，河道基本保持冲淤平衡状态，即宁蒙河段汛期平均流量为 2200m³/s、含沙量约为 7.0kg/m³ 时，河道基本保持冲淤平衡。

　　图 3.6-2、图 3.6-3 分别为宁夏河段、内蒙古河段汛期冲淤效率与来沙系数的关系。可以看出，宁夏河段和内蒙古河段汛期来沙系数分别约为 0.0030kg·s/m⁶ 和 0.0032kg·s/m⁶ 时，河道基本保持冲淤平衡；大于此值发生淤积，反之则为冲刷。

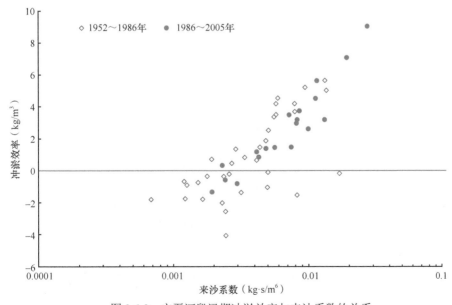

图 3.6-2　宁夏河段汛期冲淤效率与来沙系数的关系

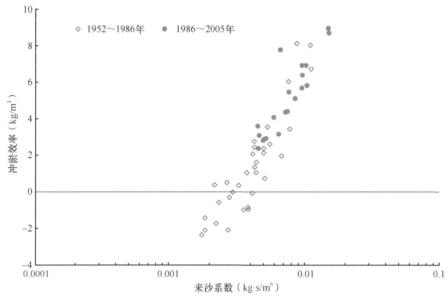

图 3.6-3　内蒙古河段汛期冲淤效率与来沙系数的关系

3.7　宁蒙河段河床淤积物组成

为了研究宁蒙河段淤积物的组成，在宁蒙河段不同位置进行了河道床沙取样，测验断面共计 14 个，各断面名称及位置见表 3.7-1。

表 3.7-1　宁蒙河段床沙测验取样断面位置表

断面名称	断面位置
断面 1	青铜峡大坝上游约 18.3km 处（青库 17 断面处）
断面 2	青铜峡大坝下游约 74.5km 处（水洞沟入口上游）
断面 3	青铜峡大坝下游约 139.0km 处（下西梁一二队处的渡口下游约 1.0km 处）
断面 4	石嘴山站上游约 7.0km 处（第五排水渠汇入口上游）
断面 5	磴口站下游约 9.0km 处（三盛公库区尾部黄断 20 断面处）
断面 6	三盛公大桥上游约 4.0km 处（黄断 5 断面处）
断面 7	巴彦高勒站下游约 43.7km 处（黄断 10 断面处）
断面 8	巴彦高勒站下游约 172.2km 处（黄断 32 断面处）
断面 9	三湖河口站下游约 25.2km 处（黄断 44 断面处，毛不拉孔兑入口上游）
断面 10	三湖河口站下游约 32.9km 处（黄断 46 断面处，毛不拉孔兑入口处）
断面 11	昭君坟站下游约 2.5km 处（黄断 70 断面下游 0.5km 处，西柳沟入口处）
断面 12	昭君坟站下游约 54.8km 处（黄断 87 断面处）
断面 13	头道拐站上游约 44.0km 处（黄断 100 断面上游，呼斯太河入口处）
断面 14	头道拐站下游约 3.6km 处（黄断 110 断面上游）

表 3.7-2 为各断面的测验结果，宁蒙河段粗颗粒泥沙分布广泛，滩地表层粗颗粒泥沙所占比例为 65.82%，滩地深层占 66.04%，河槽表层占 77.71%，河槽深层占 78.32%。滩地、河槽部位表层泥沙颗粒较深层细，滩地粗颗粒泥沙所占比例较河槽小。

　　三盛公水库以上的测验断面 1 至断面 5（断面 3 除外）滩地表层及深层床沙的平均粒径相对较小，不足 0.1mm，而河槽表层及深层床沙的平均粒径较大，大多大于 0.2mm；三盛公水库以下的测验断面 6 至断面 13，不论是滩地还是河槽的表层及深层床沙平均粒径均较大。其中，测验断面 10、断面 11 分别分布于毛不拉孔兑和西柳沟入口处，测验的河床淤积物平均粒径也相对较大。

表 3.7-2　宁蒙河段床沙测验成果统计表

断面名称	土层	d<0.1mm 泥沙所占比例（%）	d≥0.1mm 泥沙所占比例（%）	平均粒径（mm）	中数粒径（mm）
断面 1	滩地表层	86.30	13.70	0.0456	0.0478
	滩地深层	87.59	12.41	0.0461	0.0417
	河槽表层	9.76	90.24	0.2157	0.2029
	河槽深层	8.44	91.56	0.2212	0.2110
断面 2	滩地表层	86.53	13.47	0.0590	0.0542
	滩地深层	82.74	17.26	0.0640	0.0579
	河槽表层	9.22	90.78	0.2168	0.2037
	河槽深层	8.99	91.01	0.2178	0.2050
断面 4	滩地表层	82.49	17.51	0.0660	0.0595
	滩地深层	80.95	19.05	0.0680	0.0613
	河槽表层	8.54	91.46	0.2182	0.2052
	河槽深层	8.13	91.87	0.2196	0.2066
断面 5	滩地表层	60.41	39.59	0.0960	0.0862
	滩地深层	60.33	39.67	0.0959	0.0853
	河槽表层	30.66	69.34	0.1673	0.1553
	河槽深层	32.93	67.07	0.1618	0.1495
断面 6	滩地表层	14.84	85.16	0.2085	0.1877
	滩地深层	15.04	84.96	0.2106	0.1888
	河槽表层	15.87	84.13	0.2077	0.1851
	河槽深层	15.64	84.36	0.2084	0.1862
断面 7	滩地表层	5.87	94.13	0.1744	0.1660
	滩地深层	5.11	94.89	0.1747	0.1668
	河槽表层	5.05	94.95	0.1751	0.1673
	河槽深层	5.13	94.87	0.1744	0.1665
断面 8	滩地表层	22.86	77.14	0.1769	0.1674
	滩地深层	21.97	78.03	0.1755	0.1646
	河槽表层	20.76	79.24	0.1783	0.1684
	河槽深层	20.16	79.84	0.1797	0.1691
断面 9	滩地表层	16.61	83.39	0.1587	0.1494
	滩地深层	15.96	84.04	0.1560	0.1503
	河槽表层	16.25	83.75	0.1597	0.1501
	河槽深层	15.76	84.24	0.1607	0.1511

断面名称	土层	$d<0.1mm$ 泥沙所占比例（%）	$d\geq0.1mm$ 泥沙所占比例（%）	平均粒径（mm）	中数粒径（mm）
断面10	滩地表层	9.41	90.59	0.1817	0.1713
	滩地深层	9.53	90.47	0.1827	0.1729
	河槽表层	11.78	88.22	0.1737	0.1642
	河槽深层	10.63	89.37	0.1800	0.1702
断面11	滩地表层	9.37	90.63	0.1779	0.1695
	滩地深层	8.84	91.16	0.1810	0.1717
	河槽表层	8.98	91.02	0.1798	0.1702
	河槽深层	8.88	91.12	0.1794	0.1704
断面12	滩地表层	30.35	69.65	0.1413	0.1316
	滩地深层	30.77	69.23	0.1414	0.1316
	河槽表层	32.37	67.63	0.1386	0.1287
	河槽深层	30.79	69.21	0.1416	0.1315
断面13	滩地表层	25.80	74.20	0.1581	0.1430
	滩地深层	24.28	75.72	0.1540	0.1391
	河槽表层	38.53	61.47	0.1889	0.1249
	河槽深层	39.49	60.51	0.1965	0.1223
断面14	滩地表层	18.74	81.26	0.0510	0.1980
	滩地深层	22.40	77.60	0.0530	0.1831
	河槽表层	93.46	6.54	0.2139	0.0463
	河槽深层	89.45	10.55	0.1990	0.0481
全河段均值	滩地表层	34.18	65.82	0.1370	0.1380
	滩地深层	33.96	66.04	0.1370	0.1370
	河槽表层	22.29	77.71	0.1890	0.1620
	河槽深层	21.68	78.32	0.1900	0.1640

3.8 小　结

1）本章对宁蒙河段干支流实测输沙率、大断面、风积沙等资料进行了系统的分析、整理，利用沙量平衡法和断面法进行了冲淤量计算，并利用断面法计算结果对沙量平衡法计算结果进行了修正，修正后的沙量平衡法结果可用于工程设计。

2）宁蒙河段沙量平衡法冲淤量计算结果：1952年11月至2005年10月，宁蒙河段年均淤积量为0.541亿t。其中，宁夏河段多年呈微淤状态，淤积主要发生在内蒙古河段。1986年龙羊峡水库投入运用至2005年10月，宁蒙河段淤积严重，年均淤积量为0.865亿t，其中，宁夏河段年均淤积量为0.168亿t；内蒙古河段年均淤积量为0.696亿t，占全河段淤积量的80.5%。

3）宁夏河段断面法计算成果：1993年5月至2009年8月，宁夏河段年均淤积量为0.093亿t，下河沿至青铜峡河段年均淤积量为0.002亿t，河道基本冲淤平衡；青铜峡至石嘴山河段年均淤积量为 0.091 亿 t，河道呈微淤状态。宁夏河段年均主槽淤积量为 0.037 亿 t，占全断面淤积量的 39.8%。

4）内蒙古河段断面法计算成果：宁蒙河段的淤积主要发生在内蒙古河段，1962 年至 2008 年 8 月内蒙古河段淤积 12.491 亿 t，年均淤积 0.278 亿 t。其中，主槽淤积 0.146 亿 t，占全断面淤积量的 52.5%；滩地淤积 0.132 亿 t，占全断面淤积量的 47.5%。近期内蒙古河段主槽淤积严重，2000 年 8 月至 2008 年 6 月年均淤积量为 0.617 亿 t，其中主槽淤积量占全断面淤积量的 89.5%。

5）宁蒙河段冲淤与来水来沙关系密切，来水来沙条件是影响宁蒙河段冲淤演变的主要因素。经分析，当宁蒙河段汛期来沙系数约为 0.0031kg·s/m^6 时，河道基本保持冲淤平衡状态，大于此值发生淤积，反之则为冲刷。

4 宁蒙河段不同时期主槽过流能力变化与水沙条件的关系

4.1 宁蒙河段不同时期断面形态调整变化

4.1.1 水文站断面形态变化

宁蒙河段干流共布设 8 个水文站（包括磴口水文站、昭君坟水文站），选取测站资料比较长的下河沿水文站、青铜峡水文站、石嘴山水文站、巴彦高勒水文站、三湖河口水文站和头道拐水文站的测验断面进行分析，见表 4.1-1 和图 4.1-1～图 4.1-6。

表 4.1-1　宁蒙河段水文站断面不同时期主槽面积和主槽宽变化统计

水文站	高程（m）	年份	主槽面积（m²）	主槽宽（m）
下河沿	1235.0	1965	1690	259
		1986	1654	245
		2006	1542	242
青铜峡	1241.1	1965	2783	462
		1986	2666	350
		2006	2670	345
石嘴山	1293.6	1965	3059	529
		1986	3234	521
		2006	2958	500
巴彦高勒	1253.0	1972	2983	744
		1986	2425	697
		2006	1206	487
三湖河口	1020.2	1965	1269	392
		1986	1645	396
		2006	973	284
头道拐	989.2	1965	1197	330
		1986	2189	582
		2006	1600	595

1986 年以来，宁夏河段下河沿水文站断面及青铜峡水文站断面同一高程下的主槽宽及面积变化均不大；石嘴山水文站断面 1986 年以后，主槽宽及主槽面积均略有减小。1986 年以后，内蒙古河段淤积严重，巴彦高勒水文站断面、三湖河口水文站断面及头道拐水文站断面 2006 年的主槽面积均大幅度减小，同高程下主槽面积分别较 1986 年减少了 50.3%、40.9%、26.9%，主槽宽除头道拐水文站断面以外也都大幅度减小。

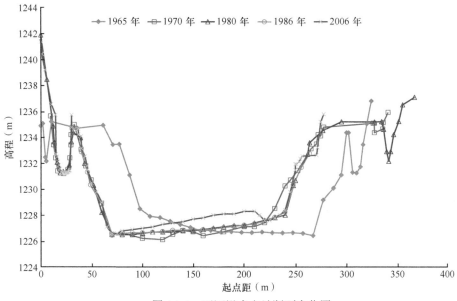

图 4.1-1　下河沿水文站断面变化图

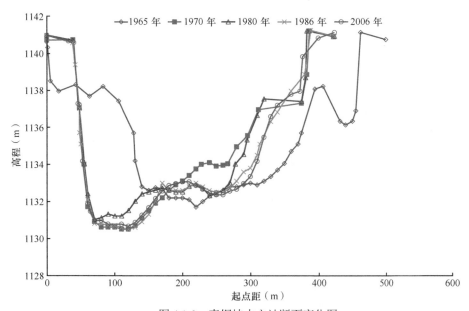

图 4.1-2　青铜峡水文站断面变化图

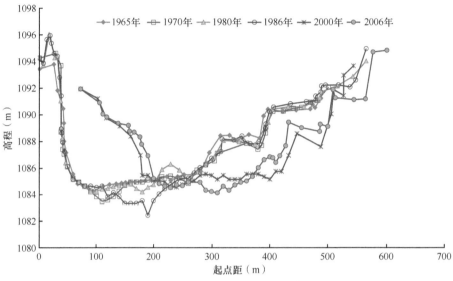

图 4.1-3　石嘴山水文站断面变化图

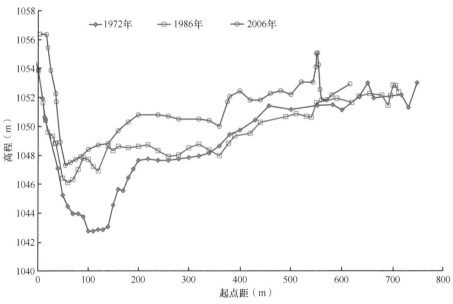

图 4.1-4　巴彦高勒水文站断面变化图

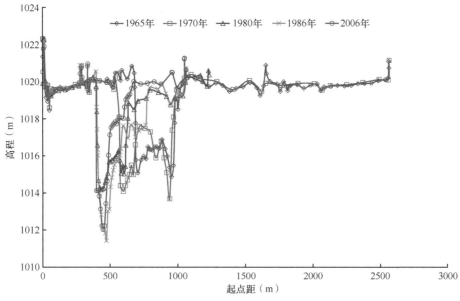

图 4.1-5　三湖河口水文站断面变化图

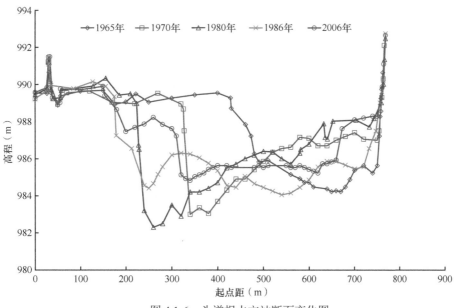

图 4.1-6　头道拐水文站断面变化图

4.1.2　河道淤积测验断面形态变化

宁夏河段河床主要由砂卵石组成，河道比降大，断面形态相对稳定，河道冲淤变化较小。内蒙古河段为沙质河床，比降小，串沟、支汊较多，河道宽浅散乱。巴彦高勒至昭君坟河段河势游荡多变，昭君坟以下逐渐过渡为弯曲型河段。从套绘的断面来看，近期河槽宽度显著减小，主槽淤积萎缩，过水面积减小，详见典型断面图 4.1-7～图 4.1-13。

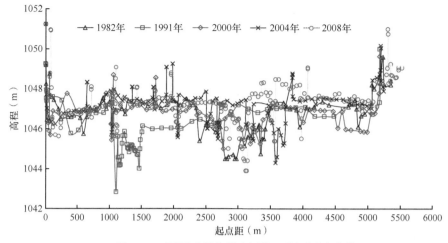

图 4.1-7　不同时期内蒙古河段 7#断面形态变化

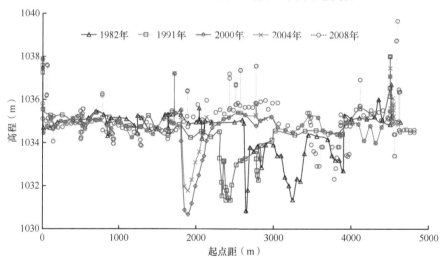

图 4.1-8　不同时期内蒙古河段 18#断面形态变化

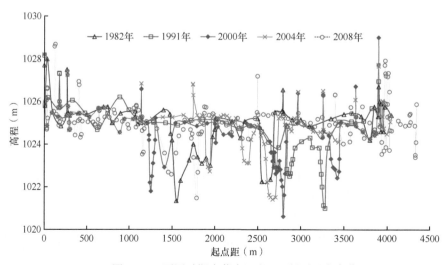

图 4.1-9　不同时期内蒙古河段 29#断面形态变化

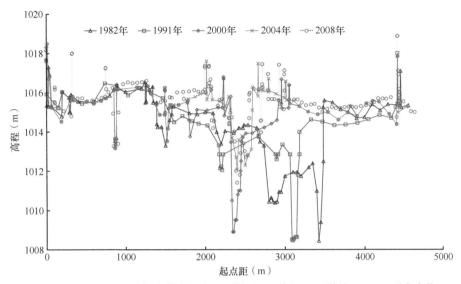

图 4.1-10　不同时期内蒙古河段 43#断面（三湖河口下游约 20km）形态变化

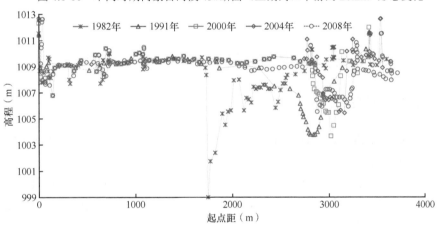

图 4.1-11　不同时期内蒙古河段 56#断面形态变化

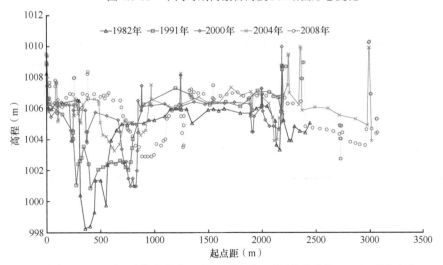

图 4.1-12　不同时期内蒙古河段 65#断面（昭君坟上游约 7km）形态变化

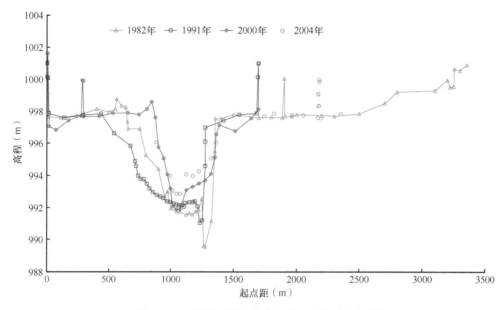

图 4.1-13　不同时期内蒙古河段 91#断面形态变化

4.2　宁蒙河段不同时期主槽过流能力变化

4.2.1　同流量水位变化分析

同流量水位的抬升反映河底平均高程的变化，也从一定程度上反映河床的冲淤调整。黄河上游宁蒙河段虽然来水来沙条件变化较大，但下河沿水文站、石嘴山水文站同流量水位变幅较小（青铜峡水文站位于青铜峡水库坝下，1986 年以前断面受水库冲刷影响较大，同流量水位呈下降趋势，1986 年以后同流量水位趋于稳定），这与宁夏河段冲淤量的计算结果一致，表明该河段年均冲淤变化不大，见表 4.2-1 和图 4.2-1～图 4.2-3。

表 4.2-1　宁蒙河段各水文站 1000m³/s 流量水位升降变化　　　　　　　（单位：m）

水文站	1960～1965 年	1965～1971 年	1971～1986 年	1986～2005 年
下河沿	/	−0.11	0.06	0.16
青铜峡	0.22	−0.48	−0.57	−0.08
石嘴山	0.01	−0.04	−0.06	0.13
巴彦高勒	−0.38	−0.24	0.61	1.78
三湖河口	−0.29	−0.26	−0.45	1.88
头道拐	−0.11	0.01	−0.47	0.26

注："/"表示无资料

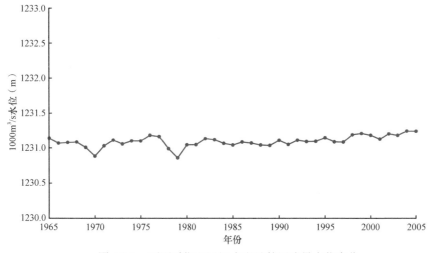

图 4.2-1　不同时期下河沿水文站的同流量水位变化

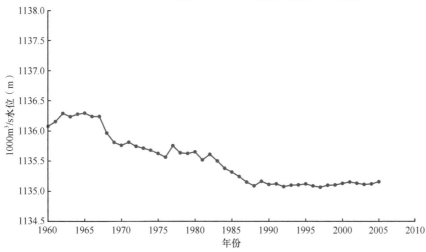

图 4.2-2　不同时期青铜峡水文站的同流量水位变化

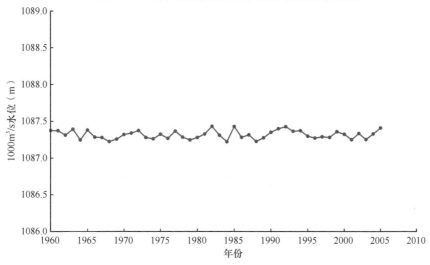

图 4.2-3　不同时期石嘴山水文站的同流量水位变化

内蒙古巴彦高勒以下河段为冲积性河段，河道冲淤与来水来沙关系密切，1986年以后，由于不利的水沙条件，内蒙古河段淤积严重，同流量水位明显抬升，1986～2005年巴彦高勒水文站和二湖河口水文站同流量水位分别抬升1.78m和1.88m，见表4.2-1和图4.2-4～图4.2-6。

图4.2-4　不同时期巴彦高勒水文站的同流量水位变化

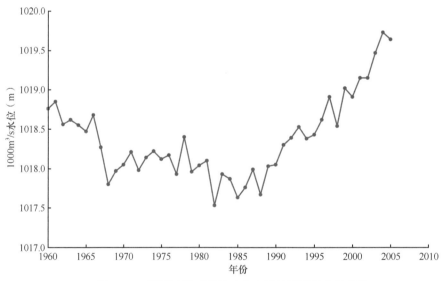

图4.2-5　不同时期三湖河口水文站的同流量水位变化

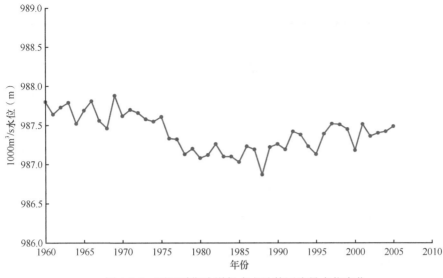

图 4.2-6　不同时期头道拐水文站的同流量水位变化

4.2.2　平滩流量变化分析

宁夏河段年均冲淤变化不大，因此，仅分析内蒙古巴彦高勒以下冲积性河段的平滩流量变化。平滩流量是指主槽水位与滩面平齐时断面通过的流量。

（1）造床流量法

造床流量是指造床作用与多年流量过程的综合造床作用相当的某一流量。它往往与平滩流量相近。因此，通过计算巴彦高勒、三湖河口、昭君坟和头道拐等水文站的造床流量来分析该河段的平滩流量变化。

马卡维也夫法是造床流量的计算方法之一，它认为造床流量包括造床强度和历时。造床强度与水流输沙率有关，而输沙率与 Q^m 及比降 J 的乘积成正比，历时可用流量出现的频率 P 表示。因此，当 $Q^m JP$ 取最大值时对应的流量即造床流量。其关系式可表示为

$$Q_{\text{造}} = Q^m JP$$

式中，Q 为各级流量的平均值（m^3/s）；J 为各级流量的相应比降；P 为各级流量出现的频率；m 为指数，由实测资料确定。

根据 1961～2005 年各水文站汛期的逐日流量资料，利用马卡维也夫法计算了不同时段的造床流量，结果见表 4.2-2。从计算结果分析，1961～1968 年内蒙古河段的造床流量为 2800m³/s 左右；1968 年刘家峡水库投入运用，由于水库拦沙，再加上 20 世纪 80 年代初期的有利水沙条件，1968～1986 年造床流量增大到 3000m³/s 以上；1986 年龙羊峡水库投入运用后，水沙条件不利，加之人类活动影响加剧，1986～2005 年造床流量减少到 1500m³/s 左右。

表 4.2-2 内蒙古河段不同时段造床流量计算结果

方法	断面	时段		
		1961～1968 年	1968～1986 年	1986～2005 年
马卡维也夫法(造床流量法)	巴彦高勒	2930	3020	1470
	三湖河口	2900	3130	1620
	昭君坟	2890	3280	/
	头道拐	2760	3180	1510
经验公式法	巴彦高勒	4120	3240	1540
	三湖河口	4090	3380	1690
	昭君坟	4170	3360	/
	头道拐	4010	3330	1650

注："/"表示无资料

(2)经验公式法

黄河水利科学研究院统计了一些河流的平滩流量与汛期平均流量的关系，关系式如下：

$$Q_{\mathrm{P}} = 7.7\bar{Q}_{汛}^{0.85} + 90\bar{Q}_{汛}^{\frac{1}{3}}$$

式中，Q_{P} 为平滩流量（m³/s）；$\bar{Q}_{汛}$ 为汛期平均流量（m³/s）。

根据各水文站实测汛期流量资料，利用该公式计算不同时段的平滩流量，结果见表 4.2-2。从计算结果分析，1961～1968 年和 1968～1986 年这两个时段利用经验公式法计算的平滩流量均比利用马卡维也夫法计算的平滩流量大；1986～2005 年两者的计算结果相近。

(3)实测大断面法

采用 1982 年、2004 年和 2008 年内蒙古河段的实测大断面资料，划定主槽范围，确定平滩水位，利用水力学方法计算平滩水位下断面的过流量，即平滩流量，水力学公式如下：

$$Q_{平} = AV = A\frac{1}{n}R^{\frac{2}{3}}J^{\frac{1}{2}}$$

式中，$Q_{平}$ 为计算的平滩流量（m³/s）；A 为各断面主槽过水面积（m²）；R 为各断面主槽平均水深（m）；n 为河床糙率；J 为各河段平滩流量时的水面比降（‰）。根据该公式计算的结果见表 4.2-3。

表 4.2-3 实测大断面法计算内蒙古河段 1982 年、2004 年和 2008 年平滩流量 （单位：m³/s）

河段	巴彦高勒至三湖河口	三湖河口至昭君坟	昭君坟至头道拐
1982 年	2670	3180	2440
2004 年	1030	1560	1490
2008 年	963	1457	/

注："/"表示无资料

1986 年以来，由于内蒙古河道主槽的严重淤积，主槽过水面积减小，河段平滩流量锐减。1982 年内蒙古河段平均平滩流量在 2400～3000m³/s，2004 年平滩流量减少到 1000～1500m³/s，2008 年平滩流量又进一步减小，河段平均平滩流量不足 1500m³/s。

4.3　小　　结

宁夏河段以砂卵石河床为主，河道比降大，冲淤变幅较小，1986 年以来该河段呈微淤状态；内蒙古河段为游荡型河道，河道冲淤变化受来水来沙影响较大，从套绘的水文站断面及河道淤积断面可以明显地看出，主槽宽缩窄，主槽过水面积减小，同时表现出同流量水位的逐步抬升及河段平滩流量的急剧减小，至 2008 年该河段的平均平滩流量已不足 1500m³/s。

5 宁蒙河段不同量级洪水输沙及冲淤特点

5.1 宁蒙河段洪水概况

5.1.1 场次洪水划分

经过对宁蒙河段干流、支流、引水渠、退水渠及入黄风积沙等实测水沙资料的整理，选取资料系列较为连续且完整的 1973～2005 年汛期逐日实测水沙资料进行宁蒙河段场次洪水的冲淤分析，并考虑各水位站之间的洪水传播时间。宁蒙河段的洪水主要来自干流，场次洪水按干流下河沿断面汛期逐日流量过程进行划分。洪水划分原则是以能完整形成洪水起涨止落过程且各控制断面（包括下河沿断面、青铜峡断面、石嘴山断面、巴彦高勒断面、三湖河口断面及头道拐断面）最大日流量不小于 1500m³/s。如图 5.1-1 所示，选取 1985 年汛期下河沿发生的一场典型洪水，洪水起涨于 9 月 6 日，止落于 10 月 13 日，历时 38d。

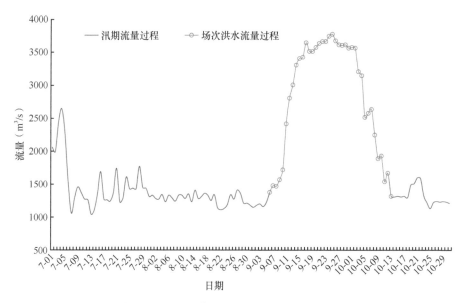

图 5.1-1　1985 年汛期下河沿典型洪水流量过程

5.1.2 洪水概况

通过对 1985 年汛期下河沿断面流量变化过程的分析，划分宁蒙河段洪水场次共计 55 场，见表 5.1-1。

表 5.1-1 宁蒙河段洪水场次划分及干流来水来沙情况

时段	洪水场次	总历时（d）	下河沿断面洪水期水沙				下河沿断面洪水期水沙占汛期水沙的比例（%）	
			最大流量（m³/s）	平均流量（m³/s）	总水量（亿 m³）	总沙量（亿 t）	水量	沙量
1973～1986 年	30	721	5840	2413	1503	8.71	58.7	66.9
1987～2005 年	25	342	3550	1486	440	5.29	22.8	48.9
1973～2005 年	55	1063	5840	2115	1943	14.00	43.3	58.7

1973～2005 年，汛期 55 场洪水总历时 1063d，总水量 1943 亿 m³，总沙量 14.00 亿 t，分别占 1973～2005 年汛期总水量的 43.3%、总沙量的 58.7%。其中，1973～1986 年，汛期 30 场洪水总历时 721d，总水量 1503 亿 m³，总沙量 8.71 亿 t，分别占 1973～1986 年汛期总水量的 58.7%、总沙量的 66.9%；1987~2005 年，汛期 25 场洪水总历时 342d，总水量 440 亿 m³，总沙量 5.29 亿 t，分别占 1987～2005 年汛期总水量的 22.8%、总沙量的 48.9%，洪水期总水沙量占汛期总水沙量的比例较上一时段分别减少了 35.9%和18.0%。

55 场洪水中，有 3 场洪水在洪水期间遭遇了十大孔兑洪水来沙淤堵黄河，分别发生在 1976 年、1986 年和 1989 年，其中最为典型且淤堵黄河最为严重的是 1989 年的洪水，洪水期间仅西柳沟来沙量就达到了 5140 万 t。

5.2 宁蒙河段洪水冲淤特性

5.2.1 不同水沙量级下的洪水冲淤特性

宁蒙河段洪水冲淤与流量、含沙量关系较为密切。一场洪水的历时有长有短、峰量有大有小，为了便于比较各场次洪水对宁蒙河段的冲淤作用，我们计算了场次洪水的冲淤量及冲淤效率（指单位水量下的冲淤量），表 5.2-1 和图 5.2-1 为宁蒙河段不同含沙量下不同流量级的洪水冲淤量与冲淤效率的统计情况。当下河沿断面含沙量小于 7kg/m³时，宁蒙河段的洪水冲淤以冲刷为主，各级流量下仅洪水期平均流量小于 1400m³/s 时，宁蒙河段表现为淤积，淤积效率为 3.98kg/m³，随着流量的增加，宁蒙河段由淤积转为冲刷，流量为 2200～2500m³/s 时，宁蒙河段冲刷效率达到最高，为 4.24kg/m³，之后随着流量的增加，冲刷效率降低。

当下河沿断面含沙量大于 7kg/m³ 时，宁蒙河段的洪水冲淤表现为以淤积为主，各级流量下仅洪水期平均流量为 2200～2500m³/s 时，宁蒙河段表现为冲刷。另外，含沙量为 7～20kg/m³ 与含沙量大于 20kg/m³ 的同流量级洪水相比，前者淤积效率小于后者，则同流量情况下，下河沿断面含沙量越大，宁蒙河段淤积效率越大。

综上分析，控制下河沿断面洪水期平均流量为 2200～2500m³/s，有利于宁蒙河段产生冲刷。

表 5.2-1　宁蒙河段不同含沙量下不同流量级的洪水冲淤情况

下河沿断面含沙量 (kg/m³)	流量分级 (m³/s)	下河沿断面洪水场次及其特征值			各河段冲淤量（亿t）						各河段冲淤效率（kg/m³）					
		场次	平均流量(m³/s)	含沙量(kg/m³)	下至青	青至石	石至巴	巴至三	三至头	全河段	下至青	青至石	石至巴	巴至三	三至头	全河段
S<7	<1400	6	1227	4.0	-0.008	0.122	0.027	0.051	0.121	0.313	-0.10	1.55	0.34	0.65	1.54	3.98
	1400~1800	7	1603	4.5	-0.400	0.117	0.032	0.010	0.008	-0.234	-3.54	1.04	0.29	0.08	0.07	-2.07
	1800~2200	4	2103	7.2	0.016	-0.056	-0.064	-0.067	-0.064	-0.235	0.13	-0.45	-0.51	-0.54	-0.52	-1.90
	2200~2500	4	2417	5.6	-0.265	-0.061	-0.162	-0.260	-0.164	-0.912	-1.23	-0.28	-0.75	-1.21	-0.76	-4.24
	>2500	8	3154	12.6	-0.772	0.438	-1.114	-0.626	0.240	-1.833	-1.13	0.64	-1.63	-0.92	0.35	-2.69
7<S<20	<1400	5	1133	12.2	0.023	0.272	-0.042	0.173	0.154	0.581	0.51	5.91	-0.91	3.76	3.33	12.60
	1400~1800	4	1589	16.7	-0.063	0.410	0.032	0.091	1.533	2.002	-0.93	6.09	0.48	1.35	22.77	29.75
	1800~2200	1	1880	15.9	0.025	0.109	0.038	0.048	0.075	0.295	0.65	2.80	0.97	1.22	1.92	7.56
	2200~2500	1	2417	20.3	-0.102	0.074	0.016	-0.029	-0.004	-0.046	-2.42	1.75	0.37	-0.68	-0.10	-1.08
	>2500	2	2698	29.8	-0.229	0.499	-0.015	0.050	0.028	0.332	-1.42	3.09	-0.10	0.31	0.17	2.05
S>20	<1400	11	1156	31.8	-0.319	1.647	0.007	0.724	0.499	2.558	-3.69	19.04	0.08	8.37	5.77	29.57
	1400~1800	2	1566	55.6	0.118	0.804	0.058	0.137	0.167	1.283	2.87	19.55	1.41	3.32	4.05	31.20
	1800~2200	0														
	2200~2500	0														
	>2500	0														

注：下至青代表下河沿至青铜峡河段；青至石代表青铜峡至石嘴山河段；石至巴代表石嘴山至巴彦高勒河段；巴至三代表巴彦高勒至三湖河口河段；三至头代表三湖河口至头道拐河段。

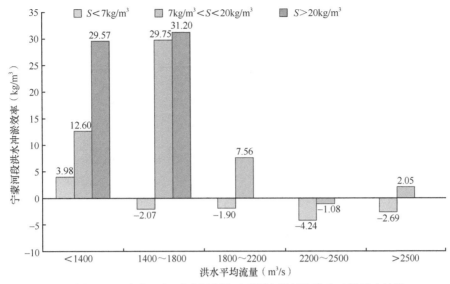

图 5.2-1　宁蒙河段不同含沙量下不同流量级的洪水冲淤效率情况

5.2.2　近期洪水冲淤特性

1986 年以来，由于降水减少及龙羊峡、刘家峡水库联合调度运用，汛期进入宁蒙河段水量减少，宁蒙河段洪水发生频率降低，尤其是大流量的洪水更是大幅度减少，见表 5.2-2。

表 5.2-2　1986 年前后进入宁蒙河段的洪水水沙及冲淤情况统计表

时段	平均流量（m³/s）	场次	总历时（d）	下河沿断面洪水期水沙				宁蒙河段冲淤量（亿 t）
				平均流量（m³/s）	含沙量（kg/m³）	水量（亿 m³）	沙量（亿 t）	
1973～1986（14 年）	< 2000	15	228	1566	14.6	308.5	2.89	1.515
	> 2000	15	493	2805	13.7	1194.9	5.82	−2.395
	合计	30	721	2413	14.0	1503.4	8.71	−0.880
1987～2005（19 年）	< 2000	22	289	1266	19.3	316.0	4.82	5.089
	> 2000	3	53	2690	10.2	123.2	0.47	−0.105
	合计	25	342	1486	17.9	439.2	5.29	4.984

由表 5.2-2 可知，1987～2005 年的 19 年间，宁蒙河段汛期共发生洪水 25 场（历时 342d），其中洪水平均流量大于 2000m³/s 的洪水仅有 3 场，占总洪水场次的 12%，而 1973～1986 年洪水平均流量大于 2000m³/s 的洪水占该时段总洪水场次的 50%，两者相比减少了 38%。此外，宁蒙河段洪水水沙的明显特征是"小水带大沙"，1987～2005 年洪水平均流量小于 2000m³/s 的洪水挟带沙量为 4.82 亿 t，占该时段洪水总沙量的 91.1%，而 1973～1986 年洪水平均流量小于 2000m³/s 的洪水挟带沙量为 2.89 亿 t，占该时段洪水总沙量的 33.2%，1987 年以来比例增大了 57.9%。对于场次洪水宁蒙河段的冲淤而言，1987～2005 年洪水期宁蒙河段总体表现为淤积，淤积总量为 4.984 亿 t，淤积贡献主要

来自小于 2000m³/s 的洪水，而 1973～1986 年洪水期宁蒙河段总体表现为冲刷，冲刷总量为 0.880 亿 t，冲刷贡献主要来自大于 2000m³/s 的洪水。

5.3　宁蒙河段洪水冲淤效率与水沙的关系

5.3.1　宁蒙河段洪水冲淤效率与含沙量的关系

图 5.3-1 为宁蒙河段场次洪水冲淤效率与下河沿断面洪水平均含沙量的关系。可以看出，随着下河沿断面洪水平均含沙量的增大，宁蒙河段由冲刷逐渐转为淤积，其冲刷效率随着洪水平均含沙量的减小而增高，其淤积效率随着洪水平均含沙量的增大而增大。当洪水平均流量小于 1500m³/s 时，宁蒙河段以淤积为主，27 场洪水中仅 3 场洪水表现为冲刷，其由冲刷转向淤积的分界约在 4kg/m³ 处。当洪水平均流量为 1500～2000m³/s 时，除 1989 年 7 月发生遭遇十大孔兑淤堵黄河十分严重的洪水（下河沿断面洪水平均含沙量为 12.0kg/m³）外，9 场洪水中有 4 场洪水宁蒙河段表现为冲刷，约占一半，其由冲刷转向淤积的分界也约在 4kg/m³ 处。当洪水平均流量大于 2000m³/s 时，宁蒙河段以冲刷为主，18 场洪水中仅 3 场洪水表现为淤积，其由冲刷转向淤积的分界约在 7kg/m³ 处。

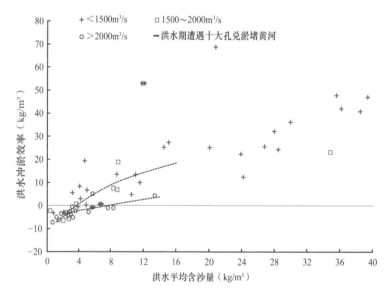

图 5.3-1　宁蒙河段场次洪水冲淤效率与下河沿断面含沙量的关系

5.3.2　宁蒙河段洪水冲淤效率与流量的关系

图 5.3-2 为宁蒙河段场次洪水冲淤效率与下河沿断面洪水平均流量的关系。可以看出，当下河沿断面洪水平均流量小于 2000m³/s 时，宁蒙河段以淤积为主；当下河沿断面洪水平均流量大于 2000m³/s 时，宁蒙河段以冲刷为主。另外，在下河沿断面洪水平均含沙量小于 7kg/m³ 时，存在一个流量范围（2200～2500m³/s）河道冲刷效率最高。

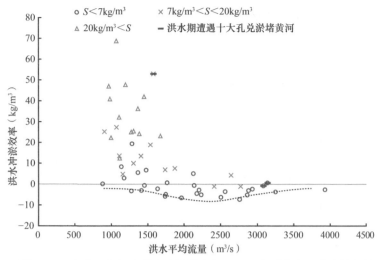

图 5.3-2 宁蒙河段场次洪水冲淤效率与下河沿断面洪水平均流量的关系

下河沿断面洪水平均流量小于 2000m³/s 的洪水有 37 场，其中仅 7 场洪水宁蒙河段表现为冲刷，占流量小于 2000m³/s 洪水场次的 18.9%，7 场洪水宁蒙河段表现为冲刷主要是因为洪水平均含沙量小，均小于 4kg/m³；洪水平均流量大于 2000m³/s 的洪水共有 18 场，其中仅 3 场洪水宁蒙河段表现为淤积，占流量大于 2000m³/s 洪水场次的 16.7%，3 场洪水平均含沙量分别是 5.8kg/m³、6.8kg/m³ 和 13.4kg/m³，而洪水平均含沙量为 5.8kg/m³ 的洪水（下河沿断面洪水平均流量为 2130m³/s）发生在 1989 年 8 月 4～18 日，在十大孔兑淤堵黄河之后的一个较短时期内，河道冲淤还受前期黄河淤堵的影响。

5.3.3 宁蒙河段洪水冲淤效率与水量的关系

图 5.3-3 为宁蒙河段场次洪水冲淤效率与下河沿断面洪水水量的关系。可以看出，

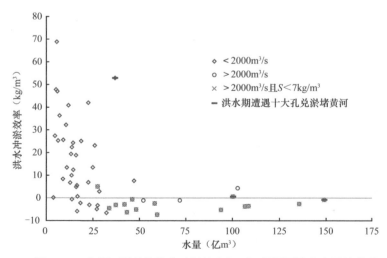

图 5.3-3 宁蒙河段场次洪水冲淤效率与下河沿断面洪水水量的关系

当下河沿断面洪水的水量达 25 亿 m³ 时，洪水平均流量在 2000m³/s 以上且含沙量小于 7kg/m³ 时，宁蒙河段一般发生冲刷。

5.4 宁蒙河段洪水输沙特性

为了分析宁蒙河段洪水输沙特性，建立了宁蒙河段洪水输沙效率与洪水输沙用水量的关系，见图 5.4-1 和图 5.4-2。此处洪水输沙效率（也可称之为洪水排沙比）是指进入宁蒙河段的所有泥沙（扣除引沙）被洪水输送到河段出口头道拐断面泥沙的比例。输送到头道拐断面泥沙的比例越大，则淤积在河道中泥沙的比例越小，洪水输沙效率越高。输沙效率为 1 时，表示河道冲淤平衡，大于 1 则是发生冲刷，反之则为淤积。关于输沙用水量的定义前人有过较多的论述，鉴于宁蒙河段沿程支流、引水渠及退水渠等诸多因素对输沙用水量的复杂影响，下河沿断面输沙水量不宜作为宁蒙河段输沙用水量代表以做研究。此处采用两种数据方式对宁蒙河段的洪水输沙用水量进行分析：方式一，洪水输沙水量采用河段入口下河沿断面来水量、区间支流来水量及退水渠退水量之和，并扣除河段引水渠的引水量之后的水量，而该水量用于输送的河道泥沙是指扣除引沙后进入河段的所有泥沙，利用该方式所得输沙效率与输沙用水量的关系见图 5.4-1；方式二，输沙用水量采用头道拐水量，而用于输沙的河道泥沙也是指扣除引沙后进入河段的所有泥沙，利用该方式所得输沙效率与输沙用水量的关系见图 5.4-2。

由图 5.4-1 和图 5.4-2 可知，洪水输沙效率与洪水输沙用水量成正比。洪水平均流量大于 2000m³/s 的洪水输沙效率一般都大于 1，即河道表现为冲刷，而洪水平均流量小于 2000m³/s 的洪水输沙效率一般都小于 1，即河道表现为淤积。同样大小的输沙用水量，洪水平均流量大于 2000m³/s 的输沙效率大于洪水平均流量小于 2000m³/s 的输沙效率，也就是说将同样的泥沙输送到头道拐断面，大于 2000m³/s 的洪水所需要的输沙用水量更小。

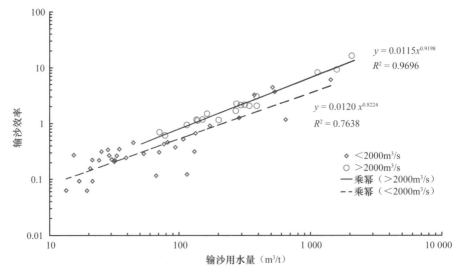

图 5.4-1　宁蒙河段洪水输沙效率与输沙用水量的关系（方式一）

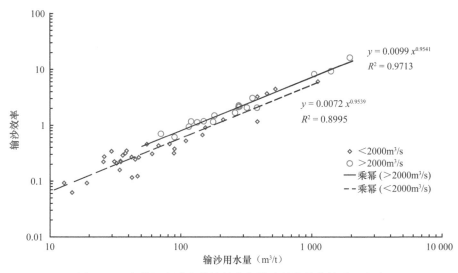

图 5.4-2 宁蒙河段洪水输沙效率与输沙用水量的关系（方式二）

输沙效率随输沙用水量的增大而增大，这意味着，输沙效率大则输沙用水不省，输沙用水省则输沙效率不大，因此，要着眼于实际来选取合理的输沙用水量。以洪水平均流量大于 2000m³/s 的输沙效率与输沙用水量的关系来分析,其两种数据方式下的关系式分别如下：

$$\eta = 0.0115\Omega_{s1}^{0.9198}$$

式中，η 为输沙效率；Ω_{s1} 为输沙用水量。

$$\eta = 0.0099\Omega_{s2}^{0.9541}$$

式中，η 为输沙效率；Ω_{s2} 为输沙用水量。

对宁蒙河段而言，输沙效率在 0.85～1.00 可以接受。根据上式计算，结果见表 5.4-1。

表 5.4-1 宁蒙河段不同输沙效率下的输沙用水量

洪水输沙效率 η	1.00	0.95	0.90	0.85
洪水输沙用水量 Ω_{s1} （m³/t）	128.3	121.4	114.5	107.6
洪水输沙用水量 Ω_{s2} （m³/t）	126.1	119.5	112.9	106.4
平均输沙用水量 （m³/t）	127.2	120.5	113.7	107.0

由表 5.4-1 可知，两种数据处理方式下得出的公式所计算的成果基本一致，宁蒙河段洪水输沙效率在 0.85～1.00 时，需要的洪水输沙用水量在 107.0～127.2m³/t。

5.5 内蒙古河段分组沙冲淤特性

（1）内蒙古河段不同流量级下粗颗粒泥沙的输沙特性

根据巴彦高勒站和头道拐站有详细粗颗粒泥沙测验年份的实测资料，按不同流量统计了粗颗粒泥沙的输沙量大小，结果见表 5.5-1 和图 5.5-1。可以看出，巴彦高勒站、头道拐站粗颗粒泥沙日平均输沙量均随流量的增大而增大，同时头道拐站粗颗粒泥沙日平均输沙量大于巴彦高勒站粗颗粒泥沙日平均输沙量,说明粗颗粒泥沙可以被输送,且与流量成正比关系,即流量越大,粗颗粒泥沙输送量越大。例如,巴彦高勒站流量在 $1000\sim1500 m^3/s$ 时,粗颗粒泥沙日平均输沙量为 1.23 万 t;流量在 $2000\cdot2500 m^3/s$ 时,粗颗粒泥沙日平均输沙量为 5.65 万 t;流量大于 $2500 m^3/s$ 时,粗颗粒泥沙日平均输沙量为 11.51 万 t。

表5.5-1　内蒙古巴彦高勒站、头道拐站不同流量级下粗颗粒泥沙（$d>0.1mm$）日平均输沙量

流量级（m^3/s）	日平均输沙量（万 t）	
	巴彦高勒站	头道拐站
$0\sim1000$	0.36	0.85
$1000\sim1500$	1.23	2.51
$1500\sim2000$	3.76	5.29
$2000\sim2500$	5.65	7.68
>2500	11.51	14.95

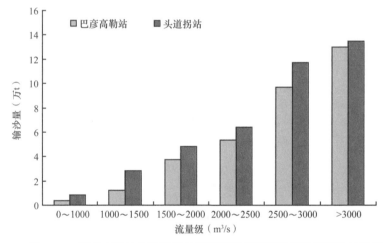

图5.5-1　巴彦高勒站和头道拐站不同流量级粗颗粒泥沙日平均输沙量

（2）典型年粗颗粒泥沙的冲淤特性

由于缺乏支流的级配资料,选取 1985 年为典型年进行内蒙古河段粗颗粒泥沙冲淤特性的分析,原因是 1985 年汛期内蒙古河段洪水以干流为主,支流基本无洪水,在级配资料缺乏的情况下,用典型年水沙条件分析粗颗粒泥沙冲淤特性更为准确。

根据 1985 年巴彦高勒站、头道拐站的级配资料统计了不同流量级下的分组沙日平均输沙量,见表 5.5-2 和图 5.5-2～图 5.5-5。可以看出,各级流量下均有大于 0.1mm 的粗沙存在,并且流量越大,粗沙日平均输沙量越大。巴彦高勒站、头道拐站流量大于 $2000 m^3/s$ 的粗沙日平均输沙量分别为 20.2 万 t、35.3 万 t,分别是流量小于 $1000 m^3/s$ 的 10.6 倍、25.2 倍,这说明流量越大,挟带粗沙的能力越大。另外,若区间汇入沙量忽略不计,巴彦高勒站与头道拐站分组沙之差就反映了该河段分组沙的冲淤情况,由表 5.5-2 可知,流量大于 $2000 m^3/s$ 时,巴彦高勒至头道拐河段的粗沙冲刷量为 15.0 万 t,远大于流量在 $2000 m^3/s$ 以下的粗沙冲刷量,这就是说,粗颗粒泥沙是能够被输移至头道拐断面的，该河段沉积在河床上的粗颗粒泥沙也是可以被冲刷带走的，且来流量越大，冲刷的粗颗粒泥沙量越大。

表 5.5-2　1985 年不同流量级分组沙日平均输沙量及冲淤量

流量级 （m³/s）	巴彦高勒站日平均 输沙量（万 t）			头道拐站日平均 输沙量（万 t）			巴彦高勒至头道拐 冲淤量（万 t）		
	<0.05mm	0.05～ 0.1mm	>0.1mm	<0.05mm	0.05～ 0.1mm	>0.1mm	<0.05mm	0.05～ 0.1mm	>0.1mm
$Q<1000$	10.2	2.3	1.9	11.1	2.7	1.4	−0.9	-0.4	0.5
$1000<Q<2000$	39.3	6.9	2.5	31.8	6.6	4.9	7.4	0.3	−2.5
$Q>2000$	120.5	22.8	20.2	145.9	31.7	35.3	−25.4	-8.9	−15.0

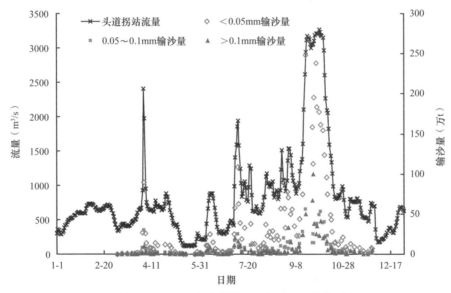

图 5.5-2　1985 年头道拐站分组沙日平均输沙量

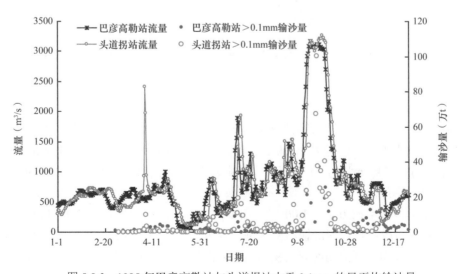

图 5.5-3　1985 年巴彦高勒站与头道拐站大于 0.1mm 的日平均输沙量

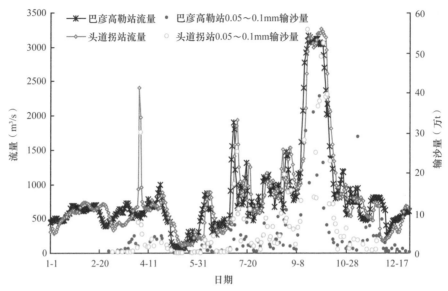

图 5.5-4 1985 年巴彦高勒站与头道拐站 0.05～0.1mm 的日平均输沙量

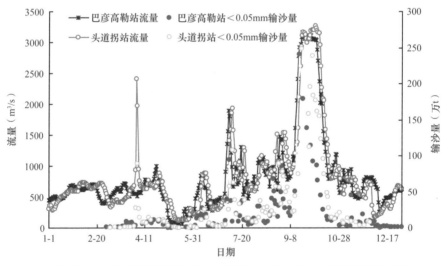

图 5.5-5 1985 年巴彦高勒站与头道拐站小于 0.05mm 的日平均输沙量

5.6 小   结

通过对宁蒙河段洪水冲淤特性及对洪水冲淤效率与水沙的关系分析，得出结论：当下河沿断面洪水平均含沙量大于 7kg/m³ 时，宁蒙河段以淤积为主；当下河沿断面洪水平均含沙量小于 7kg/m³ 时，宁蒙河段以冲刷为主，且存在流量范围 2200～2500m³/s 宁蒙河段冲刷效率最高。

当洪水输沙效率在 0.85～1.00 时，需要的洪水输沙用水量为 107.0～127.2m³/t。另外，对内蒙古河段粗颗粒泥沙输移特性进行分析后，认为内蒙古河段粗颗粒泥沙能够被输移至头道拐断面，且前期河床淤积的粗颗粒泥沙可以被冲刷带走，流量越大，冲刷挟带粗颗粒泥沙的能力越大。

6 宁蒙河段主要支流来水来沙对冲淤的影响

6.1 支流来水来沙特性

6.1.1 水文站及测验情况

宁蒙河段支流众多，表 6.1-1 给出了该河段主要支流及相应水文站情况。内蒙古河段较大的支流有昆都仑河、五当沟及十大孔兑。

表 6.1-1 宁蒙河段主要支流及其水文站情况表

河段	水文站位置	水文站	设站时间	集水面积（km²）	收集资料时间	备注
宁夏河段	清水河	泉眼山	1954 年 8 月	14 480	1954~2007 年	支流
	南河子沟	南河子	1962 年 2 月		1962~2007 年	支流
	红柳沟	鸣沙洲（四）	1958 年 7 月	1 064	1958~1970 年、1981~2007 年	支流
	北河子沟	无	无	无	无	
	清水沟	新华桥（三）	1956 年 5 月		1959~1966 年、1972~2007 年	排水沟
	苦水河	郭家桥（三）	1954 年 10 月	5 216	1955~2007 年	支流
	都思兔河	无	无	无	无	
内蒙古河段	毛不拉孔兑	图格日格	1958 年 5 月	1 249	1958~1968 年、1982~2005 年	孔兑
	卜尔色太沟	无				孔兑
	黑赖沟	无				孔兑
	西柳沟	龙头拐（三）	1960 年 4 月	1 145	1960~2005 年	孔兑
	昆都仑河	塔尔湾（二）	1954 年 7 月	879	1961~2005 年	支流
	五当沟	东园（四）	1952 年 7 月	886	1952~2005 年	支流
	罕台川	红塔沟	1980 年 5 月	603	1984~2005 年	孔兑
	哈什拉川	无				孔兑
	母花河	无				孔兑
	东柳沟	无				孔兑
	壕庆河	无				孔兑
	呼斯太河	无				孔兑

从已经收集的月平均水沙量资料情况来看，该河段主要支流的实测资料情况存在如下特点：一是设站时间不一致，最早设站时间为 1952 年［内蒙古河段支流五当沟东园（四）站］，最晚设站时间为 1980 年（内蒙古河段支流罕台川红塔沟站）；二是 1982 年以后的资料较为完整，1982 年以前由于种种原因部分年份缺测，如宁夏河段支流红柳沟 1971~1980 年缺测、清水沟 1967~1971 年缺测。根据已有资料情况及分析工作的需求，本次采用 1970~2005 年的实测资料作为分析依据，在分析过程中对缺测资料进行了必要的还原。

6.1.2 暴雨洪水及产沙特性

（1）暴雨洪水特性

宁蒙河段支流多为季节性河流，水量主要集中在汛期。洪水由暴雨形成。暴雨同西太平洋副热带高压的活动有密切关系，每年6月下旬至9月上旬是暴雨最为活跃的时期，水汽沿着太平洋高压西北前沿输送至此，与西风带中的冷涡气旋配合，冷暖气流的交汇提供了该河段暴雨形成的有利条件。该河段暴雨的特点是突发性强，笼罩面积小，强度大，历时短，相应的洪水陡涨陡落，峰高量小，过程多呈单峰。下面以宁夏河段清水河和内蒙古河段西柳沟为例进行分析。

清水河发源于六盘山北段东麓固原市南部开城镇的黑刺沟脑，由中宁县泉眼山注入黄河，是黄河宁夏河段最大的支流。清水河洪水主要是由暴雨形成的，一次洪水过程持续2~3d，峰型较尖瘦。根据清水河泉眼山站1971~1990年汛期逐日资料进行分析：汛期平均流量为4.48m^3/s，最大单日流量为124m^3/s（1988年8月5日），为汛期平均流量的27.7倍。典型年水沙过程见图6.1-1和图6.1-2。

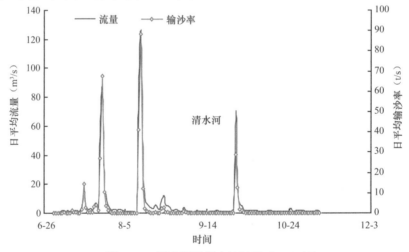

图6.1-1　清水河汛期水沙过程（1988年）

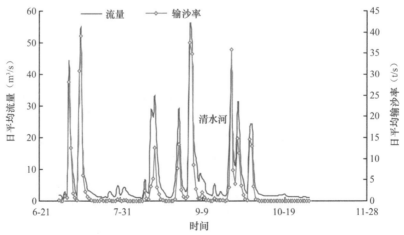

图6.1-2　清水河汛期水沙过程（1989年）

西柳沟发源于鄂尔多斯市东胜区泊尔江海子镇张家村山顶，流经东胜区泊尔江海子镇和达拉特旗展旦召苏木、昭君镇等，经昭君镇二狗湾村汇入黄河。西柳沟是内蒙古十大孔兑之一，洪水也主要由暴雨形成，根据龙头拐站 1970～1995 年汛期实测逐日资料进行分析：汛期平均流量为 1.96m³/s，最大单日流量为 842m³/s（1989 年 7 月 21 日），为汛期平均流量的 430 倍，典型年水沙过程见图 6.1-3 和图 6.1-4。

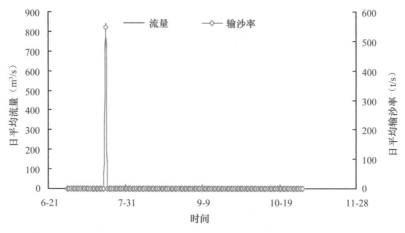

图 6.1-3　西柳沟汛期水沙过程（1989 年）

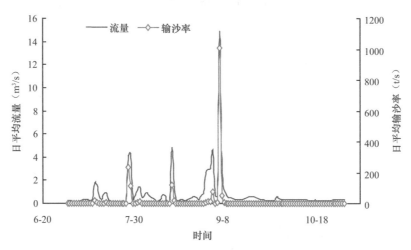

图 6.1-4　西柳沟汛期水沙过程（1995 年）

（2）与干流洪水的遭遇情况

根据清水河泉眼山站 1971～1990 年汛期的逐日资料，统计日平均流量大于 10m³/s 的场次洪水，点绘了场次洪水期间泉眼山站与黄河干流下河沿站相应日平均流量的相关关系，如图 6.1-5 所示。可以看出，点群较为散乱，说明清水河洪水与黄河干流洪水基本不遭遇，清水河发生日平均流量大于 60m³/s 的洪水时，黄河干流流量一般在 800～2500m³/s。

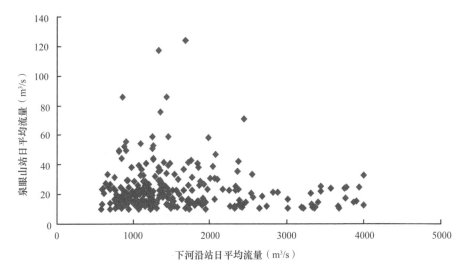

图 6.1-5　清水河与黄河干流逐日流量相关图

　　根据西柳沟龙头拐站 1970～1995 年汛期的逐日资料，统计日平均流量大于 6m³/s 的场次洪水，点绘了场次洪水期间龙头拐站与黄河干流昭君坟站相应日平均流量的相关关系，如图 6.1-6 所示。可以看出，点群较为散乱，说明西柳沟洪水与黄河干流洪水基本不遭遇，西柳沟发生日平均流量大于 60m³/s 的洪水时，黄河干流流量一般在 400～1100m³/s。

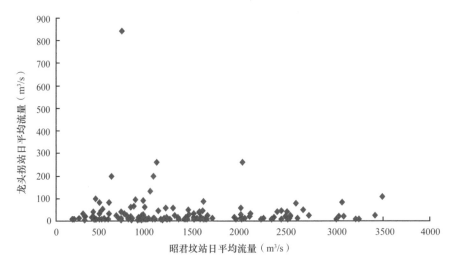

图 6.1-6　西柳沟与黄河干流逐日流量相关图

（3）产沙特性

　　宁蒙河段两岸多为黄土丘陵区和沙漠区，在长期重力侵蚀、风力侵蚀等多种因素的综合作用下，大量侵蚀物堆积于河床，一遇洪水便形成高含沙洪水，大量泥沙随即进入黄河。因此，宁蒙河段支流产沙也集中在汛期，且沙多是由汛期几场洪水带来的。清水河泉眼山站 1971～1990 年汛期平均输沙率为 1.32t/s，最大日输沙率为 88.2t/s（1988 年 8 月 5 日），为汛期平均输沙率的 66.8 倍。西柳沟龙头拐站 1971～1990 年汛期平均输沙率为 0.45t/s，最大输沙率为 549.0t/s（1989 年 7 月 21 日），为汛期平均输沙率的 1220 倍。

6.1.3 来水来沙特性

（1）水少沙多

从年均水沙量来看，宁蒙河段支流（孔兑）来水来沙具有水少沙多、含沙量高的特点。根据 1970 年 11 月至 2005 年 10 月宁蒙河段支流（孔兑）水沙量统计（表 6.1-2）得出：宁夏河段年均水沙量分别为 7.73 亿 m³、0.372 亿 t，年均含沙量为 48.07kg/m³；内蒙古河段年均水沙量分别为 1.87 亿 m³、0.294 亿 t，年均含沙量为 157.30kg/m³；宁蒙河段年均水沙量分别为 9.60 亿 m³、0.665 亿 t，年均含沙量为 69.32kg/m³。

从支流（孔兑）水沙量的时段分布来看，1986 年 11 月至 2005 年 10 月支流水量较 1970 年 11 月至 1986 年 10 月略有增加，而沙量大幅增加，水少沙多的特性日益突出。根据 1970 年 11 月至 2005 年 10 月宁蒙河段支流（孔兑）水沙量统计（表 6.1-2）得出：1970 年 11 月至 1986 年 10 月宁蒙河段支流（孔兑）年均水沙量分别为 8.90 亿 m³、0.473 亿 t，1986 年 11 月至 2005 年 10 月水量仅增加了 14.49%，而沙量却增加了 74.84%。

表 6.1-2 宁蒙河段支流（孔兑）水沙量

河段	时段	水量（亿 m³）			沙量（亿 t）			含沙量（kg/m³）		
		非汛期	汛期	全年	非汛期	汛期	全年	非汛期	汛期	全年
宁夏河段	1970-11～1986-10	3.18	3.86	7.05	0.038	0.172	0.210	11.92	44.57	29.81
	1986-11～2005-10	4.12	4.19	8.31	0.063	0.444	0.508	15.40	106.03	61.11
	1970-11～2005-10	3.69	4.04	7.73	0.052	0.320	0.372	14.02	79.18	48.07
内蒙古河段	1970-11～1986-10	0.60	1.26	1.86	0.005	0.258	0.263	8.10	205.22	141.71
	1986-11～2005-10	0.60	1.28	1.88	0.006	0.313	0.320	10.07	245.80	170.30
	1970-11～2005-10	0.60	1.27	1.87	0.006	0.288	0.294	9.17	227.38	157.30
宁蒙河段	1970-11～1986-10	3.78	5.12	8.90	0.043	0.430	0.473	11.31	84.07	53.15
	1986-11～2005-10	4.72	5.47	10.19	0.069	0.758	0.827	14.72	138.64	81.22
	1970-11～2005-10	4.29	5.31	9.60	0.057	0.608	0.665	13.35	114.58	69.32

（2）水沙量年内、年际分布不均

从水沙量的年内分配来看，宁蒙河段支流（孔兑）水沙量年内分配不均，水沙量主要集中在汛期，且沙量多是由汛期几场洪水带来的。根据 1970 年 11 月至 2005 年 10 月支流（孔兑）水沙量的统计结果（表 6.1-2，图 6.1-7，图 6.1-8）得出：宁夏河段汛期平均水沙量分别为 4.04 亿 m³、0.320 亿 t，占全年水沙量的 52.26% 和 86.07%；内蒙古河段汛期平均水沙量分别为 1.27 亿 m³、0.288 亿 t，分别占全年水沙量的 67.88%、97.96%；宁蒙河段汛期平均水沙量分别为 5.31 亿 m³、0.608 万 t，分别占全年水沙量的 55.30%、

91.43%。由此可见，宁蒙河段支流（孔兑）年水沙量主要集中在汛期，而汛期的来水来沙也只集中在历时仅数天的一两场洪水，如西柳沟严重淤堵黄河的 1989 年，仅 7 月 21 日一天的水量就占全年水量的 82.7%，沙量占全年沙量的 99.8%。

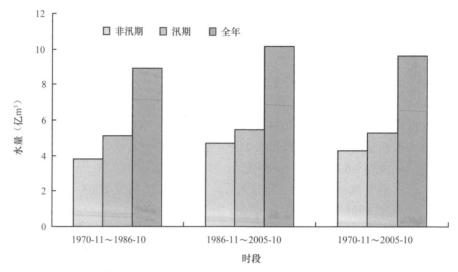

图 6.1-7　宁蒙河段支流（孔兑）水量年内分布柱状图

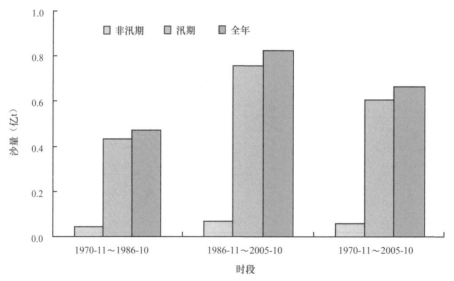

图 6.1-8　宁蒙河段支流（孔兑）沙量年内分布柱状图

从水沙量的年际分配来看，宁蒙河段支流（孔兑）水沙量年际分布不均，尤其是沙量。根据 1970 年 11 月至 2005 年 10 月支流（孔兑）历年水沙量分布图（图 6.1-9，图 6.1-10）：最大年水量为 1996 年的 13.4 亿 m³，为最小年水量（2005 年的 6.6 亿 m³）的 2.0 倍；最大年沙量为 1989 年（同 1996 年）的 1.87 亿 t，为最小年沙量（2005 年的 0.23 亿 t）的 8.1 倍[1]。

_____

① 此处表示年份的规则为运用年，即当年 11 月至翌年 10 月为本年度。

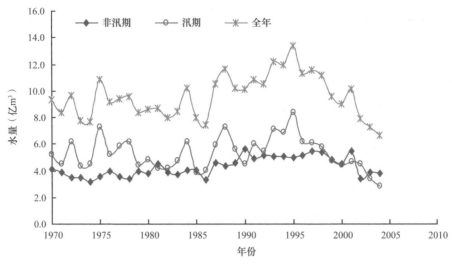

图 6.1-9 宁蒙河段支流（孔兑）水量年际变化图

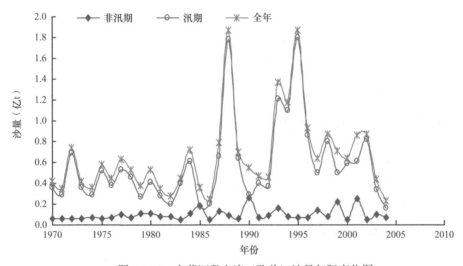

图 6.1-10 宁蒙河段支流（孔兑）沙量年际变化图

（3）支流水沙量与黄河干流（下河沿站）水沙量对比

从宁蒙河段支流（孔兑）水沙量与干流下河沿站水沙量的对比情况（表 6.1-3）可以看出，宁蒙河段支流年均来水量仅占干流水量的 3.42%，而沙量则占干流沙量的75.41%。这说明宁蒙河段水量主要来自黄河干流，而大部分沙量来自两岸支流（孔兑），河道水沙具有水沙异源的特点，且在近年来（1986 年以后）表现得尤为突出，支流年均沙量超过干流同期沙量 13.38%。

表 6.1-3 宁蒙河段支流（孔兑）水沙量占干流水沙量的比重 （单位：%）

河段	统计时段	水量			沙量		
		非汛期	汛期	全年	非汛期	汛期	全年
宁夏河段	1970-11～1986-10	2.09	2.17	2.14	21.21	19.45	19.74

续表

河段	统计时段	水量			沙量		
		非汛期	汛期	全年	非汛期	汛期	全年
宁夏河段	1986-11~2005-10	2.97	4.13	3.46	39.57	78.04	69.59
	1970-11~2005-10	2.55	2.97	2.75	30.67	44.83	42.12
内蒙古河段	1970-11~1986-10	0.39	0.71	0.56	2.71	29.19	24.74
	1986-11~2005-10	0.43	1.26	0.78	3.78	55.05	43.79
	1970-11~2005-10	0.41	0.93	0.66	3.26	40.39	33.29
宁蒙河段	1970-11~1986-10	2.49	2.88	2.70	23.91	48.64	44.48
	1986-11~2005-10	3.40	5.39	4.24	43.35	133.08	113.38
	1970-11~2005-10	2.96	3.90	3.42	33.93	85.22	75.41

6.2 十大孔兑来水来沙对内蒙古河段干流的影响

宁蒙河段支流（尤其是内蒙古十大孔兑）洪水泥沙多是由暴雨引起的，水沙过程具有陡涨陡落、来势迅猛的特点，洪水期一场洪水挟带来的沙量往往会占支流全年沙量的80%以上。如此多的泥沙在短时期内泄入黄河，往往会在沟口附近迅速沉积，形成沙坝，导致河道在短时间内被堵死。宁蒙河段支流淤堵黄河主要发生在昭君坟至头道拐区间，基本都是由十大孔兑引起的。

6.2.1 历史上支流淤堵黄河的情况

据历史资料统计，1960~2008 年位于西柳沟入黄口的昭君坟河段就发生过 8 次淤堵事件，基本上是四五年发生一次，其中较为严重的有 5 次。内蒙古西柳沟淤堵黄河水沙特征统计见表 6.2-1。

（1）1961 年 8 月 21 日洪水

1961 年 8 月 21 日凌晨 2 时至 6 时，西柳沟暴发山洪，龙头拐站流量从 11.6m³/s 上涨到 3180m³/s，只用了 13min，相应的最大含沙量为 1200kg/m³。21 日 10 时昭君坟站因西柳沟洪水到达，河道开始淤堵，15 时水位上涨到 1010.5m，流量仅 300m³/s，正常情况下该水位流量约为 5000m³/s，22 日 14 时出现 1010.77m 的最高水位，较沙坝前水位上涨 2.42m。之后黄河流量逐渐增大，水位开始下降，沙坝开始冲刷，到 9 月 2 日 22 时，黄河流量达到 3040m³/s，水位恢复正常。淤堵过程历时 13d。

（2）1966 年 8 月 13 日洪水

1966 年 8 月 13 日上午 8 时至 10 时，西柳沟中上游发生局部暴雨，暴雨中心位于西柳沟的韩家塔，3 小时降水达 136.7mm。西柳沟龙头拐站 12 时洪峰流量为 3660m³/s，相应的最大含沙量为 1380kg/m³。昭君坟站 13 日 15 时开始淤堵，水位上涨到 1010.3m，14日 20 时水位达到最高，为 1011.09m，水位壅高 2.38m。流量达到 3050m³/s 时，下游沙坝开始冲刷，至 9 月 1 日黄河恢复正常，淤堵历时为 20d。

表 6.2-1　内蒙古西柳沟淤堵黄河水沙特征统计

洪号	洪峰流量 (m³/s)	洪量 (万 m³)	最大含沙量 (kg/m³)	平均含沙量 (kg/m³)	输沙量 (万 t)	来水前水位 (m)	黄河流量 (m³/s)	黄河最高水位 (m)	黄河最小流量 (m³/s)	黄河水位变幅 (m)	比同流量水位偏高 (m)	水位恢复历时 (d)
610821	3180	5300	1200	560	2970	1008.35	1450	1010.77	300	2.42	0.42	13
660813	3660	2320	1380	853	1980	1008.71	2660	1011.09	497	2.38	0.95	20
700802	1330	2260	371	212	460	1007.64	1380	1009.13	460	1.49	—	—
730717	3620	1370	1550	795	1090	1007.24	1020			黄河未被堵	0.95	7
760803	1160	1170	383	159	271	1008.90	1330	1009.62	800	0.72	0.25	4
840809	660	956	651	362	347	1009.21	3880	1009.73	2890	0.61	1.10	25
890721	6940	7350	1240	699	5140	1008.04	1240	1010.22	360	2.18	1.13	26
940804	1500	—	—	—	—	1008.44	659	1009.41	426	0.97	—	—
980705(980712)	1600 (1800)	—	764	—	—	—	—	—	—	—	—	—

（3）1989 年 7 月 21 日洪水

1989 年 7 月 21 日洪水是有记载以来的特大洪水，西柳沟洪峰流量达 6940m³/s，最大含沙量为 1240kg/m³，堆积的泥沙约为 3000 万 m³，大量泥沙在与黄河汇流处形成长 600m、宽 10km、高 5m 的沙坝，昭君坟站同流量水位猛涨 2.18m。超过 1981 年 5450m³/s 洪水位 0.52m，导致包头钢铁公司水源地两个取水口淤死，四座辐射沉沙池管道淤塞，全靠两座干流沉沙池供水，每小时供水由原来的 1.4 万 m³ 骤减为 0.7 万 m³，致使部分企业停产。在黄河干流形成高 2m 的沙坝，造成黄河断流，水位猛涨，淹没村庄和农田。

（4）1998 年 7 月 5 日、12 日洪水

1998 年 7 月 5 日、12 日分别暴发洪水，分别以最大 1600m³/s、1800m³/s 的流量下泄入黄河，当时黄河流量仅为 115m³/s、460m³/s，瞬间黄河水被拦腰切断，河上架设的浮桥被冲垮，并被推至上游数十米处，形成淤积量为 1 亿 m³ 的巨型沙坝。随着黄河水位的抬高，入黄口处泥沙淤积严重，已将河道挤向东南滩地。同时淤堵与西柳沟入黄口隔河相对的包头钢铁公司生活用水的取水口，使包头钢铁公司停产，造成重大的经济损失。

6.2.2 支流淤堵黄河的原因

黄河干流、支流的水沙条件和河道地形条件是影响支流淤堵黄河的关键因素。

（1）支流的水沙条件

支流水沙条件是造成宁蒙河段淤堵的关键因素。一般来说，支流来水含沙量越高，沙量越大，且来势越迅猛，则越容易淤堵黄河。例如，西柳沟一般 150m³/s 以上流量的洪水的含沙量都可能达到 1000kg/m³ 以上，易淤堵黄河。

（2）干支流的水沙遭遇情况

干支流的水沙遭遇情况也是影响支流淤堵黄河的关键因素。如果支流来水时，适逢黄河处于洪水期，水量大，输沙能力较强，则支流淤堵黄河的可能性小；如果支流来水时，黄河干流流量较小，输沙能力有限，不利于支流水沙排泄，则支流泥沙容易大量淤积于沟口，形成沙坝。从西柳沟与干流洪水的遭遇情况来看，西柳沟洪水与黄河干流洪水基本不遭遇，西柳沟发生日平均流量大于 60m³/s 的洪水时，黄河干流流量一般在 400～1100m³/s。

（3）干流河道的地形条件

干流河道地形也是造成支流淤堵黄河的关键因素。十大孔兑入黄口附近，黄河干流河道宽度一般在 2000～4000m，河道比降相对平缓，水流流速低，挟沙能力有限。此外，十大孔兑在入黄口处基本与黄河垂直相交，水沙不易随黄河顺流而下。每当山洪暴发，大量泥沙直泄黄河，呈扇面形堆积在汇合口附近，使昭君坟上下河段节节堵塞，下泄水量减少，更为沙坝形成创造了有利条件。

对比西柳沟和清水河的水沙特性、西柳沟与干流洪水的遭遇情况、西柳沟口附近干

流河道地形及历史上支流淤堵黄河的情况，可以进一步认识支流淤堵黄河的原因。清水河汛期水沙也主要是由暴雨洪水产生的，但相对于西柳沟，其日来沙量较小，来势也不及西柳沟迅猛；洪水暴发期间黄河干流相应流量相对较大（一般在 $800\sim2500\text{m}^3/\text{s}$），有利于支流泥沙的输移。此外，对比清水河和西柳沟入黄口附近干流河道的地形情况（表 6.2-2，图 6.2-1，图 6.2-2）还可以发现，清水河入黄口附近干流河道河宽小、比降大，有利于水流输沙；而西柳沟入黄口附近干流河道河宽较大、比降较小，不利于高含沙水流输送，因此容易产生淤堵。

表 6.2-2　支流入黄口附近干流河道特性

支流名称	所属区段	平均河宽（m）	主槽宽（m）	比降（%）	是否淤堵过干流
清水河	下河沿至白马	915	520	0.8	否
西柳沟	昭君坟至头道拐	上段：3000~4000 下段：2000~3000	600~710	0.10~0.12	是

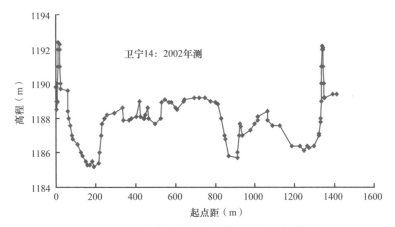

图 6.2-1　清水河河口下游附近黄河干流断面图

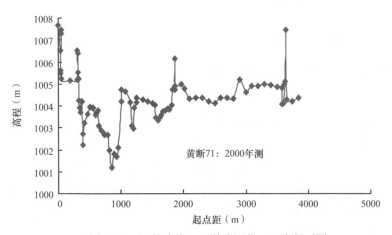

图 6.2-2　西柳沟沟口下游附近黄河干流断面图

6.2.3 支流来水来沙对宁蒙河段冲淤的影响

（1）场次洪水期间支流洪水泥沙对干流冲淤的影响

为分析场次洪水期间支流洪水泥沙对干流冲淤的影响，我们根据西柳沟龙头拐站1966～1995年汛期的实测水沙资料，分析了当日平均流量大于 10m³/s、来沙量大于100万t洪水（共22场洪水）的水沙特征，同时分析了洪水期间支流来沙量与昭君坟至头道拐河段淤积量之间的关系（图6.2-3）。可以看出，场次洪水期间，昭君坟至头道拐河段淤积量与支流来沙量之间的相关关系非常明显，点群集中分布在一直线两侧，这说明在场次洪水期间，由于支流洪水具有洪峰流量较大、含沙量很高、输沙总量大、来势迅猛的特点，大量泥沙在瞬间泄入黄河，会对干流淤积起控制性的影响作用。在西柳沟22场洪水中，仅1978年8月30日至9月7日的洪水在昭君坟至头道拐河段发生了微冲，冲刷量为5万t；其余的21场洪水在昭君坟至头道拐河段均发生了不同程度的淤积。场次洪水的淤积效率（即淤积泥沙量占总来沙量的比例）平均为37.4%，淤积效率最大（94.2%）的洪水发生在1971年8月31日至9月2日，淤积量最大（4205万t）的洪水发生在1989年7月21～28日。

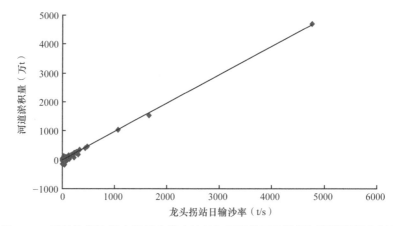

图6.2-3　西柳沟场次洪水期间支流来沙量与昭君坟至头道拐河段淤积量之间的关系

（2）汛期支流来水来沙对干流冲淤的影响

图6.2-4和图6.2-5分别点绘了宁蒙河段汛期冲淤量与支流汛期水沙量之间的关系。从图6.2-4可以看出，宁蒙河段汛期淤积量随支流汛期水量的增大而增大。宁蒙河段支流（孔兑）汛期水量相对较少，对干流河道冲淤是不起控制作用的，但因支流汛期水量与汛期沙量关系密切，且汛期水量越大沙量也越大，所以表现出了河道淤积随支流水量的增大而增大，究其本质则是反映了河道汛期淤积量与支流汛期沙量的关系。从图6.2-5可以看出，河道汛期淤积量随支流汛期沙量增大而增大的趋势非常明显，尤其是1986年以后。这说明支流来沙一直是影响宁蒙河段淤积的重要因素。1986年以后由于龙刘水库的联合调度运用，宁蒙河段出现大流量的概率明显降低，水流动量、挟沙能力均较低，干流河槽淤积严重，引起过洪能力下降。这些综合因素导致了1986年以后支流来沙对宁

蒙河段淤积的影响尤为突出。

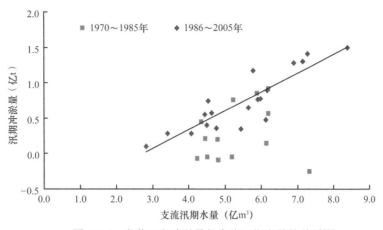

图 6.2-4　宁蒙河段冲淤量与支流汛期水量的关系图

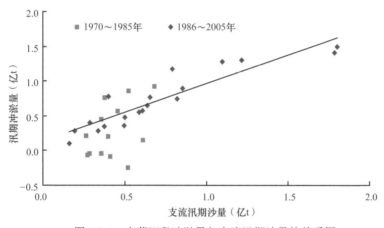

图 6.2-5　宁蒙河段冲淤量与支流汛期沙量的关系图

对比场次洪水期间和汛期干流河道的冲淤情况可以看出，场次洪水期间，由于支流洪水具有洪峰流量较大、含沙量很高、输沙总量大、来势迅猛的特点，大量泥沙在瞬间泄入黄河，会对干流淤积起控制性的影响作用。但是，当支流洪水过后，干流河道冲淤会在干流来水来沙、沿程引水等综合因素作用下发生新的调整，支流洪水带来的泥沙会在干流来水的作用下进行输移。因此从长时间来看，支流来水来沙只是影响宁蒙河段淤积的主要因素之一。

6.3　支流水沙对河道冲淤影响的数值模拟计算

采用一维水沙数学模型分别对考虑支流来沙和不考虑支流来沙两种条件下的河道冲淤进行计算，并通过对比计算结果分析支流来沙对宁蒙河段淤积的影响。模型介绍见 10.2 节。

（1）计算水沙条件

计算水沙条件的选取考虑如下原则。

1）宁蒙河段两岸支流（孔兑）、引水渠及排水渠众多（据初步统计有 17 条支流、11 个引水渠及 15 个排水渠），涉及资料较多，因此计算水沙条件采用实测水沙条件作为基础，选取时考虑实测资料在时间上的一致性。

2）1986 年以后，由于龙刘水库联合调度运用及其他一些因素的影响，宁蒙河段的水沙关系发生了较大的变化，因此计算水沙条件的选取最好能体现 1986 年前后的水沙特性变化。

综合考虑上述各因素，选用宁蒙河段 1970 年 11 月至 2005 年 10 月共 36 年的实测干流（下河沿站）、支流水沙资料及相应的引水引沙资料作为设计水沙系列（表 6.3-1）。根据所选的设计水沙系列，宁蒙河段干流年均来水量和来沙量分别为 281.04 亿 m³ 和 0.88 亿 t，支流年均来水量和来沙量分别为 9.60 亿 m³ 和 0.67 亿 t，年均引水引沙量分别为 144.87 亿 m³ 和 0.47 亿 t，排水渠退水退沙量分别为 47.78 亿 m³ 和 0.06 亿 t。

表 6.3-1　计算水沙条件

时段	干流（下河沿站）		支流（孔兑）		引水引沙		排水渠	
	水量（亿 m³）	沙量（亿 t）	水量（亿 m³）	沙量（亿 t）	水量（亿 m³）	沙量（亿 t）	水量（亿 m³）	沙量（亿 t）
1970-11～1986-10	329.73	1.06	8.90	0.47	139.33	0.38	43.98	0.06
1986-11～2005-10	240.03	0.73	10.19	0.83	149.53	0.54	50.98	0.07
1970-11～2005-10	281.04	0.88	9.60	0.67	144.87	0.47	47.78	0.06

（2）计算结果

根据一维水沙数学模型计算不同设计水沙条件下宁蒙河段的冲淤量，见表 6.3-2。在考虑支流来水来沙的条件下，宁蒙河段 1970 年 11 月至 2005 年 10 月年均淤积量为 0.566 亿 t，其中 1970 年 11 月至 1986 年 10 月年均淤积量为 0.262 亿 t，1986 年 11 月至 2005 年 10 月年均淤积量为 0.810 亿 t。

表 6.3-2　不同设计水沙条件下宁蒙河段的冲淤量　　　（单位：亿 t）

项目	时段	下至青	青至石	石至巴	巴至三	三至头	全河段
考虑支流加入（1）	1970-11～1986-10	0.100	−0.025	0.080	0.002	0.105	0.262
	1986-11～2005-10	0.120	0.150	0.100	0.210	0.230	0.810
	1970-11～2005-10	0.111	0.072	0.091	0.118	0.174	0.566
不考虑支流加入（2）	1970-11～1986-10	0.086	−0.086	0.069	−0.020	0.006	0.055
	1986-11～2005-10	0.056	0.017	0.073	0.173	0.113	0.433
	1970-11～2005-10	0.069	−0.029	0.071	0.087	0.065	0.265
（1）−（2）	1970-11～1986-10	0.014	0.061	0.011	0.022	0.099	0.207
	1986-11～2005-10	0.064	0.133	0.027	0.037	0.117	0.377
	1970-11～2005-10	0.042	0.101	0.020	0.031	0.109	0.301

注：下至青代表下河沿至青铜峡河段；青至石代表青铜峡至石嘴山河段；石至巴代表石嘴山至巴彦高勒河段；巴至三代表巴彦高勒至三湖河口河段；三至头代表三湖河口至头道拐河段

在不考虑支流来水来沙的条件下，宁蒙河段 1970 年 11 月至 2005 年 10 月年均淤积量为 0.265 亿 t，其中 1970 年 11 月至 1986 年 10 月年均淤积量为 0.055 亿 t，1986 年 11 月至 2005 年 10 月年均淤积量为 0.433 亿 t。

考虑支流来水来沙与不考虑支流来水来沙的计算结果相比，宁蒙河段 1970 年 11 月至 2005 年 10 月年均多淤积 0.301 亿 t，其中 1970 年 11 月至 1986 年 10 月年均多淤积 0.207 亿 t，1986 年 11 月至 2005 年 10 月年均多淤积 0.377 亿 t，大于 1970 年 11 月至 1986 年 10 月的淤积量，原因是 1986 年 11 月至 2005 年 10 月支流来沙量增大，来水量变化不大，同时干流来水量也大为减少，由此引起的增淤量较大。

从支流来水来沙增淤量的分布来看，支流对河道的增淤主要与支流入黄点和干流河道河势有关。在来沙量较为集中的区间及游荡型河道增淤量较大。青铜峡至石嘴山河段年均增淤量为 0.101 亿 t，占总增淤量的 33.6%；巴彦高勒至头道拐河段增淤量为 0.109 亿 t，占总增淤量的 36.2%。

（3）合理性分析

从支流水沙对河道冲淤影响的数值模拟结果来看，支流对干流河道淤积的贡献约占支流泥沙总量的 45%。1986 年 11 月至 2005 年 10 月宁蒙河段年均淤积量为两岸支流（孔兑）来沙总量的 82% 左右，该值包含了干流来沙、支流来沙、引水引沙等多种因素的综合作用。考虑到支流来沙的特性，我们认为支流对宁蒙河段淤积的影响还是比较强烈的，因此支流对干流河道淤积的贡献约占支流泥沙总量的 45% 应该是比较合适的。

为进一步分析计算结果的合理性，点绘了 1986 年 11 月至 2005 年 10 月宁蒙河段干流汛期来沙量小于 0.4 亿 t 的淤积量与支流汛期沙量的关系图（图 6.3-1），可以看出，当干流来沙较少时，也就是干流影响较小的情况下，支流对干流河道淤积的贡献约占支流泥沙总量的 62%，也就是说，支流来沙对干流河道淤积贡献应该小于 62%，但不会很多。

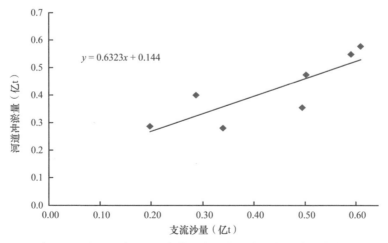

图 6.3-1　1986 年 11 月至 2005 年 10 月宁蒙河段汛期淤积量与支流汛期沙量的关系图（干流来沙量小于 0.4 亿 t）

6.4 小　结

1）宁蒙河段支流具有水少沙多、水沙量年内年际分配不均等特点，1970 年 11 月至 2005 年 10 月年均水沙量分别为 9.60 亿 m³、0.67 亿 t，1970 年 11 月至 1986 年 10 月宁蒙河段支流（孔兑）年均水沙量分别为 8.90 亿 m³、0.47 亿 t，1986 年 11 月至 2005 年 10 月年均水沙量分别为 10.19 亿 m³、0.83 亿 t。

2）综合分析洪水期、汛期支流来沙与宁蒙河段冲淤的相对关系，认为宁蒙河段（特别是内蒙古十大孔兑）淤积量与支流来沙的相关性较强，其是影响宁蒙河段淤积的关键因素之一。一维水沙数学模型计算结果表明，1970 年 11 月至 2005 年 10 月，考虑支流来水来沙与不考虑支流来水来沙相比，宁蒙河段年均多淤积 0.301 亿 t，其中 1970 年 11 月至 1986 年 10 月年均多淤积 0.207 亿 t；1986 年 11 月至 2005 年 10 月年均多淤积 0.377 亿 t。两者相比，说明 1986 年 11 月至 2005 年 10 月支流来水来沙在一定程度上加重了宁蒙河段淤积。究其原因，一方面是干流有利于输送支流泥沙的来水量减小，另一方面是支流来沙本身也有增大。

7 宁蒙河段引水引沙对冲淤的影响

7.1 引水引沙特性

宁蒙河段两岸土地辽阔，地势平坦，引黄灌溉历史悠久，有著名的卫宁灌区、青铜峡灌区、内蒙古河套灌区和土默特川灌区。

（1）宁夏灌区引水引沙量统计

宁夏灌区主要有七星渠、汉渠、秦渠和唐徕渠等引水渠。根据已有资料情况及分析工作的需求，本次采用 1970 年 11 月至 2005 年 10 月的实测资料作为分析依据，统计了引水渠的水沙特征值，见表 7.1-1。宁夏灌区 1970 年 11 月至 2005 年 10 月年均引水量为 85.76 亿 m³，年均引沙量为 0.32 亿 t。其中，1970 年 11 月至 1986 年 10 月年均引水量为 84.97 亿 m³，引沙量为 0.26 亿 t；1986 年 11 月至 2005 年 10 月年均引水量为 86.43 亿 m³，引沙量为 0.36 亿 t。同 1970 年 11 月至 1986 年 10 月相比，1986 年 11 月至 2005 年 10 月引水量增加 1.7%，引沙量增加 38.5%。从宁蒙河段历年引水引沙量（图 7.1-1）来看，该河段历年引水量变幅不大，一般维持在 85 亿 m³ 左右，年引水量最大值为 117.72 亿 m³，最小值为 62.90 亿 m³；但引沙量变幅较大，年引沙量最大值为 0.68 亿 t，最小值为 0.10 亿 t。

表 7.1-1 宁蒙灌区引水引沙量统计

河段	时段	水量（亿 m³）			沙量（亿 t）		
		11 月至次年 6 月	次年 7～10 月	11 月至次年 10 月	11 月至次年 6 月	次年 7～10 月	11 月至次年 10 月
宁夏河段	1970-11～1986-10	44.02	40.95	84.97	0.05	0.21	0.26
	1986-11～2005-10	46.74	39.70	86.43	0.08	0.28	0.36
	1970-11～2005-10	45.49	40.27	85.76	0.07	0.25	0.32
内蒙古河段	1970-11～1986-10	19.52	34.85	54.37	0.02	0.10	0.12
	1986-11～2005-10	23.54	39.55	63.09	0.04	0.14	0.18
	1970-11～2005-10	21.70	37.40	59.11	0.03	0.12	0.15
合计	1970-11～1986-10	63.54	75.79	139.33	0.07	0.31	0.38
	1986-11～2005-10	70.28	79.25	149.53	0.12	0.42	0.54
	1970-11～2005-10	67.20	77.67	144.87	0.10	0.37	0.47

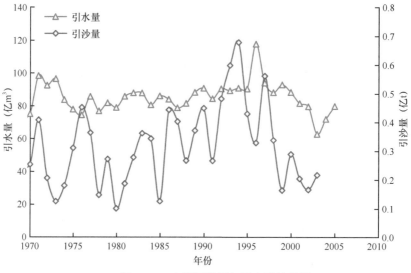

图 7.1-1　宁夏河段历年引水引沙量图

（2）内蒙古灌区引水引沙量统计

内蒙古灌区自 20 世纪 50 年代以来陆续增设引黄渠道，并修建水利枢纽，逐渐合并形成三大引水干渠：总干渠、沈乌干渠和南干渠。三大引水干渠年均引水量为 59.11 亿 m³，年均引沙量为 0.15 亿 t。其中，1970 年 11 月至 1986 年 10 月年均引水量为 54.37 亿 m³，引沙量为 0.12 亿 t；1986 年 11 月至 2005 年 10 月年均引水量为 63.09 亿 m³，引沙量为 0.18 亿 t。同 1970 年 11 月至 1986 年 10 月相比，1986 年 11 月至 2005 年 10 月引水量增加 16.0%，引沙量增加 50.0%。从内蒙古河段历年引水引沙量（图 7.1-2）来看，该河段历年引水量变幅不大，一般维持在 60 亿 m³ 左右，年引水量最大值为 70.42 亿 m³，最小值为 34.77 亿 m³；但引沙量变幅较大，年引沙量最大值为 0.349 亿 t，最小值为 0.045 亿 t。

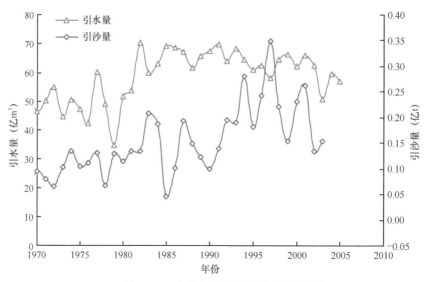

图 7.1-2　内蒙古河段历年引水引沙量图

总的来看，宁蒙灌区 1970 年 11 月至 2005 年 10 月年均引水量为 144.87 亿 m^3，年均引沙量为 0.47 亿 t。其中，宁夏河段年均引水量、引沙量分别为 85.76 亿 m^3、0.32 亿 t，分别占总引水量、总引沙量的 59.2%和 68.1%；内蒙古河段年均引水量、引沙量分别为 59.11 亿 m^3、0.15 亿 t，分别占总引水量、总引沙量的 40.8%和 31.9%。

7.2 引水引沙对干流水沙条件的影响

（1）引水引沙量占宁蒙河段水沙量的比重

从宁蒙河段引水引沙量与总来水来沙量[干流+支流（孔兑）+排水渠]的对比情况（表 7.2-1）可以看出，宁蒙河段年均引水量占总来水量的 42.81%，沙量则占总来沙量的 28.92%。其中，1970 年 11 月至 1986 年 10 月年均引水量占总来水量的 36.42%，沙量占总来沙量的 23.80%；1986 年 11 月至 2005 年 10 月年均引水量占总来水量的 49.65%，沙量占总来沙量的 33.16%。

表 7.2-1　宁蒙河段引水引沙量占河道总水沙量[干流+支流（孔兑）+排水渠]的比重　（单位：%）

河段	统计时段	水量			沙量		
		非汛期	汛期	全年	非汛期	汛期	全年
宁夏河段	1970-11～1986-10	25.18	19.70	22.21	17.96	16.25	16.56
	1986-11～2005-10	27.67	30.01	28.70	27.15	20.85	22.00
	1970-11～2005-10	26.51	24.14	25.34	23.03	18.76	19.53
内蒙古河段	1970-11～1986-10	11.17	16.77	14.21	6.00	7.51	7.24
	1986-11～2005-10	13.94	29.90	20.95	12.01	10.98	11.17
	1970-11～2005-10	12.65	22.42	17.47	9.31	9.41	9.39
合计	1970-11～1986-10	36.35	36.47	36.42	23.96	23.77	23.80
	1986-11～2005-10	41.61	59.91	49.65	39.16	31.83	33.16
	1970-11～2005-10	39.16	46.56	42.81	32.34	28.17	28.92

（2）宁蒙河段沿程水沙量变化

表 7.2-2～表 7.2-4 和图 7.2-1～图 7.2-4 给出了不同时段宁蒙河段水沙量的沿程变化。

表 7.2-2　1970 年 11 月至 1986 年 10 月宁蒙河段水沙量沿程变化

干流水文站	水量（亿 m^3）			沙量（亿 t）		
	11 月至次年 6 月	次年 7～10 月	11 月至次年 10 月	11 月至次年 6 月	次年 7～10 月	11 月至次年 10 月
下河沿	152.07	177.67	329.73	0.18	0.88	1.06
青铜峡	115.21	141.20	256.40	0.09	0.78	0.87
石嘴山	136.22	170.99	307.20	0.27	0.76	1.03
巴彦高勒	112.37	132.47	244.85	0.22	0.67	0.89
三湖河口	116.71	139.55	256.27	0.21	0.79	0.99
昭君坟	114.16	138.55	252.70	0.22	0.88	1.10
头道拐	110.70	137.46	248.16	0.24	0.93	1.17

表 7.2-3　1986 年 11 月至 2005 年 10 月宁蒙河段水沙量沿程变化

干流水文站	水量（亿 m³）			沙量（亿 t）		
	11 月至次年 6 月	次年 7～ 10 月	11 月至次年 10 月	11 月至次年 6 月	次年 7～ 10 月	11 月至次年 10 月
下河沿	138.66	101.36	240.03	0.16	0.57	0.73
青铜峡	101.01	73.15	174.16	0.10	0.69	0.78
石嘴山	121.57	94.66	216.23	0.28	0.54	0.81
巴彦高勒	94.92	54.47	149.39	0.27	0.38	0.64
三湖河口	98.00	60.22	158.22	0.18	0.29	0.46
昭君坟（1986～1995 年）	109.14	70.38	179.52	0.17	0.29	0.46
头道拐	93.35	58.64	151.99	0.16	0.24	0.39

表 7.2-4　1970 年 11 月至 2005 年 10 月宁蒙河段水沙量沿程变化

干流水文站	水量（亿 m³）			沙量（亿 t）		
	11 月至次年 6 月	次年 7～ 10 月	11 月至次年 10 月	11 月至次年 6 月	次年 7～ 10 月	11 月至次年 10 月
下河沿	144.79	136.25	281.04	0.17	0.71	0.88
青铜峡	107.50	104.26	211.75	0.09	0.73	0.82
石嘴山	128.26	129.55	257.82	0.28	0.64	0.91
巴彦高勒	102.90	90.13	193.03	0.24	0.51	0.76
三湖河口	106.55	96.49	203.04	0.19	0.51	0.71
昭君坟（1970～1995 年）	112.35	114.01	226.36	0.20	0.67	0.87
头道拐	101.28	94.67	195.95	0.20	0.55	0.75

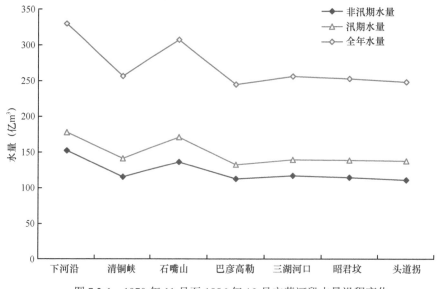

图 7.2-1　1970 年 11 月至 1986 年 10 月宁蒙河段水量沿程变化

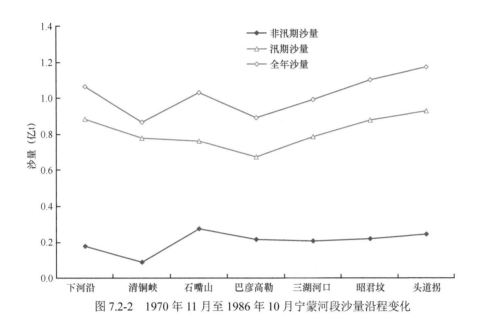

图 7.2-2　1970 年 11 月至 1986 年 10 月宁蒙河段沙量沿程变化

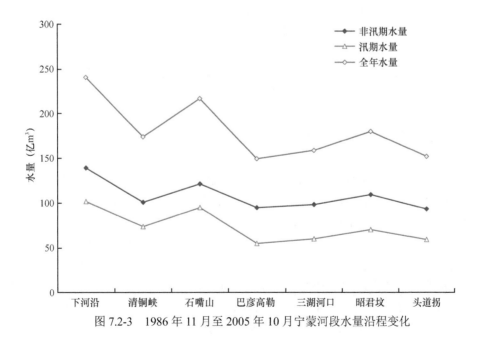

图 7.2-3　1986 年 11 月至 2005 年 10 月宁蒙河段水量沿程变化

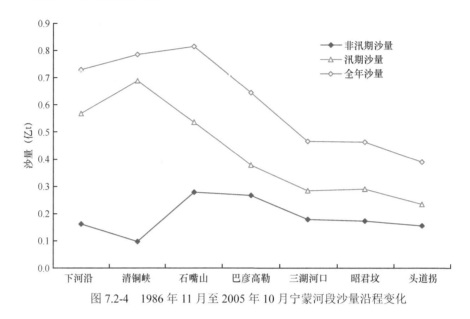

图 7.2-4 1986 年 11 月至 2005 年 10 月宁蒙河段沙量沿程变化

从 1970 年 11 月至 1986 年 10 月宁蒙河段水沙量的沿程变化情况可以看出，由于宁夏灌区引水的影响，下河沿至青铜峡河段年均水量减少至 256.40 亿 m³，占干流下河沿来水量的 77.76%，青铜峡站年均输沙量为 0.87 亿 t，占干流下河沿来沙量的 82.08%；青铜峡至石嘴山河段由于两岸支流及排水渠的补给，河道平均水量恢复至 307.20 亿 m³，占干流下河沿来水量的 93.17%，石嘴山站的输沙量也恢复至 1.03 亿 t，占干流下河沿来沙量的 97.17%；石嘴山至巴彦高勒河段由于内蒙古灌区引水，年均水量又减少至 244.85 亿 m³，占干流下河沿来水量的 74.26%，巴彦高勒站年均输沙量为 0.89 亿 t，占干流下河沿来沙量的 83.96%；干流出巴彦高勒站后，经三湖河口、昭君坟，至头道拐，由于没有大的引水渠，两岸支流（孔兑）来水也较少，因此干流年均水量一直维持在 250 亿 m³ 左右，而各水文站由于沿程支流（孔兑）泥沙的补给，沙量略有恢复，至头道拐站干流年均输沙量达到 1.17 亿 t，为干流下河沿来沙量的 110.38%。

从 1986 年 11 月至 2005 年 10 月宁蒙河段水沙量的沿程变化情况可以看出，由于宁夏灌区引水的影响，下河沿至青铜峡河段年均水量减少至 174.16 亿 m³，占干流下河沿来水量的 72.56%，青铜峡站年均输沙量为 0.78 亿 t，占干流下河沿来沙量的 106.85%；青铜峡至石嘴山河段由于两岸支流及排水渠的补给，河道平均水量恢复至 216.23 亿 m³，占干流下河沿来水量的 90.08%，石嘴山站的输沙量为 0.81 亿 t，占干流下河沿来沙量的 110.96%；石嘴山至巴彦高勒河段由于内蒙古灌区引水，年均水量又减少至 149.39 亿 m³，占干流下河沿来水量的 62.24%，巴彦高勒站年均输沙量为 0.64 亿 t，占干流下河沿来沙量的 87.67%；干流出巴彦高勒站后，经三湖河口、昭君坟，至头道拐，由于没有大的引水渠，两岸支流（孔兑）来水也较少，因此干流年均水量一直维持在 160 亿 m³ 左右，而各水文站由于干流汛期来水量锐减，河道输沙能力低，沿程输沙量不断降低，至头道拐站干流年均输沙量为 0.39 亿 t，仅为干流来沙量的 53.42%。

总的来看，由于宁蒙河段两岸支流对干流河道水量补给有限，两岸灌区引水导致宁蒙河段水量沿程减小，1970 年 11 月至 1986 年 10 月引水导致干流水量减少约 25%，

1986 年 11 月至 2005 年 10 月引水导致水量减少约 37%。

7.3　引水引沙对河道冲淤的影响

引水引沙对河道冲淤特性的影响非常复杂，大量引水必然会导致河道淤积量的增大，与此同时引沙又可以在一定程度上削减引水对河道淤积的影响。为分析近年来引水引沙对宁蒙河段淤积的影响，图 7.3-1 和图 7.3-2 分别点绘了宁蒙河段淤积量与引水比、引沙比之间的关系。从图 7.3-1 可以看出，1970 年 11 月至 1986 年 10 月宁蒙河段淤积量随引水

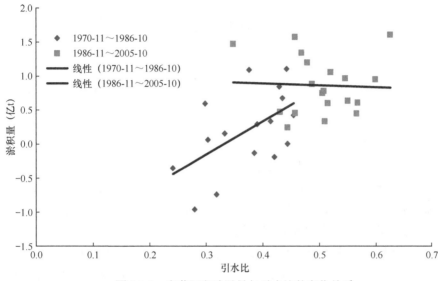

图 7.3-1　宁蒙河段冲淤量与引水比的变化关系

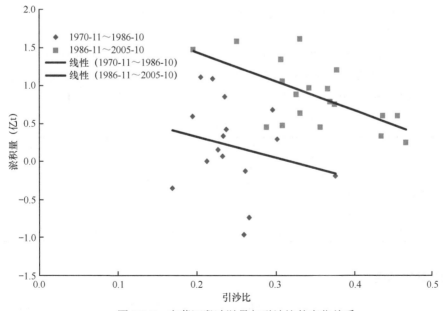

图 7.3-2　宁蒙河段冲淤量与引沙比的变化关系

比的增大而增大，随引沙比的增大而减小，且由于引水比大于引沙比，引沙比对河道淤积量的影响没有引水比对河道淤积量的影响明显，点群相对散乱；1986 年 11 月至 2005 年 10 月宁蒙河段淤积量随引水比的变化关系不甚明显，而随引沙比的增加呈现明显的减小趋势，这说明 1986 年 11 月至 2005 年 10 月引沙比的增大在一定程度上减弱了引水比对河道淤积的影响，因此引沙比对河道淤积量的影响较引水比明显，点群也相对集中。值得一提的是，虽然宁蒙河段淤积量和引水比、引沙比之间存在一些趋势性的变化关系，但由于影响宁蒙河道淤积的因素较多，引水引沙只是其中的一个因素，且不是控制性因素，因此淤积量和引水比、引沙比的点群相对散乱。

7.4 引水引沙对河道冲淤影响的数值模拟研究

采用一维水沙数学模型分别对考虑引水引沙和不考虑引水引沙两种条件下的河道冲淤进行计算，并通过对比计算结果分析引水引沙对宁蒙河段淤积的影响。模型介绍见 10.2 节。

（1）计算水沙条件

计算水沙条件的选取考虑如下原则。

1）宁蒙河段两岸支流（孔兑）、引水渠、排水渠众多（据初步统计有 17 条支流、11 个引水渠及 15 个排水渠），涉及资料较多，因此计算水沙条件采用实测水沙条件作为基础，选取时考虑实测资料在时间上的一致性。

2）1986 年以后，由于龙刘水库联合调度运用及其他一些因素的影响，宁蒙河段的水沙关系发生了较大的变化，因此计算水沙条件的选取最好能体现 1986 年前后的水沙特性变化。

综合考虑上述各种因素，选用宁蒙河段 1970 年 11 月至 2005 年 10 月共 36 年的实测干流（下河沿站）、支流水沙资料及相应的引水引沙资料作为设计水沙系列（表 7.4-1）。根据所选的设计水沙系列，宁蒙河段干流年均来水量和来沙量分别为 281.04 亿 m^3 和 0.88 亿 t，支流年均来水量和来沙量分别为 9.60 亿 m^3 和 0.67 亿 t，年均引水量和引沙量分别为 144.87 亿 m^3 和 0.47 亿 t，排水渠退水量和退沙量分别为 47.78 亿 m^3 和 0.06 亿 t。

表 7.4-1　计算水沙条件

时段	干流（下河沿站）		支流（孔兑）		引水引沙		排水渠	
	水量（亿 m^3）	沙量（亿 t）	水量（亿 m^3）	沙量（亿 t）	水量（亿 m^3）	沙量（亿 t）	水量（亿 m^3）	沙量（亿 t）
1970-11～1986-10	329.73	1.06	8.90	0.47	139.33	0.38	43.98	0.06
1986-11～2005-10	240.03	0.73	10.19	0.83	149.53	0.54	50.98	0.07
1970-11～2005-10	281.04	0.88	9.60	0.67	144.87	0.47	47.78	0.06

（2）计算结果

考虑与不考虑引水引沙时河道冲淤的计算结果见表 7.4-2。在考虑引水引沙的条件下，宁蒙河段 1970 年 11 月至 2005 年 10 月年均淤积量为 0.566 亿 t，其中，1970 年 11 月至 1986 年 10 月年均淤积量为 0.262 亿 t，1986 年 11 月至 2005 年 10 月年均淤积量为 0.810 亿 t，和实测冲淤量基本吻合。在不考虑引水引沙的条件下，宁蒙河段 1970 年 11 月至 2005 年 10 月年均淤积量为 0.495 亿 t，其中，1970 年 11 月至 1986 年 10 月年均淤积量为 0.169 亿 t，1986 年 11 月至 2005 年 10 月年均淤积量为 0.756 亿 t。

表 7.4-2　考虑与不考虑引水引沙时河道冲淤计算结果　　　　（单位：亿 t）

项目	时段	下至青	青至石	石至巴	巴至三	三至头	全河段
考虑引水引沙（1）	1970-11～1986-10	0.100	−0.025	0.080	0.002	0.105	0.262
	1986-11～2005-10	0.130	0.190	0.100	0.210	0.180	0.810
	1970-11～2005-10	0.117	0.094	0.091	0.118	0.147	0.566
不考虑引水引沙（2）	1970-11～1986-10	0.096	−0.048	0.065	−0.046	0.101	0.169
	1986-11～2005-10	0.127	0.175	0.089	0.188	0.177	0.756
	1970-11～2005-10	0.113	0.076	0.078	0.084	0.143	0.495
（1）−（2）	1970-11～1986-10	0.004	0.023	0.015	0.048	0.004	0.093
	1986-11～2005-10	0.003	0.015	0.011	0.022	0.003	0.054
	1970-11～2005-10	0.003	0.019	0.013	0.033	0.003	0.072

注：下至青代表下河沿至青铜峡河段；青至石代表青铜峡至石嘴山河段；石至巴代表石嘴山至巴彦高勒河段；巴至三代表巴彦高勒至三湖河口河段；三至头代表三湖河口至头道拐河段

考虑引水引沙与不考虑引水引沙的计算结果相比，宁蒙河段 1970 年 11 月至 2005 年 10 月年均多淤积 0.072 亿 t，其中，1970 年 11 月至 1986 年 10 月年均多淤积 0.093 亿 t；1986 年 11 月至 2005 年 10 月年均多淤积 0.054 亿 t，同前一时段相比，后一时段引沙量较大，而引水量变化不大，因此由引水引沙引起的增淤量较小，这与由实测资料分析所得的结论在定性上是一致的。

从引水引沙增淤量的分布来看，宁蒙河段的引水渠主要集中在青铜峡库区和三盛公库区，由此引起的淤积主要集中在引水口及其下游附近的局部河道。例如，1970 年 11 月至 2005 年 10 月，青铜峡水库下游的青铜峡至石嘴山段增淤量为 0.019 亿 t，占总增淤量的 26.4%；三盛公水库下游的巴彦高勒至三湖河口段增淤量为 0.033 亿 t，占总增淤量的 45.8%。

（3）合理性分析

由于影响宁蒙河道淤积的因素较多，引水引沙只是其中的一个因素，且不是控制性因素，因此淤积量和引水比、引沙比的点群相对散乱。

从定量上来看，1970 年 11 月至 2005 年 10 月，头道拐站年均水量为 195.95 亿 m³，年均沙量为 0.75 亿 t，单位水量输送泥沙 3.83kg。考虑到宁蒙河段年均引水量为 144.87 亿 m³，可推算如果不引水就可多输送泥沙 0.55 亿 t，扣除年均引沙量 0.47 亿 t，可得出引水引沙年均增淤量为 0.08 亿 t，与数学模型计算成果基本吻合。

实际上，引水引沙对河道冲淤特性的影响非常复杂，大量引水必然会导致河道淤积量的增大，而与此同时合理的引沙又可以在一定程度上削减引水对河道淤积的影响。

1970 年 11 月至 1985 年 10 月宁蒙河段年均引水量和引沙量分别为 139.33 亿 m³ 和 0.38 亿 t；1986 年 11 月至 2005 年 10 月年均引水量和引沙量分别为 149.53 亿 m³ 和 0.54 亿 t。在总来沙量基本相当的情况下，1986 年 11 月至 2005 年 10 月同 1970 年 11 月至 1986 年 10 月相比，宁蒙河段引水量增大 7%，引沙量增大 42%，因此引沙量的大幅增大在一定程度上减弱了引水对该河段淤积的影响，引水引沙对河道淤积影响应该较小。

此外，从水流输沙能力来看，1986 年以来龙刘水库的联合调度运用，降低了河道输沙能力，因此引走同样的水量对输沙能力的影响也必将小于 1970 年 11 月至 1986 年 10 月。数学模型计算结果显示，1970 年 11 月至 1986 年 10 月由引水引沙增加的淤积量为 0.093 亿 t，1986 年 11 月至 2005 年 10 月引水引沙增加的淤积量为 0.054 亿 t，这一结果在定性上是合理的。

7.5　小　　结

1）1970 年 11 月至 2005 年 10 月，宁蒙河段灌区渠道年均引水量为 144.87 亿 m³，年均引沙量为 0.466 亿 t。其中，1970 年 11 月至 1986 年 10 月年均引水量、引沙量分别为 139.33 亿 m³、0.380 亿 t，1986 年 11 月至 2005 年 10 月年均引水量、引沙量分别为 149.53 亿 m³、0.538 亿 t。两岸灌区引水导致宁蒙河段水量沿程减小，1970 年 11 月至 1986 年 10 月引水导致干流水量减少约 25%，1986 年 11 月至 2005 年 10 月引水导致干流水量减少约 37%。

2）引水引沙对河道冲淤特性的影响非常复杂，大量引水必然会导致河道淤积量的增大，而与此同时引沙又可以在一定程度上削减引水对河道淤积的影响。综合分析宁蒙河段冲淤与引水引沙的相对关系，认为引水引沙只是影响宁蒙河道淤积的一个因素，且不是控制性因素。数学模型计算结果表明，引水引沙年均引起的淤积量为 0.072 亿 t，其中，1970 年 11 月至 1986 年 10 月年均淤积量为 0.093 亿 t，1986 年 11 月至 2005 年 10 月年均淤积量为 0.054 亿 t，同前一时段相比，后一时段引沙量较大，但引水量变化不大，因此由引水引沙引起的增淤量较小。

8 青铜峡水库、三盛公水库排沙对宁蒙河段冲淤的影响

8.1 水 库 概 况

8.1.1 青铜峡水库概况

青铜峡水电站位于宁夏回族自治区黄河干流上,是一座以灌溉、发电为主,结合防洪、防凌等综合效益的大型水利枢纽工程,枢纽工程等级为二等,主要建筑物为二级,按百年一遇洪水设计、千年一遇洪水校核,总灌溉面积 550 万亩,电站总装机 302MW,水库正常高水位 1156.00m,相应设计库容 6.06 亿 m^3,设计水头 18m。大坝总长 687.3m,坝顶高程 1160.20m,最大坝高 42.7m,最大坝底宽 46.7m,左右两岸为重力坝段,河床由 8 个带有泄水管的闸墩式机组坝段和 7 个溢流坝段相间布置,右岸重力坝布置有三孔泄洪闸,左岸有一孔灌溉孔,右岸重力坝与土坝相连接。

青铜峡水库运用方式可分为三个阶段:第一阶段为蓄水运用;第二阶段为汛期降低水位蓄清排浑运用;第三阶段为蓄水运用结合沙峰期及汛末降低水位集中排沙运用。水库运用三个阶段的时间划分同水库淤积的三个过程是一致的。

第一阶段,自 1967 年 4 月至 1971 年汛末。1967 年 4 月开始蓄水,虽然汛期水位控制在 1151.00m 左右,但由于当年来沙量达 3.449 亿 t,大大超过年均值,水库库容当年损失高达 36.5%。1968 年继续抬升库水位,汛期平均运行水位为 1152.85m,水库继续淤积。到 1969 年以后,水库运行水位进一步抬升到 1154.00m 以上,甚至个别月份出现汛期水位较非汛期更高的情况。例如,1969 年 9 月平均水位为 1155.76m,接近正常高水位。由于初期缺乏运行经验,对泥沙淤积的认识不够,加之追求发电效益而抬升汛期运行水位,仅 5 年时间(到 1971 年汛末),水库大部分库容已被淤满,库容已由设计的 6.06 亿 m^3 减至 0.79 亿 m^3,损失 87%。

第二阶段,自 1972 年 6 月至 1976 年汛末。该阶段采用汛期降低水位蓄清排浑的运行方式,其特点是充分发挥排沙建筑物的作用。汛期降低水位至 1154.00m,以排沙为主,达到年内冲淤平衡,扭转了水库淤积的严重局面。由于每年大部分泥沙均能排出库外,降低了滩库容的淤积速度,保持了一定的槽库容与长期效益。

第三阶段,自 1977 年开始持续至今。该阶段采用蓄水运用结合沙峰期及汛末降低水位集中排沙的运用方式。因为在第二阶段汛期降低水位运行以来,虽然库容能达到年内冲淤平衡,但损失了一定的电能,所以又抬高水位运行。在保证系统负荷的前提下,发生大洪水和大沙峰时相应降低水位运行排沙。到 2005 年汛后,总库容仅剩 0.3918 亿 m^3,库容损失 93.53%,而有效库容仅存 0.3221 亿 m^3。库容的大量损失,对水电站安全运行及下游灌溉、防凌等不利。

为进一步控制库区泥沙淤积,从 1991 年开始,采用汛期沙峰"穿堂过"结合汛末

冲库拉沙的方式进行冲库拉沙运用：汛前制定相应的排沙标准；汛期根据预报，提前降低水库水位，泥沙入库后，根据含沙量大小，选择机组全停或部分停机，开启排沙底孔排沙，将泥沙尽可能多地排出库外；汛末选择有利时机，进行一次机组全停、放空水库的拉沙运用，在机组及泄水建筑物前形成一个冲刷漏斗，保证冬季及来年闸门、机组的正常运行，同时力争控制水库在年内达到冲淤平衡或进一步减淤。

8.1.2 三盛公水库概况

三盛公水利枢纽位于内蒙古自治区巴彦淖尔市磴口县巴彦高勒镇东南包（头）兰（州）铁路黄河铁桥下游 2.6km 处，东距包头市 300 余千米，西南距银川市 200 余千米。枢纽以上流域面积达 314 000km^2。水利枢纽任务以灌溉为主。设计正常高水位 1055m，设计洪水位 1055.3m，校核洪水位 1056.36m。枢纽建筑物包括拦河闸、拦河土坝、北岸进水闸、左右岸导流堤、沈乌进水闸、南岸进水闸、库区围堤。

水库通过采用灌溉期（5～10 月）壅水灌溉、非灌溉期（11 月至次年 4 月）敞泄冲刷及灌溉期短期停灌冲刷、错沙峰排沙等控制运用措施，同时加以工程措施，基本控制了泥沙淤积，从而保持了一定的有效库容。

1961 年至 1965 年春为三盛公水库初期淤积发展阶段，该阶段库容由 0.9525 亿 m^3（1055m 高程）减少到 0.7120 亿 m^3，4 年损失库容 0.2405 亿 m^3，年均库容损失 0.0601 亿 m^3，水库淤积再塑造过程基本完成；1965 年春至 1981 年春，水库处于冲淤平衡阶段，该时期库容由 0.7120 亿 m^3 减少到 0.6544 亿 m^3，损失速率不大；1981 年春至 1990 年春，水库淤积继续发展，该时期库容由 0.6544 亿 m^3 减少到 0.5929 亿 m^3；1990 年春至 2000 年春，水库淤积发展加重，至 2000 年春库容仅剩 0.4049 亿 m^3，为原始库容的 42.5%。

8.2 水库排沙分析

8.2.1 青铜峡水库排沙分析

（1）溯源冲刷

为恢复库容，满足发电、灌溉及防凌对库容的需要，在 1991 年前，青铜峡水库曾降低坝前水位集中排沙，表 8.2-1 为水库低水位排沙产生溯源冲刷时的水沙冲淤统计表。可以看出，溯源冲刷量的大小受入库流量、入库含沙量及坝前水位等因素的影响，其中受坝前水位的影响最大，其次是入库含沙量。5 次溯源冲刷中，1980 年 9 月 25 日至 10 月 3 日溯源冲刷期间，平均水位最低，为 1153.48m，入库平均流量最小，为 1840m^3/s，但水库的冲刷量却最大，为 1827 万 t，排沙比最大，为 512%。1973 年 8 月 31 日至 9 月 9 日溯源冲刷期间，青铜峡入库平均流量为 1970m^3/s，与 1984 年 6 月 23 日至 7 月 4 日溯源冲刷期间的入库平均流量（1910m^3/s）基本相当，但两者的入库平均含沙量相差较大，分别是 19.7kg/m^3 和 7.28kg/m^3，导致溯源冲刷量效果不明显，冲刷量分别为 190 万 t 和 20 万 t，排沙比仅分别为 106% 和 101%。

表 8.2-1 青铜峡水库低水位排沙产生溯源冲刷时的水沙冲淤统计表

时段	1972 年 7 月 23 日至 8 月 5 日	1973 年 8 月 31 日至 9 月 9 日	1980 年 9 月 25 日至 10 月 3 日	1982 年 9 月 27 日至 10 月 5 日	1984 年 6 月 23 日至 7 月 4 日
坝前水位变幅（m）	1154.02~1155.83	1152.75~1154.90	1148.90~1155.40	1149.90~1156.04	1151.12~1156.04
变幅差值（m）	1.81	2.15	6.50	6.14	4.92
坝前平均水位（m）	1154.63	1153.84	1153.48	1154.47	1155.09
入库平均流量（m³/s）	2680	1970	1840	2420	1910
入库最大含沙量（kg/m³）	3.17	56.1	6.19	6.18	13.2
入库平均含沙量（kg/m³）	1.56	19.7	3.09	2.15	7.28
入库总沙量（万 t）	507	3360	443	405	1440
出库总沙量（万 t）	1380	3550	2270	1490	1460
水库冲淤量（万 t）	−873	−190	−1827	−1085	−20
排沙比（%）	272	106	512	368	101
泄水管开启孔数	0	5	6	6	5
泄洪闸开启孔数	2	3	3	3	1
溢流坝开启孔数	3	1	0	3	6

另外，溯源冲刷量的大小还与前期泥沙淤积的情况有关。当水库坝前水位降到一定范围并维持一段时间后，冲刷量会相应减少，说明在该水位下冲刷床面已达到平衡，只有进一步降低水位才能取得更大的冲刷效果。例如，1980 年 9 月 25 日至 10 月 3 日的洪水中，随着坝前水位的降低，库区冲刷量逐渐增大至最大，而坝前水位趋于稳定后，库区冲刷量反而开始减小（图 8.2-1）。

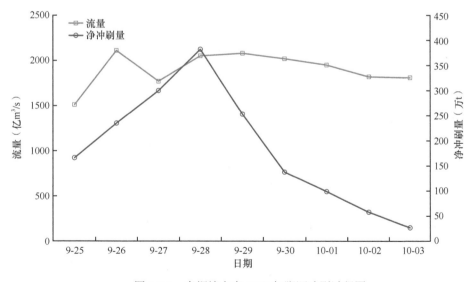

图 8.2-1 青铜峡水库 1980 年溯源冲刷过程图

（2）沿程冲刷

一般来说，水库以沿程冲刷与溯源冲刷交替运用的方式进行水库排沙。但由于水库降低水位变幅不大，低水位历时短，因此溯源冲刷是短暂的，主要是大流量下的沿程冲刷次数多。

表 8.2-2 为青铜峡水库在大流量下产生沿程冲刷时的水沙冲淤统计表。可以看出，一般入库洪水流量越大，水库产生的沿程冲刷量越大。洪水入库平均流量大于 3000m³/s 的有两场。1981 年 9 月 4～24 日洪水期间，青铜峡入库平均流量为 4600m³/s，入库平均含沙量为 3.80kg/m³，坝前水位变幅为 1154.28～1155.34m，洪水期间入库总沙量为 3170 万 t，出库总沙量为 6400 万 t，库区冲刷量为 3230 万 t。与之相比，流量略小的 1985 年 9 月 12 日至 10 月 4 日洪水期间，库区冲刷量达到了 3250 万 t。

表 8.2-2 青铜峡水库在大流量下产生沿程冲刷时的水沙冲淤统计表

时段	1971 年 10 月 1～31 日	1972 年 10 月 15～27 日	1974 年 9 月 23～29 日	1981 年 9 月 4～24 日	1985 年 9 月 12 至 10 月 4 日
统计时段天数（d）	31	13	7	21	23
坝前水位变幅（m）	1154.50～1156.00	1152.05～1155.62	1152.60～1155.10	1154.28～1155.34	1154.50～1156.20
变幅差值（m）	1.50	3.57	2.50	1.06	1.70
入库平均流量（m³/s）	2560	1970	1770	4600	3490
入库日平均最大流量（m³/s）	2960（11 日）	2350（17 日）	2070（25 日）	5269（19 日）	3790（25 日）
入库平均含沙量（kg/m³）	2.59	2.83	4.95	3.80	3.58
入库总沙量（万 t）	1770	625	530	3170	2480
出库总沙量（万 t）	2610	1670	1120	6400	6000
水库冲淤量（万 t）	−840	−1045	−590	−3230	−3250
排沙比（%）	147	267	212	202	242
泄水管开启孔数	8	11	5	10	2
泄洪闸开启孔数	1	2	3	3	2
溢流坝开启孔数	0	1	0	7	5

1971 年 10 月 1～31 日、1972 年 10 月 15～27 日和 1974 年 9 月 23～29 日的 3 场洪水期间，入库平均流量分别为 2560m³/s、1970m³/s 和 1770m³/s，冲刷量分别为 840 万 t、1045 万 t 和 590 万 t，其中 1971 年 10 月 1～31 日洪水的入库平均流量虽然在三者中为最大，但由于洪水期间水库坝前水位较高，水库还处在蓄水拦沙运用阶段的末期，沿程冲刷受此影响，库区冲刷量并不是最大。

（3）汛末拉沙

为控制库区泥沙淤积，从 1991 年开始，水库采用汛期沙峰"穿堂过"结合汛末冲库拉沙的方式进行冲库拉沙运用。表 8.2-3 为 1991 年以来汛末进行的水库拉沙情况统计表。可以看出，水库汛末冲库拉沙时间一般为 2d 左右，库区拉沙效果明显，出库平均含沙量最小为 29.30kg/m³，最大可达 166.00kg/m³。水库排沙用水量较小，排沙耗水率大多小于 10m³/t（黄河下游排沙耗水率一般为 30m³/t 左右），实践证明采用这样的排沙方式来控制库区泥沙淤积是经济可行的。

表 8.2-3 青铜峡水库汛末拉沙情况统计表

起止时间	历时 (h)	入库平均流量 (m³/s)	坝前最低水位 (m)	排沙用水 (亿 m³)	排沙耗水率 (m³/t)	入库沙量 (万 t)	出库沙量 (万 t)	出库平均含沙量 (kg/m³)
1991 年 10 月 16 日 14:00 至 18 日 24:00	58	913	1143.07			8.6	1080	63.90
1992 年 10 月 16 日 10:00 至 19 日 6:00	68	991	1143.70			30.0	1164	49.70
1993 年 10 月 11 日 7:00 至 13 日 20:00	61	1352	1143.89	2.770	34.11	18.0	812	29.30
1995 年 4 月 15 日 22:00 至 16 日 20:00	22	900	1142.40			2.0	256	29.80
1996 年 4 月 14 日 22:00 至 16 日 8:00	36	929	1139.80			5.0	943	118.50
1996 年 10 月 15 日 8:00 至 17 日 8:00	48	821	1140.30			2.4	1446	138.70
1997 年 10 月 9 日 8:00 至 10 日 0:00	26	619	1145.40	0.373	9.33		400	107.10
1998 年 10 月 26 日 8:00 至 27 日 8:00	34	890	1144.18	1.114	9.20		1210	108.70
1999 年 9 月 25 日 3:55 至 26 日 7:00	27	1330	1145.21	1.050	6.83		1538	146.50
2000 年 9 月 25 日 8:00 至 26 日 4:00	30	1210	1144.51	1.219	8.29		1470	120.60
2001 年 10 月 9 日 8:00 至 10 日 2:00	18	828	1147.10	0.560	6.06		930	166.00
2002 年 9 月 25 日 9:00 至 26 日 2:00	17	1200	1147.61	0.621	6.40		970	144.00
2004 年 9 月 26 日 12:00 至 28 日 8:00	44	1132	1143.82	1.940	12.93		1500	77.32
2005 年 10 月 11 日 17:55 至 13 日 17:20	47	1500	1146.22	2.836	31.28		908	31.96

8.2.2 三盛公水库排沙分析

三盛公水库 1961 年 5 月建成投入运用，每年 5～10 月壅水灌溉，11 月至次年 4 月敞泄冲刷（灌溉期短期停灌冲刷）。

（1）非灌溉期敞泄冲刷

非灌溉期敞泄冲刷每年约 180d。1962 年 10 月至 1984 年 4 月，非灌溉期敞泄冲刷量共计 1.1366 亿 t，平均每年冲刷量为 0.0541 亿 t，其中停灌初期（11 月）的冲刷量较大，约占非灌溉期冲刷量的 51%。

（2）灌溉期短期停灌冲刷

在灌溉期选择恰当时机进行短期停灌冲刷被证明是恢复有效库容行之有效的办法。短期停灌冲刷以溯源冲刷为主，冲刷强度大小与前期淤积量、流量和含沙量有关。1962～1985 年共计进行 34 次短期停灌冲刷，共计冲刷量为 1.0988 亿 t，平均每次冲刷量为 0.0323 亿 t，见表 8.2-4。

表 8.2-4 灌溉期短期停灌冲刷量统计表

日期	天数（d）	闸上水位（m）	进库		出库		冲淤量（亿t）
			流量（m³/s）	含沙量（kg/m³）	流量（m³/s）	含沙量（kg/m³）	
1962-09-04～10	7	1051.63	1230	3.90	1250	7.92	−0.0402
1963-07-25～31	7	1052.77	2890	9.70	2840	13.20	−0.0572
1963-09-09～17	9	1052.66	2480	4.75	2330	7.57	−0.0595
1963-10-03～06	4	1053.62	4050	4.87	3650	5.66	−0.0060
1964-07-08～10	3	1052.17	1840	8.88	2030	12.80	−0.0320
1966-09-08～14	7	1052.87	3214	7.96	3215	11.40	−0.0788
1967-07-20～26	7	1053.51	4000	6.39	4000	7.56	−0.0364
1967-09-02～07	6	1053.61	4516	6.46	4516	8.33	−0.0562
1968-08-05～12	8	1052.32	2600	9.95	2600	11.50	−0.0372
1969-06-18～20	3	1051.03	640	0.85	603	3.08	−0.0043
1969-08-27～31	5	1050.70	661	1.04	660	3.25	−0.0095
1970-08-12～16	5	1051.17	872	3.99	828	6.98	−0.0129
1972-07-17～19	3	1051.60	1490	2.24	1490	5.42	−0.0157
1973-02-13～24	12	1051.31	767	1.79	917	3.80	−0.0237
1973-07-16～21	6	1051.50	1325	6.35	1459	8.57	−0.0273
1974-08-01～04	4	1051.76	1350	7.59	1350	10.90	−0.0199
1974-08-26～31	6	1051.24	770	1.97	770	4.41	−0.0126
1974-09-14～20	7	1051.22	1120	2.76	1120	5.86	−0.0272
1975-06-23～26	4	1051.06	923	2.18	1048	6.68	−0.0222
1975-07-15～21	7	1052.20	2270	4.78	2130	9.26	−0.0697
1976-07-18～24	7	1052.44	2000	2.87	1870	5.80	−0.0400
1976-10-04～20	15	1051.64	1670	2.39	1667	4.04	−0.0459
1977-07-21～24	4	1050.93	888	2.55	1000	5.31	−0.0138
1977-09-12～23	12	1051.89	1058	1.91	1250	3.55	−0.0330
1978-08-23～27	5	1051.31	878	2.61	914	5.56	−0.0153
1978-10-01～15	15	1051.61	1480	3.68	1690	5.16	−0.0555
1979-08-16～21	6	1052.89	3070	12.20	3137	13.30	−0.0261
1980-08-15～20	6	1050.57	798	2.28	947	6.09	−0.0255
1980-09-20～10-06	17	1051.95	1547	3.39	1706	8.45	−0.0690
1981-07-15～19	5	1052.85	2220	10.50	2060	14.30	−0.0348
1982-08-04～10	7	1052.02	1657	3.77	1716	7.11	−0.0471
1983-08-25～31	7	1052.77	2200	4.37	2380	5.04	−0.0186
1984-09-17～22	6	1051.82	1090	2.01	1133	3.84	−0.0144
1985-08-06～12	7	1052.11	1076	2.06	1078	3.40	−0.0113
合计	239						−1.0988
平均	7.0		1786		1805		−0.0323

（3）错沙峰排沙

三盛公水利枢纽库段水沙年内分配特点是沙峰多出现在灌溉期，当入库含沙量大于 25kg/m³ 时，及时停灌错沙峰排沙，可以减少库区在大沙峰期的淤积。一般情况下含沙量大时，泄水冲刷的强度不大，尚不能全部冲走前期淤积在库内的泥沙，仅是将本次沙峰的部分泥沙排出，见表 8.2-5。可以看出，水库 8 次错沙峰排沙中有 2 次仍表现为淤积，8 次错沙峰排沙共计冲刷泥沙 0.1173 亿 t，平均每次冲刷泥沙 0.0147 亿 t，冲刷量较小。

表 8.2-5　错沙峰排沙库区冲刷量统计表

日期	天数（d）	闸上水位（m）	进库			入库沙量（亿 t）	出库沙量（亿 t）	冲淤量（亿 t）
			流量（m³/s）	平均含沙量（kg/m³）	最大含沙量（kg/m³）			
1964-08-26～09-04	10	1052.12	2060	8.4	14.5	0.1570	0.1874	−0.0304
1964-09-17～23	7	1052.79	2920	11.6	20.2	0.2108	0.2082	0.0026
1970-08-22～25	4	1052.77	2760	16.4	20.6	0.1560	0.2193	−0.0633
1973-08-30～09-02	4	1052.42	1980	29.4	55.6	0.2009	0.1840	0.0169
1976-08-07～10	4	1052.99	3130	14.8	23.1	0.1598	0.1723	−0.0125
1977-08-05～06	2	1051.08	804	12.6	18.6	0.0175	0.0240	−0.0065
1977-08-11～12	2	1051.71	1215	17.0	18.4	0.0356	0.0492	−0.0136
1978-07-18～20	3	1051.56	843	22.8	28.9	0.0498	0.0603	−0.0105
合计	36					0.9874	1.1047	−0.1173
平均	4.5					0.1234	0.1381	−0.0147

8.3　水库排沙对宁蒙河段冲淤的影响分析

8.3.1　青铜峡水库排沙对宁蒙河段冲淤的影响分析

（1）低水位排沙及大流量排沙对宁蒙河段冲淤的影响分析

根据上述关于青铜峡水库排沙、拉沙的分析情况，对 1991 年前青铜峡水库低水位排沙和大流量排沙时水库下游河道的冲淤进行了计算，见表 8.3-1。

表 8.3-1　青铜峡水库低水位排沙及大流量排沙时下游河道冲淤情况

青铜峡水库低水位及大流量排沙时间	历时（d）	出库平均流量（m³/s）	出库平均含沙量（kg/m³）	各河段冲淤量（亿 t）				
				青至石	石至巴	巴至三	三至头	青至头
1973-08-31～09-09	10	1639	38.4	0.1123	0.0475	−0.0336	−0.0223	0.1039
1974-09-23～09-29	7	1781	25.1	0.0482	0.0217	0.0016	−0.0113	0.0602
1980-09-25～10-03	9	1756	28.5	0.1297	−0.0514	0.0488	−0.0379	0.0892
1981-09-04～09-24	21	4230	12.0	0.3069	−0.3655	−0.0053	0.3111	0.2472
1982-09-27～10-05	9	2147	27.0	0.0600	−0.0016	−0.0066	−0.0253	0.0265

续表

青铜峡水库低水位及大流量排沙时间	历时（d）	出库平均流量（m³/s）	出库平均含沙量（kg/m³）	各河段冲淤量（亿 t）				
				青至石	石至巴	巴至三	三至头	青至头
1985-09-12～10-04	23	3015	26.3	0.1771	-0.0518	-0.0699	-0.0785	-0.0231
合计	79			0.8342	-0.4011	-0.0650	0.1358	0.5039
平均	13.2	2813	10.1	0.1390	-0.0669	-0.0108	0.0226	0.0840

注：青至石代表青铜峡至石嘴山河段；石至巴代表石嘴山至巴彦高勒河段；巴至三代表巴彦高勒至三湖河口河段；三至头代表三湖河口至头道拐河段；青至头代表青铜峡至头道拐河段

由表 8.3-1 可知，就整体而言，仅 1985 年 9 月 12 日至 10 月 4 日的洪水就使水库下游青铜峡至头道拐河段发生了冲刷，冲刷量为 0.0231 亿 t，其他排沙期均为淤积。其中，青铜峡至石嘴山河段在排沙期均表现为淤积，而该河段的淤积主要是由于出库含沙量大，泥沙沿程落淤，同时由于黄河流经沙漠地区，风沙入黄也造成了淤积。图 8.3-1 为排沙期平均含沙量的沿程变化，可明显看出，青铜峡至石嘴山河段含沙量是沿程减小的，印证了该河段的淤积，而石嘴山以下沿程含沙量变化则无明显的特征，与水库排沙关系不明显。

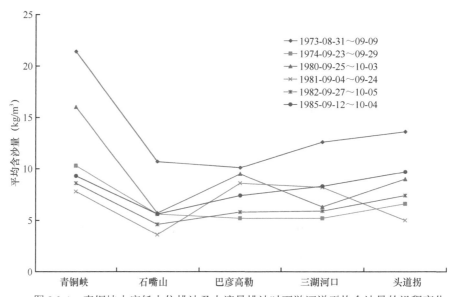

图 8.3-1　青铜峡水库低水位排沙及大流量排沙时下游河道平均含沙量的沿程变化

根据宁蒙河段沙量平衡法冲淤量结果，1973～1986 年青铜峡至石嘴山河段汛期平均淤积量较小，仅为 0.0604 亿 t，而排沙期该河段的平均淤积量为 0.1390 亿 t，两者相比，汛期平均淤积量远小于排沙期平均淤积量。因此，青铜峡水库排沙造成青铜峡至石嘴山河段的淤积影响是短暂的。

（2）汛末拉沙对宁蒙河段冲淤的影响分析

1991 年以后，水库采用汛期沙峰"穿堂过"结合汛末冲库拉沙的方式进行冲库拉沙运用，表 8.3-2 为青铜峡水库汛末冲库拉沙期间下游河道的冲淤量统计表。

表 8.3-2　青铜峡水库汛末拉沙时下游河道的冲淤情况

青铜峡水库汛末拉沙时间	历时（d）	出库平均流量（m³/s）	出库平均含沙量（kg/m³）	各河段冲淤量（亿t）				
				青至石	石至巴	巴至三	三至头	青至头
1991-10-16～10-18	3	882	57.7	0.1176	0.0087	−0.0011	0.0046	0.1298
1992-10-16～10-19	4	853	38.2	0.0949	0.0108	0.0013	0.0027	0.1097
1993-10-11～10-13	3	1283	23.6	0.0560	0.0113	−0.0018	0.0046	0.0701
1995-10-15～10-16	2	732	0.8	−0.0028	0.0017	0.0004	0.0003	−0.0004
1996-10-16～10-17	2	703	61.4	0.0653	0.0030	−0.0003	0.0007	0.0687
1997-10-09～10-10	2	607	66.6	0.0637	0.0030	0.0003	0.0006	0.0676
1998-10-26～10-27	2	647	0.6	−0.0039	0.0014	0.0001	0.0007	−0.0017
1999-09-25～09-26	2	1011	65.8	0.1078	−0.0030	0.0005	0.0031	0.1084
2000-09-25～09-26	2	1017	69.6	0.1092	0.0033	0.0000	0.0022	0.1147
2001-10-09～10-10	2	765	70.2	0.0825	0.0048	−0.0004	0.0022	0.0891
2002-10-25～10-26	2	856	1.7	−0.0031	−0.0027	0.0015	0.0016	−0.0027
2004-10-26～10-28	3	848	0.7	−0.0058	0.0019	0.0014	0.0019	−0.0006
2005-10-11～10-13	3	1377	26.4	0.0665	0.0005	0.0005	0.0075	0.0750
合计	32			0.7479	0.0447	0.0024	0.0327	0.8277
平均	2.5	911	35.7	0.0575	0.0034	0.0002	0.0025	0.0637

注：青至石代表青铜峡至石嘴山河段；石至巴代表石嘴山至巴彦高勒河段；巴至三代表巴彦高勒至三湖河口河段；三至头代表三湖河口至头道拐河段；青至头代表青铜峡至头道拐河段

　　由表 8.3-2 可知，青铜峡水库 13 次汛末拉沙在青铜峡至头道拐河段的淤积总量为 0.8277 亿 t，其中青铜峡至石嘴山河段的淤积总量达 0.7479 亿 t，占青铜峡至头道拐河段淤积总量的 90.4%，说明青铜峡水库在汛末拉沙期主要影响青铜峡至石嘴山河段的冲淤，造成了该河段在水库拉沙期的淤积。图 8.3-2 为汛末拉沙时下游河道平均含沙量的沿程变化图，也印证了排沙时青铜峡至石嘴山河段的淤积。

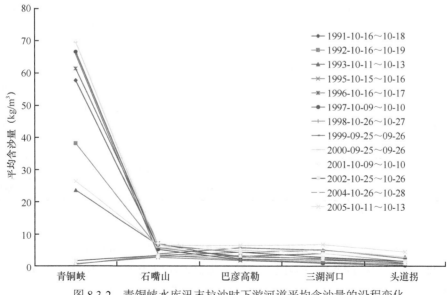

图 8.3-2　青铜峡水库汛末拉沙时下游河道平均含沙量的沿程变化

青铜峡水库 13 次汛末拉沙中有 4 次汛末拉沙出库平均含沙量小于 $2kg/m^3$，水库下游河道表现为冲刷，由此说明，当青铜峡出库含沙量小时，可以冲刷前期河道内的淤积物。

自龙刘水库运用以来，1991~2005 年青铜峡至石嘴山河段的汛期平均淤积量增大为 0.2968 亿 t，与该河段的排沙期平均淤积量（0.0575 亿 t）相比，后者仅占前者的 19.4%，这说明汛末拉沙对该河段的淤积影响不是最主要的。

综上分析，青铜峡水库排沙对下游河道的影响主要在青铜峡至石嘴山河段，造成了河道在排沙期内的短暂淤积，总的来说影响是不大的。

8.3.2　三盛公水库排沙对宁蒙河段冲淤的影响分析

三盛公水库库容小，至 2000 年春有效库容仅剩余 0.4049 亿 m^3，对水沙的调节作用较小，水库采用的非灌溉期敞泄冲刷、灌溉期短期停灌冲刷及错沙峰排沙三种方式，可较好地保持一定的库容。表 8.3-3 为三盛公水库排沙期水库下游河道的冲淤情况统计结果表。

表 8.3-3　三盛公水库排沙期下游河道的冲淤情况

三盛公水库排沙期	历时 (d)	出库平均流量 (m^3/s)	出库平均含沙量 (kg/m^3)	各河段冲淤量（亿 t）		
				巴至三	三至头	巴至头
1973-07-16~21	6	1459	8.57	−0.0027	0.0197	0.0170
1973-08-30~09-02	4	1980	29.4	−0.0018	0.0003	−0.0015
1974-08-01~04	4	1350	10.90	−0.0055	0.0060	0.0005
1975-07-15~21	7	2130	9.26	0.0009	0.0032	0.0041
1976-07-18~24	7	1870	5.80	0.0008	0.0130	0.0138
1976-10-04~20	15	1667	4.04	−0.0058	0.0053	−0.0005
1977-08-11~12	2	1215	17.0	−0.0010	0.0030	0.0020
1978-10-01~15	15	1690	5.16	−0.0608	−0.0264	−0.0872
1979-08-16~21	6	3137	13.30	0.0047	0.0156	0.0203
1980-09-20~10-06	17	1706	8.45	−0.1728	0.2350	0.0622
1981-07-15~19	5	2060	14.30	−0.0069	0.0055	−0.0014
1982-08-04~10	7	1716	7.11	−0.0337	−0.0105	−0.0442
1983-08-25~31	7	2380	5.04	−0.0034	0.0114	0.0080
1985-08-06~12	7	1078	3.40	0.0078	0.0083	0.0161
合计	109			−0.2802	0.2894	0.0092
平均	7.8	1809.2	8.58	−0.0200	0.0207	0.0007

注：巴至三代表巴彦高勒至三湖河口河段；三至头代表三湖河口至头道拐河段；巴至头代表巴彦高勒至头道拐河段

由表 8.3-3 可知，三盛公水库排沙期的出库平均流量为 $1809.2m^3/s$，出库平均含沙量为 $8.58kg/m^3$，相应的水库下游巴彦高勒至头道拐河段的平均淤积量仅为 0.0007 亿 t，其中巴彦高勒至三湖河口河段微冲，三湖河口至头道拐河段微淤。

图 8.3-3 为三盛公水库排沙期下游河道平均含沙量沿程变化图。可以看出，三盛公水库排沙期间，水库下游三湖河口断面、头道拐断面含沙量没有出现趋势性减小或增大的变化。

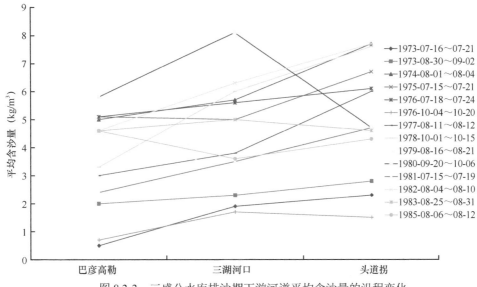

图 8.3-3　三盛公水库排沙期下游河道平均含沙量的沿程变化

综上所述，三盛公水库排沙期间，出库流量较大，而含沙量相对较小，水库下游河道能在这样的水沙组合下保持冲淤基本平衡。因此，三盛公水库排沙对下游河道的冲淤基本没有影响。

8.4　小　　结

青铜峡水库排沙对宁蒙河段的影响主要发生在排沙期，造成了邻近的青铜峡至石嘴山河段短暂的淤积，总的来说，对下游河道的淤积影响是不大的；三盛公水库排沙由于出库流量较大而含沙量相对较小，对水库下游河道的冲淤基本没有影响。

9 龙刘水库运用对宁蒙河段冲淤的影响

9.1 龙刘水库运用对进入宁蒙河段水沙量的影响分析

龙羊峡水库、刘家峡水库投入运用，汛期不但拦蓄了洪水，还拦截了相当数量的泥沙。水库汛期调蓄有两方面作用：一方面，水库汛期拦蓄部分水沙量，把蓄水调节到非汛期下泄，改变了下游河道来水来沙的年内、年际分配；另一方面，在调节径流的过程中，削减了进入下游河道的洪峰、洪量。黄河上游河段水库及水文站分布示意图见图 9.1-1。

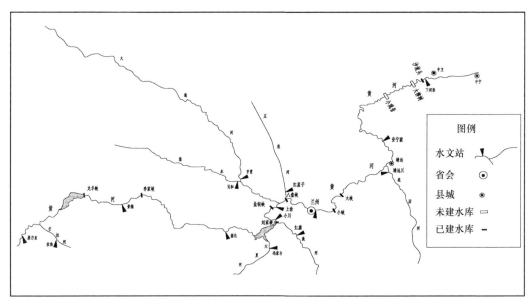

图 9.1-1 黄河流域龙羊峡至下河沿河段主要水文站及水库分布示意图

9.1.1 龙羊峡水库运用对出库水沙的影响分析

龙羊峡水利枢纽位于青海省共和县和贵南县交界处的黄河干流上，是黄河上游已规划河段的第一个梯级电站。水库的开发任务是以发电为主，兼有防洪、灌溉、防凌、养殖、旅游等综合效益。

龙羊峡水库坝址以上控制流域面积 131 420km²，占黄河流域面积的 17%。年均流量 650m³/s，控制水量占兰州断面的 62%、占黄河入海水量的 42%。龙羊峡正常高水位总库容为 247 亿 m³，在校核洪水位 2607m 时总库容为 274 亿 m³，水库正常蓄水位 2600m，正常死水位 2560m，极限死水位 2530m，防洪限制水位 2594m，防洪库容 45.0 亿 m³，调节库容 193.6 亿 m³，属多年调节水库。

该枢纽于 1977 年 12 月动工，1979 年 12 月截流，1986 年 10 月 15 日建成蓄水运用。1987 年 9 月首台机组投产发电，1989 年工程基本竣工，2001 年通过竣工验收。2005 年 11 月 19 日水库运用水位 2597.62m，相应蓄水量 237.96 亿 m³，为历史最高。

龙羊峡水库运用对出库水沙的影响主要表现为：①改变了天然径流过程，使水沙量年内分配发生了变化；②洪峰流量大幅度削减，洪水总量有所减少，水沙关系不协调；③水库调蓄影响拦沙。

（1）改变了天然径流过程，使水沙量年内分配发生了变化

由于龙羊峡水库的调蓄作用，进出库径流过程发生了很大的变化，汛期水量减少，非汛期水量增加，贵德以下河道的径流过程发生改变。受影响最大的是贵德至头道拐河段。表 9.1-1 是贵德站、头道拐站不同时段的年内水沙特征值。从贵德站分析，龙羊峡水库运用后 1986 年 11 月至 2006 年 10 月，汛期水量占全年水量的比例由建库前的 60% 以上减少到 43.6%。头道拐站汛期水量占全年水量的比例由建库前的 50% 以上减少到 1986 年 11 月至 2005 年 10 月的 39.6%。这种影响一直反映到黄河中下游各站，只是影响程度不同而已。水库的调蓄作用，即把汛期的蓄水调节到非汛期下泄。使得贵德站汛期水量减少、非汛期水量增加；水库蓄水的同时，拦截了部分泥沙。

表 9.1-1 贵德站、头道拐站断面水沙特征值

站名	时段 （运用年）	水量				沙量			
		非汛期 （亿 m³）	汛期 （亿 m³）	全年 （亿 m³）	汛期/全年 （%）	非汛期 （亿 t）	汛期 （亿 t）	全年 （亿 t）	汛期/全年 （%）
贵德	1950-11～1968-10	82.6	132.5	215.1	61.6	0.06	0.16	0.22	73.7
	1968-11～1986-10	88.9	135.5	224.3	60.4	0.07	0:21	0.28	74.4
	1986-11～2006-10	94.7	73.3	168.0	43.6	0.00*	0.03	0.03	85.9
	1950-11～2006-10	89.0	112.3	201.2	55.8	0.04	0.13	0.17	74.7
头道拐	1950-11～1968-10	97.7	164.0	261.7	62.7	0.32	1.46	1.78	82.0
	1968-11～1986-10	108.7	128.8	237.5	54.2	0.86	1.09	1.95	55.9
	1986-11～2005-10	93.8	61.6	155.4	39.6	0.27	0.43	0.70	61.4
	1950-11～2005-10	100.0	115.3	215.3	53.6	0.83	1.06	1.89	56.1

* 由于数值修约，沙量为 0.00

为分析水库运用对进入黄河下游河段水沙量的影响，对出库水沙量进行了还原，其还原方法为：唐乃亥至贵德河段来水来沙采用现状条件，不考虑水土保持的减水减沙作用，即采用 1960 年 1 月至 1985 年 12 月的来水来沙资料进行计算，年均来水量为 7.08 亿 m³、年均来沙量为 1293.5 万 t，计算结果见表 9.1-2。龙羊峡水库汛期年均多蓄水 41.46 亿 m³，非汛期多泄水 28.24 亿 m³。龙羊峡水库库容较大，基本控制了坝址上游的全部泥沙，出库沙量大为减少，年均出库沙量仅 251.7 万 t，减少 2183.3 万 t，其中汛期拦沙 1464.1 万 t，占全年拦沙量的 67.1%。

表 9.1-2　龙羊峡水库 1986 年 11 月至 2006 年 10 月水库的蓄泄水沙量

时段	水量（亿 m³）			沙量（万 t）		
	非汛期	汛期	全年	非汛期	汛期	全年
实测	107.63	63.33	170.96	35.4	216.2	251.7
天然	79.39	104.79	184.18	754.6	1680.3	2435.0
天然–实测	−28.24	41.46	13.22	719.2	1464.1	2183.3

图 9.1-2 为龙羊峡水库历年汛期蓄水量，2005 年蓄水量最大，为 117.21 亿 m³，其次是 1999 年，为 92.8 亿 m³。

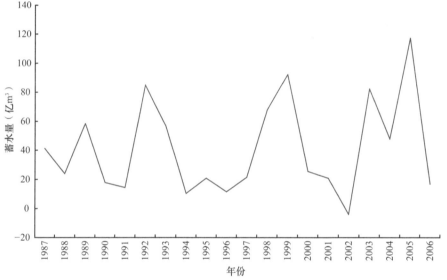

图 9.1-2　龙羊峡水库历年汛期蓄水量过程

表 9.1-3 为龙羊峡水库历年逐月蓄泄水量计算成果，从历年逐月的蓄水量分析，1986～2005 年龙羊峡水库汛期（7～10 月）各月蓄水量占汛期总蓄水量的比例分别为：7 月，32.4%；8 月，24.2%；9 月，22.6%；10 月，20.8%。非汛期 6 月蓄水，11 月至次年 5 月水库各月泄水量占非汛期总泄水量的比例分别为：11 月，5.1%；12 月，23.4%；1 月，29.7%；2 月，26.3%；3 月，26.5%；4 月，12.8%；5 月，3.2%。

（2）洪峰流量大幅度削减，洪水总量有所减少，水沙关系不协调

龙羊峡水库为多年调节水库，每年汛期拦蓄洪峰时段的洪水，削峰拦沙。根据唐乃亥站、贵德站的实测资料，统计分析了 1986～2006 年汛期的 32 场洪水，平均削峰率为 48.9%。其中，1000～2000m³/s 流量级的削峰率为 45.8%；2000～3000m³/s 流量级的削峰率为 60.1%；3000m³/s 流量级的削峰率为 43.2%（表 9.1-4）。

根据 1000～2000m³/s 流量级 26 次洪峰的削峰率分析，平均削峰率为 45.8%，最大削峰率为 69.0%，最小削峰率为 18.5%；2000～2000m³/s 流量级的 5 次洪峰，平均削峰率为 60.1%，最大削峰率为 65.9%，最小削峰率为 56.4%。

表 9.1-3 龙羊峡水库历年逐月蓄泄水量

年份	非汛期								汛期				非汛期	汛期	运用年
	11月	12月	1月	2月	3月	4月	5月	6月	7月	8月	9月	10月			
1986	9.60	6.13	4.11	-4.24	-11.46	-2.84	3.04	14.36	19.01	4.93	8.44	8.81	18.70	41.20	59.90
1987	3.08	-5.99	-4.86	-6.82	-7.31	-0.07	-0.78	8.39	3.12	-1.23	4.79	17.26	-14.36	23.94	9.57
1988	2.18	-6.76	-13.04	-7.13	-5.22	-1.80	5.90	43.94	38.63	4.81	3.37	11.60	18.07	58.41	76.48
1989	3.82	-2.94	-9.85	-9.57	-10.18	-7.62	-8.78	-3.93	1.87	3.80	8.57	3.66	-49.06	17.90	-31.16
1990	-2.07	-10.08	-12.19	-10.15	-10.74	-6.99	-3.35	-3.82	-1.41	8.08	4.38	3.44	-59.40	14.49	-44.91
1991	-7.75	-2.93	-13.86	-6.02	-4.36	-0.71	-2.24	2.86	31.26	13.35	18.70	21.68	-35.01	84.99	49.98
1992	-2.76	-12.61	-9.73	-11.22	-6.95	-0.42	3.10	7.25	19.71	24.71	7.87	4.73	-33.33	57.02	23.68
1993	-2.86	-9.78	-12.69	-12.44	-13.98	-3.43	-6.65	11.63	12.17	-2.67	1.34	-0.41	-50.20	10.43	-39.77
1994	-5.71	-13.81	-15.02	-12.79	-11.97	-0.71	3.70	-4.42	-4.44	13.28	10.43	1.57	-60.73	20.84	-39.89
1995	-4.31	-2.77	-8.38	-8.56	-6.28	0.20	1.06	7.45	0.06	2.57	2.01	6.92	-21.59	11.57	-10.02
1996	-1.72	-7.54	-7.01	-6.25	-1.62	-1.22	9.72	1.95	12.55	10.51	0.94	-2.56	-13.68	21.43	7.75
1997	-4.52	-5.99	-6.29	-4.44	-3.66	3.06	6.13	-0.61	17.86	21.88	18.64	9.64	-16.32	68.02	51.70
1998	-0.01	-6.64	-8.70	-8.16	-8.56	-6.89	-4.25	23.86	46.39	23.37	6.53	15.99	-19.35	92.28	72.92
1999	0.56	-8.44	-11.67	-10.02	-8.28	-6.68	-4.55	12.16	5.27	5.65	10.29	4.29	-36.92	25.51	-11.41
2000	-4.88	-7.83	-6.80	-7.20	-6.32	-2.41	-1.64	7.59	1.37	-0.28	7.43	12.32	-29.49	20.84	-8.65
2001	-5.53	-10.00	-5.94	-4.17	-6.49	-5.81	-4.74	11.62	8.86	-0.80	-2.63	-9.36	-31.06	-3.93	-34.99
2002	-9.61	-8.32	-5.80	-1.72	-1.47	-3.56	0.57	3.55	10.17	25.19	29.13	17.82	-26.35	82.31	55.95
2003	0.25	-4.11	-6.54	-8.08	-7.53	-5.48	-3.82	3.17	6.71	13.15	17.52	10.47	-32.13	47.85	15.71
2004	0.43	-6.22	-8.53	-4.81	-6.35	-3.61	3.44	8.17	39.18	28.99	21.35	27.69	-17.48	117.21	99.73
2005	3.03	-5.77	-4.78	-4.73	-11.11	-15.16	-14.03	-2.48	0.24	1.04	8.63	6.95	-55.03	16.85	-38.18
平均	-1.44	-6.62	-8.38	-7.43	-7.49	-3.61	-0.91	7.64	13.43	10.02	9.39	8.63	-28.24	41.46	13.22

注：正数表示蓄水；负数表示泄水

表 9.1-4　龙羊峡水库汛期场次洪水削峰统计表

流量级（m³/s）	洪水场次	洪峰流量（m³/s）		削峰率（%）
		唐乃亥	贵德	
1000～2000	26	1384	751	45.8
2000～3000	5	2456	979.2	60.1
>3000	1	4140	2350	43.2
合计	32	1637	836	48.9

（3）水库调蓄影响拦沙

根据龙羊峡水库 1986～2006 年历年汛期场次洪水拦蓄沙量的统计，水库平均拦沙量占汛期来沙量的 81.9%，最大达 99.7%，几乎拦截了全部的来沙。历年场次洪水的平均拦蓄水量占汛期来水量的 50%，最大场次洪水的拦蓄水量占汛期来水量的 80.1%。

9.1.2　刘家峡水库调蓄对黄河干流水沙的影响分析

刘家峡水库坝址位于甘肃省临夏回族自治州永靖县，坝址控制流域面积 18.1 万 km²，约占黄河流域面积的 24%。坝址在支流洮河汇入口下游 1.5km 的红柳沟沟口，位于刘家峡峡谷出口约 2km 处。

刘家峡水库是一座以发电为主，兼有防洪、灌溉、防凌综合效益的大型水利枢纽工程，1968 年 10 月 15 日开始蓄水。水库正常高水位 1735m，相应库容 57 亿 m³；死水位 1694m，相应死库容 15.5 亿 m³；校核洪水位 1738m，相应库容 64 亿 m³；兴利库容 41.5 亿 m³。防洪标准按千年一遇洪水设计，可能最大洪水保坝（校核）。电站总装机 139 万 kW，最大发电流量 1550m³/s。防洪限制水位 1726m。1986 年 10 月 15 日以后与龙羊峡水库联合运用。

刘家峡水库为不完全年调节水库，一般每年汛期蓄水，自 6 月（或 7 月）开始调蓄洪水至防洪限制水位 1726m 左右，汛末逐步抬高蓄水位，于 10 月底或 11 月初蓄至正常高水位 1735m 左右；11 月至次年 5 月或 6 月为供水期，库水位逐渐下降，水位降至 1700～1710m。

刘家峡入库水沙量主要由三部分组成，即黄河干流水沙、支流大夏河水沙及洮河水沙。根据干流循化站、支流大夏河折桥站及洮河红旗站的水沙量统计，刘家峡水库泥沙逐年淤积，至 1986 年累积淤积泥沙 10.4 亿 m³，总库容损失 18.2%。支流洮河年均来沙量 2518 万 t，约占刘家峡年均入库沙量的 42.1%，而洮河口距大坝仅 1.5km，坝前泥沙淤积严重。从 1974 年起，每年汛期进行洮河异重流排沙，到 1987 年共排沙 63 次，累积排沙 1.23 亿 t。此外，水库还于 1981 年、1984 年和 1985 年汛初短时间降低库水位进行排沙，以改善发电引水条件。

刘家峡水库运用对黄河干流水沙的影响主要表现在：①改变了天然径流过程，使水量年内分配发生了变化；②水库蓄水影响场次洪水；③水库调蓄影响拦沙。

（1）改变了天然径流过程，使水量年内分配发生了变化

刘家峡水库的调蓄运用使出库径流过程有了很大的变化，汛期水量减少，非汛期水量增加，小川以下河道的径流过程发生改变。从出库断面小川站分析，建库前 1952 年

11 月至 1968 年 10 月汛期水量占全年水量的比例为 61.3%，刘家峡水库单库运用 1968 年 11 月至 1986 年 10 月，小川断面汛期水量占全年水量的比例减少到 50.7%；龙羊峡水库投入运用后，两库联合运用，1986 年 11 月至 2006 年 10 月小川断面汛期水量占全年水量的比例进一步减少到 38.0%。循化站、小川站不同时段的年内水沙特征值见表 9.1-5。

表 9.1-5　刘家峡入库、出库水沙量统计表

水文站	运用年	水量（亿 m³）			沙量（万 t）		
		非汛期	汛期	全年	非汛期	汛期	全年
循化（干流入库）	1952-11～1968-10	90.3	141.1	231.4	830	3266	4095
	1968-11～1986-10	90.6	139.1	229.6	959	3358	4316
	1952-11～1986-10	90.4	140.0	230.5	898	3314	4212
	1986-11～2006-10	110.4	66.8	177.2	323	1123	1446
	1952-11～2006-10	97.8	112.9	210.7	685	2503	3188
折桥（支流入库）	1952-11～1968-10	4.6	6.3	10.9	104	281	385
	1968-11～1986-10	3.5	5.4	8.9	49	261	310
	1952-11～1986-10	4.0	5.8	9.8	75	270	345
	1986-11～2002-10	2.7	3.3	6.0	33	107	140
	1952-11～2002-10	3.6	5.0	8.6	61	218	279
红旗（支流入库）	1952-11～1968-10	21.9	32.6	54.5	441	2528	2968
	1968-11～1986-10	20.5	28.9	49.4	551	2078	2629
	1952-11～1986-10	21.2	30.6	51.8	499	2290	2789
	1986-11～2002-10	16.7	17.9	34.7	597	1344	1942
	1952-11～2002-10	19.8	26.6	46.3	531	1987	2518
折桥+红旗（支流入库）	1952-11～1968-10	26.5	38.9	65.4	545	2808	3353
	1968-11～1986-10	24.0	34.3	58.3	600	2339	2939
	1952-11～1986-10	25.2	36.4	61.6	574	2560	3134
	1986-11～2002-10	19.5	21.3	40.7	630	1451	2081
	1952-11～2002-10	23.4	31.6	55.0	592	2205	2797
三站（入库）	1952-11～1968-10	116.8	180.0	296.8	1374	6074	7448
	1968-11～1986-10	114.6	173.3	287.9	1559	5697	7255
	1952-11～1986-10	115.6	176.5	292.1	1472	5874	7346
	1986-11～2006-10	129.9	88.0	217.9	953	2574	3527
	1952-11～2006-10	121.2	144.5	265.7	1277	4708	5985
小川（出库）	1952-11～1968-10	113.7	180.2	293.9	1295	7055	8349
	1968-11～1986-10	141.4	145.7	287.1	624	945	1569
	1952-11～1986-10	128.4	161.9	290.3	940	3820	4760
	1986-11～2006-10	137.2	83.9	221.0	619	1251	1870
	1952-11～2006-10	131.2	136.9	268.2	837	2998	3835

注：支流红旗站和折桥站 2002 年以后暂时没有资料；三站是指循化站、折桥站和红旗站

表 9.1-6 为刘家峡水库历年逐月蓄泄水量，刘家峡水库 1968 年 7 月至 2002 年 6 月汛期年均蓄水量为 18.43 亿 m³，非汛期年均泄水量为 16.89 亿 m³；其中，1968 年 7 月至 1986 年 6 月汛期年均蓄水量为 27.18 亿 m³，非汛期年均泄水量为 26.02 亿 m³。该时期最大汛期蓄水量为 45.51 亿 m³，发生在 1969 年，最小汛期蓄水量为 6.38 亿 m³，发生在 1977 年；1986 年以后，随着龙羊峡水库投入运用，刘家峡水库蓄泄水量均减少，1986 年 7 月至 2002 年 6 月刘家峡水库汛期年均蓄水量为 7.34 亿 m³，非汛期年均泄水量为 5.34 亿 m³。

表 9.1-6 刘家峡水库历年逐月蓄泄水量

（单位：亿 m³）

| 水文年 | 汛期 | | | | 非汛期 | | | | | | | | 汛期 | 非汛期 | 逐月年 |
	7月	8月	9月	10月	11月	12月	1月	2月	3月	4月	5月	6月			
1968-7~1969-6	0	0	0	15.22	6.18	1.77	-1.24	-0.50	0.31	3.32	-0.16	-1.12	15.22	8.57	23.79
1969-7~1970-6	7.85	6.01	11.98	19.68	-1.40	-8.10	-4.25	-5.13	-5.80	0.26	-3.24	4.51	45.51	-23.15	22.36
1970-7~1971-6	5.33	11.86	6.19	6.97	-2.90	-3.46	-2.16	-2.85	-1.89	-9.11	-15.57	-4.92	30.35	-42.86	-12.51
1971-7~1972-6	1.88	1.79	28.44	-3.45	5.72	-2.13	-5.01	-4.95	-1.80	-3.82	-0.92	-3.40	28.66	-16.29	12.36
1972-7~1973-6	6.99	-1.64	5.93	8.53	-3.95	-5.28	-6.39	-5.72	-7.05	-6.24	-3.59	2.64	19.82	-35.59	-15.77
1973-7~1974-6	-0.07	14.95	11.41	3.10	-1.38	-5.59	-8.33	-7.63	-5.76	-5.59	-6.13	-0.62	29.39	-41.04	-11.65
1974-7~1975-6	0.08	9.10	16.18	2.91	-2.59	-6.77	-10.06	-6.96	-6.09	-6.19	-1.64	6.44	28.27	-33.88	-5.61
1975-7~1976-6	7.97	-2.15	6.76	6.05	-0.14	-5.28	-6.88	-6.63	-1.94	-2.04	-6.70	2.88	18.64	-26.73	-8.10
1976-7~1977-6	1.14	10.65	4.93	7.59	-3.16	-6.53	-8.95	-6.68	-2.49	-0.20	1.94	0.48	24.31	-25.58	-1.27
1977-7~1978-6	3.40	2.47	1.04	-0.53	-2.15	-2.20	-4.68	-2.55	-1.42	1.04	-5.95	5.48	6.38	-12.42	-6.04
1978-7~1979-6	4.08	22.79	13.12	4.04	-0.49	-4.25	-7.33	-7.58	-5.56	-4.19	-9.55	0.19	44.04	-38.77	5.27
1979-7~1980-6	14.88	8.60	12.64	4.32	-4.40	-3.67	-5.85	-5.64	-3.76	-5.70	-6.33	2.59	40.44	-32.75	7.69
1980-7~1981-6	12.51	5.65	14.85	3.85	-1.70	-3.31	-6.47	-3.21	-4.01	-4.36	-9.70	-3.04	36.86	-35.79	1.07
1981-7~1982-6	17.53	5.69	9.99	6.01	0.69	-3.47	-6.75	-5.54	-2.28	-5.81	-2.54	0.69	39.23	-25.03	14.20
1982-7~1983-6	7.00	1.69	17.23	3.15	0.24	-3.83	-7.82	-3.78	-3.85	-3.11	0.86	5.28	29.06	-16.01	13.05
1983-7~1984-6	2.02	4.10	8.44	6.05	-0.62	-4.48	-9.42	-6.68	-4.38	-4.57	-6.03	7.73	20.61	-28.45	-7.84
1984-7~1985-6	12.14	1.47	5.71	4.72	-2.74	-3.47	-7.98	-4.27	-0.61	-5.37	-7.08	-3.87	24.04	-35.40	-11.36
1985-7~1986-6	10.92	6.62	17.05	1.08	-1.25	-5.96	-7.06	-2.83	-4.82	-4.10	0.49	10.04	35.68	-15.49	20.19
1986-7~1987-6	3.05	-7.09	9.03	-4.99	-10.99	-6.92	-8.24	-0.31	4.78	-0.59	-6.57	11.21	0.00	-17.63	-17.64

续表

水文年	汛期				非汛期								汛期	非汛期	运用年
	7月	8月	9月	10月	11月	12月	1月	2月	3月	4月	5月	6月			
1987-7~1988-6	10.39	3.27	-6.09	-11.17	-9.95	0.09	-0.88	3.32	4.94	-2.85	-8.25	-1.54	-3.60	-15.13	-18.73
1988-7~1989-6	3.57	-0.72	4.43	10.20	2.87	-4.51	3.02	-1.61	0.72	-6.77	-3.87	6.65	17.48	-3.50	13.99
1989-7~1990-6	11.57	2.36	4.69	-1.53	-6.92	-4.81	1.66	2.86	4.81	1.49	-1.72	-4.76	17.10	-7.38	9.72
1990-7~1991-6	-0.81	1.47	5.32	0.87	-8.83	0.01	1.43	1.66	5.30	-1.92	-10.53	2.02	6.84	-10.87	-4.03
1991-7~1992-6	-0.52	5.64	1.78	-2.03	-0.78	-4.22	4.83	-1.56	0.80	-0.50	-9.43	2.23	4.88	-8.62	-3.75
1992-7~1993-6	3.07	10.23	7.20	-4.66	-4.41	2.53	0.54	3.53	2.29	-0.89	-6.78	5.78	15.84	2.59	18.43
1993-7~1994-6	-3.59	-1.15	1.81	-3.77	-5.43	0.95	3.81	3.69	7.58	-0.79	-1.75	-2.17	-6.69	5.89	-0.80
1994-7~1995-6	-0.70	-1.72	1.26	1.04	-3.82	3.17	4.25	2.70	6.34	-5.60	-11.42	-2.58	-0.12	-6.96	-7.08
1995-7~1996-6	1.44	7.57	7.16	4.24	-3.30	-3.68	2.44	3.89	2.92	-7.83	-9.95	-0.75	20.40	-16.26	4.15
1996-7~1997-6	4.02	6.57	5.97	-4.14	-2.82	4.03	-3.91	3.18	1.00	-0.94	-11.99	-2.74	12.42	-14.18	-1.76
1997-7~1998-6	3.52	-1.10	0.49	-0.53	-0.49	3.40	3.01	1.88	2.06	-2.98	-5.95	-0.37	2.39	0.54	2.93
1998-7~1999-6	1.75	6.61	6.36	-0.25	-5.26	0.45	1.76	3.64	2.51	-3.41	-9.93	1.72	14.47	-8.52	5.95
1999-7~2000-6	5.52	-5.01	-0.91	-3.30	-0.95	2.71	5.15	5.85	4.69	-1.81	-8.85	-5.40	-3.70	1.40	-2.30
2000-7~2001-6	0.05	6.59	-3.54	-1.26	0.85	4.27	2.20	5.64	4.54	-5.09	-9.19	-4.10	1.83	-0.87	0.96
2001-7~2002-6	1.83	1.29	7.05	0.45	0.01	7.35	0.85	2.69	3.24	-3.67	-5.02	-3.69	10.62	1.77	12.39
1968-7~1986-6	6.43	6.09	10.66	5.52	-0.89	-4.22	-6.48	-4.95	-3.51	-3.65	-4.55	1.78	28.69	-26.48	2.21
1986-7~2002-6	2.76	2.18	3.25	-1.30	-3.76	0.30	1.37	2.57	3.66	-2.76	-7.58	0.09	6.89	-6.11	0.78
1968-7~2002-6	4.70	4.25	7.17	2.31	-2.24	-2.09	-2.79	-1.41	-0.14	-3.23	-5.97	0.99	18.43	-16.89	1.54

注：正数表示蓄水；负数表示泄水

从年均月蓄水量、泄水量分析,1968 年 10 月至 2002 年 6 月刘家峡水库汛期(7~10 月)蓄水量占汛期总蓄水量的比例为:7 月,25.5%;8 月,23.1%;9 月,38.9%;10 月,12.5%。水库非汛期 11 月至次年 5 月泄水、6 月蓄水,各月泄水量占非汛期总泄水量的比例为:11 月,13.3%;12 月,12.4%;1 月,16.5%;2 月,8.4%;3 月,0.8%;4 月,19.1%;5 月,35.3%。

(2)水库蓄水影响场次洪水

刘家峡水库单库运用时,对场次洪水的影响比较大,1986 年以后龙羊峡水库、刘家峡水库联合运用后,龙羊峡水库库容较大,对洪水流量的削减率较大;由于龙刘水库区间没有大的支流汇入,仅以干流来水为主,因此,刘家峡水库入库场次洪水的峰量较 1986 年以前均有所减少。

Ⅰ.1968~1986 年

表 9.1-7 为刘家峡水库运用以来的削峰情况,根据龙羊峡水库的投入运用,分为两个时段分析,1968~1986 年为刘家峡水库单库运用,从统计资料分析,由于刘家峡水库为不完全年调节,其库容比龙羊峡水库小,削峰率也比龙羊峡水库小。统计分析了该时段 32 场洪水的洪峰,平均削峰率为 19.9%。

表 9.1-7 刘家峡水库不同时段汛期洪水削峰率统计

时段	流量级(m³/s)	洪水场次	洪峰流量(m³/s)		削峰率(%)
			循化	小川	
1968~1986 年	1000~2000	18	1484	1159	23.0
	2000~3000	14	2362	1996	15.6
	合计	32	1916	1581	19.9
1986~2002 年	<1000	3	909	753	18.2
	1000~2000	5	1302	976	27.1
	合计	8	1306	898	23.8

从 1000~2000m³/s 流量级 18 次洪峰的削峰率分析,平均削峰率为 23.0%,最大削峰率为 62.9%,发生在 1969 年蓄水运用的第一年;2000~3000m³/s 流量级的洪水共有 14 次,平均削峰率为 15.6%,最大削峰率为 37.3%。场次洪水经水库调蓄后,出库含沙量均小于入库含沙量。

Ⅱ.1986~2002 年

该时段由于龙羊峡水库的运用,削减了洪峰时段的峰量及洪量,刘家峡入库洪水场次减少,同时刘家峡水库自身的调蓄使洪峰流量大幅度削减,洪水总量亦大幅减少。

据实测资料统计,大于 1000m³/s 的洪峰流量由 32 场减少到 8 场,平均削峰率为 23.8%。其中,小于 1000m³/s 流量级的平均削峰率为 18.2%;1000~2000m³/s 流量级的平均削峰率为 27.1%。平均每场洪水历时 38.5d,平均每场洪水的平均流量为 1306m³/s,对应水量为 43.4 亿 m³,出库平均流量为 898m³/s,相应水量为 33.7 亿 m³。与龙羊峡建库前 1968~1986 年的 32 场洪水相比,平均每场洪水历时天数减少了 11d,平均每场洪水的入库水量减少了 38.5 亿 m³，出库水量减少了 33.9 亿 m³。8 场洪水的洪峰削减率平均为 23.8%。8 场入库洪水中，最大洪峰流量为 2696m³/s，发生在 1989 年。

从小于 1000m³/s 流量级 3 次洪峰的削峰率分析，平均削峰率为 18.2%，最大削峰率为 35.7%；1000～2000m³/s 流量级的共有 5 次，平均削峰率为 27.1%，最大削峰率为 39.3%。

（3）水库调蓄影响拦沙

Ⅰ. 1968～1986 年

1968～1986 年 32 场洪水入库和出库洪水水量、沙量及库区调蓄水量、拦沙量的平均值见表 9.1-8。32 场洪水年均历时 88d，其入库年均水量为 145.7 亿 m³，入库年均沙量为 0.447 亿 t；出库年均水量为 120.2 亿 m³，出库年均沙量为 0.085 亿 t，则库区年均调蓄水量为 25.4 亿 m³。蓄水量占入库总水量的 17.4%；年均拦沙量为 0.362 亿 t，占入库总沙量的 81.0%。

表 9.1-8　1968～2002 年汛期刘家峡洪水入、出库水沙量表

时段	年份	洪水历时 (d)	刘家峡入库		刘家峡出库		库区	
			水量 (亿 m³)	沙量 (亿 t)	水量 (亿 m³)	沙量 (亿 t)	蓄水量 (亿 m³)	拦沙量 (亿 t)
1968～1986 年	平均值	49.5	81.9	0.252	67.6	0.048	14.3	0.204
	年均值	88.0	145.7	0.447	120.2	0.085	25.4	0.362
	合计	1584	2622.2	8.054	2164.2	1.533	458.0	6.521
1986～2002 年	平均值	38.5	43.45	0.237	33.688	0.092	9.750	0.145
	年均值	24.0	26.7	0.146	20.7	0.056	6.0	0.089
	合计	308	347.6	1.894	269.5	0.732	78	1.162

Ⅱ. 1986～2002 年

1986～2002 年 8 场洪水入库和出库洪水水量、沙量及库区调蓄水量、拦沙量见表 9.1-8。8 场洪水年均历时 24d，其入库年均水量为 26.7 亿 m³，年均沙量为 0.146 亿 t；出库年均水量为 20.7 亿 m³，年均沙量为 0.056 亿 t，则库区年均调蓄水量为 6.0 亿 m³。蓄水量占入库总水量的 22.5%；年均拦沙量为 0.089 亿 t，占入库总沙量的 61.0%。该时段由于龙羊峡水库的影响，无论是场次洪水的天数还是入库水沙量，均小于 1968～1986 年。

综上所述，龙羊峡水库、刘家峡水库蓄水拦沙及 1968～1986 年刘家峡水库单库运用对进入下游河道水沙的影响为：汛期向下游少泄水 28.5 亿 m³，拦沙 0.50 亿 t；非汛期多泄水 29.4 亿 m³，拦沙 0.09 亿 t（表 9.1-9）。

表 9.1-9　龙羊峡水库、刘家峡水库蓄泄水量表

水库	时段	蓄水量（亿 m³）			拦沙量（亿 t）		
		非汛期	汛期	全年	非汛期	汛期	全年
刘家峡水库	1968～1986 年	−29.4	28.5	−0.9	0.09	0.50	0.59
	1986～2002 年	−8.3	7.0	−1.3	0.05	0.18	0.23

水库	时段	蓄水量（亿 m³）			拦沙量（亿 t）		
		非汛期	汛期	全年	非汛期	汛期	全年
龙羊峡水库	1986～2005 年	−28.2	41.5	13.2	0.07	0.15	0.22
两水库合计	1968～1986 年	−29.4	28.5	−0.9	0.09	0.50	0.59
	1986～2005 年	−36.5	48.4	12.0	0.12	0.33	0.45

注：正数表示蓄水；负数表示泄水

1986 年以来，龙羊峡水库、刘家峡水库联合运用对进入下游河道水沙的影响为：汛期向下游少泄水 48.4 亿 m³，拦沙 0.33 亿 t；非汛期多泄水 36.5 亿 m³，拦沙 0.12 亿 t。

9.2 龙刘水库运用对宁蒙河段冲淤的影响分析

9.2.1 水沙量还原

（1）洪水时段的水沙量还原

龙羊峡水库、刘家峡水库调蓄运用对宁蒙河段的影响主要为：年径流量和输沙量大幅度减少；径流量年内比例发生变化，汛期水量减少、非汛期水量增多；洪峰流量大幅度削减；水沙关系发生了很大变化，成为宁蒙河段淤积加重的主要原因。为分析刘家峡水库和龙羊峡水库调蓄洪水对宁蒙河段冲淤的影响，对进入宁蒙河段的洪水过程进行了还原，根据 1969～2005 年龙刘水库洪水时段的削峰拦沙情况进行了还原计算，基本思路为：洪峰时段的水沙量还原从龙羊峡水库开始，按照以入库水沙量代替出库水沙量的原则，还原至刘家峡干流入库，再加入刘家峡支流入库水沙，将两部分水沙量之和作为龙刘水库还原后的水沙量。还原过程中，考虑了洪水传播时间，未考虑洪水的削减。由此得出了 1969～2005 年下河沿断面汛期洪水时段的水沙量。还原前后场次洪水时段的水沙量见表 9.2-1。

表 9.2-1 龙刘水库还原前后进入宁蒙河段的洪水时段水沙特征值

时段	洪水历时（d）	下河沿断面								
		还原前				还原后				
		水量（亿 m³）	沙量（亿 t）	平均流量（m³/s）	平均含沙量（kg/m³）	水量（亿 m³）	沙量（亿 t）	平均流量（m³/s）	平均含沙量（kg/m³）	增加的水沙之比（m³/t）
1969～1986 年	86.4	136.72	0.628	1830	4.6	162.10	0.991	2170	6.1	70
1987～2005 年	74.4	66.13	0.432	1028	6.5	116.28	0.672	1808	5.8	209

1969～1986 年刘家峡水库单库运用，6～10 月平均进入宁蒙河段的洪水水量还原后比还原前多 25.38 亿 m³，平均进入宁蒙河段的沙量还原后比还原前多 0.363 亿 t，洪水增加的水沙之比为 70m³/t。龙羊峡水库、刘家峡水库联合蓄水后，1987～2005 年汛期平均进入宁蒙河段的洪水水量还原后比还原前多 50.15 亿 m³，平均进入宁蒙河段的沙量还

原后比还原前多 0.240 亿 t，汛期洪水增加的水沙之比平均为 209m³/t。

（2）汛期、非汛期水沙量还原计算

龙刘水库还原前后各时段平均进入宁蒙河段的水沙特征值（下河沿站）见表 9.2-2，可以看出，由于刘家峡是不完全年调节水库，1969 年 11 月至 1986 年 10 月平均进入宁蒙河段的水量还原前后基本相同（略有差别），但沙量还原后比还原前多 0.55 亿 t。其中，6～10 月平均进入宁蒙河段的水量还原后比还原前多 29.6 亿 m³，沙量还原后比还原前多 0.50 亿 t，11 月至次年 5 月平均进入宁蒙河段的水量还原后比还原前少了 28.8 亿 m³，沙量还原后比还原前多 0.05 亿 t。

表 9.2-2　龙刘水库还原前后下河沿站水沙特征值表

	时段		1969 年 11 月至 1986 年 10 月	1986 年 11 月至 2005 年 10 月
还原前	11 月至次年 5 月	水量 （亿 m³）	120.2	116.6
	次年 6～10 月		196.8	125.0
	运用年		317.0	241.5
	11 月至次年 5 月	沙量 （亿 t）	0.06	0.07
	次年 6～10 月		1.01	0.66
	运用年		1.07	0.73
还原后	11 月至次年 5 月	水量 （亿 m³）	91.4	76.8
	次年 6～10 月		226.4	183.0
	运用年		317.8	259.7
	11 月至次年 5 月	沙量 （亿 t）	0.11	0.12
	次年 6～10 月		1.51	1.03
	运用年		1.62	1.15
还原后－还原前	11 月至次年 5 月	水量 （亿 m³）	−28.8	−39.8
	次年 6～10 月		29.6	58.0
	运用年		0.80	18.2
	11 月至次年 5 月	沙量 （亿 t）	0.05	0.05
	次年 6～10 月		0.50	0.37
	运用年		0.55	0.42

1986 年 11 月至 2005 年 10 月，由于龙羊峡水库是多年调节水库，且其与刘家峡水库联合运用，平均进入宁蒙河段的水量还原后比还原前多 18.2 亿 m³，沙量还原后比还原前多 0.42 亿 t。其中，汛期平均进入宁蒙河段的水量还原后比还原前多 58.0 亿 m³，沙量还原后比还原前多 0.37 亿 t，非汛期平均进入宁蒙河段的水量还原后比还原前少 39.8 亿 m³，沙量还原后比还原前多 0.05 亿 t。

9.2.2　河道冲淤计算方法

（1）冲淤还原计算方法

宁蒙河段下河沿至头道拐河段长 990.3km，依据河道形态及沿河水文站的分布情况，分为 5 个计算河段，依次为下河沿至青铜峡河段、青铜峡至石嘴山河段、石嘴山至巴彦高勒河段、巴彦高勒至三湖河口河段、三湖河口至头道拐河段。

根据宁蒙河段的河道冲淤演变特性，依据 1972~2003 年各河段进出口水文站的实测场次洪水水沙资料，建立汛期下站输沙量与通过本河段的场次洪水平均流量、平均含沙量及历时的关系式：

$$W_{s下} = \kappa Q^{\alpha} S^{\beta} T^{\lambda}$$

式中，$W_{s下}$ 为下站输沙量（亿 t）；Q 为通过本河段的流量（上站流量及区间流量）（m³/s）；S 为通过本河段的含沙量（kg/m³）；T 为洪水历时（d）；κ、α、β 分别为公式系数、流量指数、洪水历时指数。同时也建立了非汛期下站输沙率与流量及上站含沙量的月关系式：

$$Q_{s下} = \kappa Q_{下}^{\alpha} S_{上}^{\beta}$$

式中，$Q_{s下}$ 为下站输沙率（t/s）；$Q_{下}$ 为下站流量（m³/s）；$S_{上}$ 为上站含沙量（kg/m³）；κ、α、β 分别为公式系数、下站流量指数、上站含沙量指数。各断面率定的输沙率与流量及上站含沙量的相关系数较好，相关系数平均为 0.81。

各河段冲淤量的计算式如下：

$$\Delta W_s = W_{s上} - W_{s下} \pm W_{s区间}$$

式中，ΔW_s 为河段冲淤量（亿 t）；$W_{s上}$、$W_{s下}$、$W_{s区间}$ 分别为上站、下站及区间输沙量（亿 t），区间引沙用负号表示，区间支流来沙用正号表示。利用上述公式进行经验模型的编制，汛期按洪峰时段进行冲淤量计算，非汛期按月进行冲淤量计算。

（2）经验模型计算方法验证

利用该经验模型对宁蒙河段的冲淤量进行了分河段验证，在验证河段冲淤量时，考虑了河段内的引水引沙、排水沟排沙、区间支流来水来沙和风积沙。采用 1969 年 11 月至 2005 年 10 月下河沿站的实测来水来沙资料对计算方法进行了 36 年的验算，各河段历年汛期、非汛期及全年冲淤量见表 9.2-3，冲淤量过程见图 9.2-1~图 9.2-5。从模型验证结果分析，各河段模型计算的冲淤量与实测冲淤量吻合较好。

表 9.2-3　宁蒙河段不同时段冲淤量计算值与实测值的比较　（单位：亿 t）

河段		1969 年 11 月至 1986 年 10 月		1986 年 11 月至 2005 年 10 月	
		计算值	实测值	计算值	实测值
下河沿至青铜峡	非汛期	0.062	0.064	0.033	0.027
	汛期	0.019	0.018	0.062	0.069
	全年	0.081	0.082	0.096	0.096
青铜峡至石嘴山	非汛期	−0.135	−0.147	−0.140	−0.130
	汛期	0.058	0.073	0.230	0.223
	全年	−0.077	−0.075	0.090	0.093
石嘴山至巴彦高勒	非汛期	0.055	0.061	0.007	0.036
	汛期	0.049	0.042	0.055	0.028
	全年	0.104	0.103	0.062	0.064

河段		1969 年 11 月至 1986 年 10 月		1986 年 11 月至 2005 年 10 月	
		计算值	实测值	计算值	实测值
巴彦高勒至三湖河口	非汛期	0.048	0.051	0.120	0.125
	汛期	−0.103	−0.106	0.113	0.106
	全年	−0.055	−0.055	0.233	0.232
三湖河口至头道拐	非汛期	0.009	0.021	0.067	0.073
	汛期	0.160	0.149	0.380	0.377
	全年	0.169	0.169	0.447	0.450
下河沿至头道拐	非汛期	0.039	0.049	0.088	0.131
	汛期	0.182	0.175	0.840	0.804
	全年	0.221	0.224	0.928	0.936

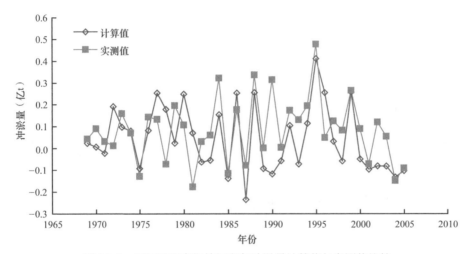

图 9.2-1 下河沿至青铜峡河段年冲淤量计算值与实测值比较

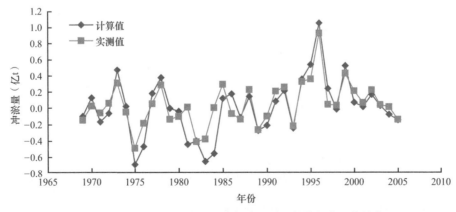

图 9.2-2 青铜峡至石嘴山河段年冲淤量计算值与实测值比较

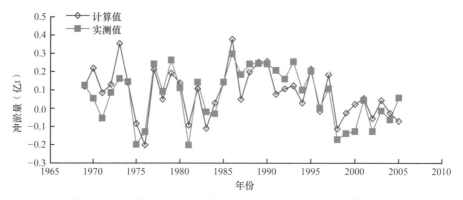

图 9.2-3　石嘴山至巴彦高勒河段年冲淤量计算值与实测值比较

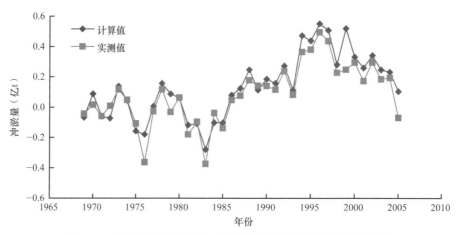

图 9.2-4　巴彦高勒至三湖河口河段年冲淤量计算值与实测值比较

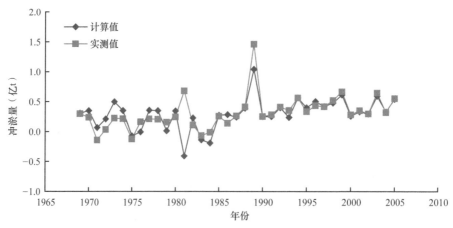

图 9.2-5　三湖河口至头道拐河段年冲淤量计算值与实测值比较

9.2.3　宁蒙河段洪水还原前后冲淤量的计算

　　根据还原前后进入宁蒙河段的水沙量,利用建立的经验模型计算宁蒙河段洪水还原前后的冲淤量,汛期分洪水时段和平水时段进行计算,非汛期根据建立的非汛期月关系式进行计算。计算结果见表9.2-4。

表 9.2-4   龙刘水库还原前后宁蒙河段年均减淤量   （单位：亿 t）

河段	1968 年 11 月至 1986 年 10 月			1986 年 11 月至 2005 年 10 月		
	还原前	还原后	减淤量	还原前	还原后	减淤量
下河沿至青铜峡	0.081	0.080	−0.001	0.096	0.073	−0.023
青铜峡至石嘴山	−0.077	0.060	0.138	0.090	0.065	−0.025
石嘴山至巴彦高勒	0.104	0.086	−0.018	0.062	0.074	0.012
巴彦高勒至三湖河口	−0.055	0.040	0.096	0.233	0.097	−0.136
三湖河口至头道拐	0.169	0.173	0.004	0.447	0.345	−0.102
下河沿至头道拐	0.221	0.439	0.218	0.928	0.653	−0.274

注：正数代表减淤；负数代表增淤

（1）1968 年 11 月至 1986 年 10 月

1968 年 11 月至 1986 年 10 月刘家峡水库单库运用，该时段宁蒙河段年均淤积量为 0.221 亿 t，进行水沙还原后宁蒙河段的年均淤积量为 0.439 亿 t，即刘家峡水库拦沙运用使宁蒙河道减淤了 0.218 亿 t。图 9.2-6 为宁蒙河段历年的减淤过程，可以看出，刘家峡水库运用初期对宁蒙河段的减淤作用显著，之后减淤作用逐步减小，至 1979 年后河道甚至开始增淤。

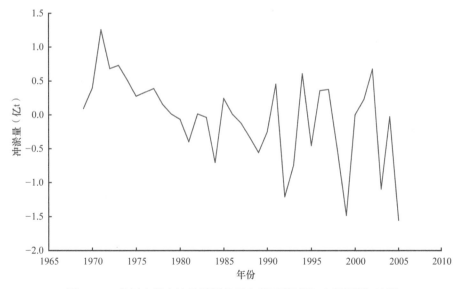

图 9.2-6   龙刘水库水沙量还原前后宁蒙河段减淤（或增淤）过程

从减淤量的沿程分布分析，下河沿至青铜峡河段、石嘴山至巴彦高勒河段为峡谷型河段，还原前后的河道冲淤变化不大，河道减淤量主要发生在青铜峡至石嘴山和巴彦高勒至三湖河口河段，年均减淤量分别为 0.138 亿 t 和 0.096 亿 t。

（2）1986年11月至2005年10月

1986年11月至2005年10月龙刘水库联合运用，该时段宁蒙河段年均淤积量为0.928亿t，进行水沙还原后宁蒙河段的年均淤积量为0.653亿t，即龙刘水库联合运用使宁蒙河段年均增淤了0.274亿t。

从图9.2-6可以看出，1986年龙羊峡水库建成运用，水库蓄水拦沙并没有使宁蒙河段发生趋势性的减淤，其与刘家峡水库的联合运用，反而有时使宁蒙河段发生了增淤。主要原因是进入宁蒙河段的沙量并非主要来自龙羊峡水库以上河段，水库拦沙对宁蒙河段影响甚微，但是其与刘家峡水库联合运用改变了径流过程，大中洪水的洪峰、洪量及历时减小，导致宁蒙河段的水沙关系不协调，使河道淤积加重。从沿程冲淤分布来看，该时期的淤积主要发生在对来水来沙条件敏感的内蒙古巴彦高勒至头道拐河段。龙刘水库联合运用使该河段年均增淤0.238亿t，占全河段增淤量的86.9%。

9.3 小 结

1986年以来，龙刘水库联合运用改变了进入宁蒙河段年内汛期和非汛期的水沙比例（下河沿站汛期水量占全年水量的比例由天然状态下的62%左右减少到水库联合运用后的42%左右），使汛期小流量历时增大，大流量历时减小；使大小洪水的洪峰、洪量均有不同程度的削减（出刘家峡水库的洪水平均削峰率为23.8%）。

就宁蒙河段冲淤而言，龙刘水库联合运用使宁蒙河段年均淤积量增大。通过对龙刘水库运用以来的水沙条件进行还原，来计算还原后的宁蒙河段冲淤量，还原前后的冲淤量相比，即得龙刘水库联合运用对宁蒙河段冲淤的影响，结果显示，1986年11月至2005年10月龙刘水库联合运用使宁蒙河段年均增淤了0.274亿t。

10 宁蒙河段冲淤及水流数学模型研发

10.1 经 验 模 型

10.1.1 计算方法

宁蒙河段下河沿至头道拐河长 990.3km，依据河道形态及沿河水文站的分布情况，分为 5 个计算河段，依次为下河沿至石嘴山河段、石嘴山至巴彦高勒河段、巴彦高勒至三湖河口河段、三湖河口至昭君坟河段、昭君坟至头道拐河段。

根据宁蒙河段的河道冲淤演变特性，依据 1972～2004 年各河段进出口水文站的实测水沙资料，建立下站输沙率与流量及上站含沙量的月关系式：

$$Q_{s\text{下}} = \kappa Q_{\text{下}}^{\alpha} S_{\text{上}}^{\beta}$$

式中，$Q_{s\text{下}}$ 为下站输沙率（t/s）；$Q_{\text{下}}$ 为下站流量（m³/s）；$S_{\text{上}}$ 为上站含沙量（kg/m³）；κ、α、β 分别为公式系数、下站流量指数、上站含沙量指数。各断面率定的输沙率与流量及上站含沙量的相关性较好，各断面汛期相关系数平均为 0.96，非汛期平均为 0.81。

各河段冲淤量的计算如下式：

$$\Delta W_s = (Q_{s\text{上}} - Q_{s\text{下}} \pm Q_{s\text{区间}}) \times T$$

式中，ΔW_s 为河段冲淤量（亿 t）；$Q_{s\text{上}}$ 为上站输沙率（t/s）；$Q_{s\text{下}}$ 为下站输沙率（t/s）；$Q_{s\text{区间}}$ 为区间输沙率（t/s），区间引沙用负号表示，区间支流来沙用正号表示；T 为计算时段（月）。

10.1.2 模型验证

利用下河沿 1972 年以来的实测水沙资料进行了冲淤量的分河段验证，在验证河段冲淤量时，考虑了河段内的引水引沙、排水排沙、支流来水来沙和风积沙。模型验证结果显示，计算冲淤量与实测冲淤量吻合较好。

10.2 一维数学模型

10.2.1 模型简介

10.2.1.1 控制方程

（1）水流运动控制方程

采用一维非恒定水流运动数学模型来描述计算河段的水流运动，其控制方程如下。

水流连续方程：

$$B\frac{\partial z}{\partial t} + \frac{\partial Q}{\partial x} = q_l \qquad (10.2\text{-}1)$$

水流运动方程：

$$\frac{\partial Q}{\partial t} + 2\frac{Q}{A}\frac{\partial Q}{\partial x} - \frac{BQ^2}{A^2}\frac{\partial z}{\partial x} - \frac{Q^2}{A^2}\frac{\partial A}{\partial x}\Big|_z = -gA\frac{\partial z}{\partial x} - \frac{gn^2|Q|Q}{A\left(A\big/B\right)^{4/3}} \qquad (10.2\text{-}2)$$

式中，x 表示沿流向的坐标；t 表示时间；Q 表示流量；z 表示水位；A 表示断面过水面积；B 表示河宽；q_l 为单位时间单位河长汇入（流出）的流量；n 为糙率；g 表示重力加速度。

（2）泥沙输移方程

Ⅰ. 悬移质不平衡输沙方程

将悬移质泥沙分为 M 组，以 S_k 表示第 k 组泥沙的含沙量。悬移质泥沙的不平衡输沙方程为

$$\frac{\partial\left(AS_k\right)}{\partial t} + \frac{\partial\left(QS_k\right)}{\partial x} = -\alpha\omega_k B\left(S_k - S_{*k}\right) + q_{ls} \qquad (10.2\text{-}3)$$

式中，α 表示恢复饱和系数；ω_k 表示第 k 组泥沙颗粒的沉速；S_{*k} 表示第 k 组泥沙水流挟沙力；q_{ls} 表示单位时间单位河长汇入（流出）的沙量。

Ⅱ. 推移质单宽输沙率方程

将以推移质运动的泥沙归为一组，采用平衡输沙法计算推移质单宽输沙率：

$$q_b = q_{b*} \qquad (10.2\text{-}4)$$

式中，q_b 表示推移质单宽输沙率，q_{b*} 表示推移质单宽输沙能力，可根据经验公式计算。

Ⅲ. 河床变形方程

河床变形方程：

$$\gamma'\frac{\partial A}{\partial t} = \sum_{k=1}^{M}\alpha\omega_k B\left(S_k - S_{*k}\right) \qquad (10.2\text{-}5)$$

式中，γ' 为泥沙干容重。

Ⅳ. 定解条件

在模型进口给流量和含沙量过程，在出口给水位过程。

10.2.1.2　相关问题处理

（1）非均匀沙水流挟沙力

非均匀沙水流挟沙力按张瑞瑾公式计算：

$$S_* = K\left(\frac{U^3}{gh\overline{\omega}}\right)^m \qquad (10.2\text{-}6)$$

式中，U 为平均流速；h 为水力半径；K、m 分别为挟沙力系数和指数；$\bar{\omega}$ 为代表沉速，计算公式如下：

$$\bar{\omega} = \left(\sum_{k=1}^{M} \beta_{*k} \omega_k^m \right)^{\frac{1}{m}} \tag{10.2-7}$$

分组水流挟沙力为

$$S_{*k} = \beta_{*k} S_* \tag{10.2-8}$$

式中，β_{*k} 为水流挟沙力级配，按下式计算

$$\beta_{*k} = \frac{\dfrac{P_k}{\alpha_k \omega_k}}{\displaystyle\sum_{k=1}^{M} \dfrac{P_k}{\alpha_k \omega_k}} \tag{10.2-9}$$

式中，P_k 为床沙级配；α_k 为恢复饱和系数。

（2）泥沙沉速

泥沙沉速采用张瑞瑾泥沙沉速公式进行计算。

在滞性区（$d < 0.1\text{mm}$）：

$$\omega = 0.039 \frac{\gamma_s - \gamma}{\gamma} g \frac{d^2}{\nu} \tag{10.2-10}$$

在紊流区（$d > 4\text{mm}$）：

$$\omega = 1.044 \sqrt{\frac{\gamma_s - \gamma}{\gamma} g d} \tag{10.2-11}$$

在过渡区（$0.1\text{mm} < d < 4\text{mm}$）：

$$\omega = \sqrt{\left(13.95 \frac{\nu}{d} \right)^2 + 1.09 \frac{\gamma_s - \gamma}{\gamma} g d} - 13.95 \frac{\nu}{d} \tag{10.2-12}$$

式中，γ_s 为泥沙容量；γ 为水的容量，黏滞系数 ν 的计算公式为

$$\nu = \frac{0.0179}{\left(1 + 0.0337 \times t + 0.000\,221 \times t^2 \right) \times 10\,000} \tag{10.2-13}$$

式中，t 为水温。

（3）床沙起动条件

$$u_{ck} = \left(\frac{h}{d_k} \right)^{0.14} \left[17.6 \frac{\rho_s - \rho}{\rho} d_k + 6.05 \times 10^{-7} \left(\frac{10 + h}{d_k^{0.72}} \right) \right]^{0.5} \tag{10.2-14}$$

式中，u_{ck} 为第 k 组沙的起动流速；h 为水深；ρ_s 为泥沙密度；ρ 为水的密度；d_k 为 k 组床沙粒径。

（4）推移质输沙率计算

推移质输沙率采用 Meyer-Peter-Muller 公式计算：

$$q_{b^*} = \frac{\left[\left(\frac{n'}{n}\right)^{3/2} \rho g H J_f - 0.047(\rho_s - \rho)gd\right]^{3/2}}{0.125\rho^{1/2}\left(\frac{\rho_s - \rho}{\rho}\right)g} \tag{10.2-15}$$

式中，n 为糙率；ρ 为水的密度；d 为粒径；g 为重力加速度；q_{b^*} 为推移质单宽输沙率；n' 为河床平整情况下的沙粒糙率，本文取 $n' = \frac{1}{24}d_{90}^{1/6}$，其中 d_{90} 为床沙级配曲线中纵坐标 90%相应粒径；H 为水深；ρ_s 为泥沙密度；J_f 为坡降。

（5）入黄风积沙的处理

已有统计资料显示，风积沙在宁蒙河段淤积总量中占较大的分量，因此模型有必要考虑风积沙的影响。进入黄河河道的风积沙可分为两部分：一部分直接淤积在河道内；另一部分落入水中随水体悬移沉积。落入水中的风积沙量为

$$Q_{s1} = \frac{Q_{sw}A_1}{A_{bed}} \tag{10.2-16}$$

式中，A_1 为过水河道的平面面积；A_{bed} 为河道的平面面积；Q_{sw} 为风积沙总量。

（6）沿黄支流及引（排）水渠的处理

支流及引（排）水渠均按照源汇来考虑，相应的水沙量分别以 q_1 和 q_{ls} 的形式代入计算。

（7）闸（坝）等内边界的处理

闸（坝）按照其水位流量关系控制相应断面的泄流量。如果闸坝的调蓄作用不甚明显，也可采用局部加糙的方法进行近似处理。

10.2.1.3　数值计算方法

选择如图 10.2-1 所示的计算河段为控制体，采用有限体积法对前述数学模型的控制方程进行离散，用 SIMPLE 算法处理流量与水位的耦合关系。

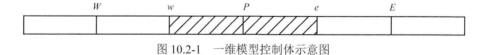

图 10.2-1　一维模型控制体示意图

离散后的代数方程组可以写成如下形式：

$$A_P\varphi_P = A_W\varphi_W + A_E\varphi_E + b_0 \tag{10.2-17}$$

式中，A_p、A_W、A_E 与 b_0 为系数；φ 为通用控制变量。离散方程组由水流运动方程、水位修正方程、悬移质不平衡输沙方程和河床变形方程共四个方程构成。同一维模型既有的计算方法相比，本文的处理方法具有物理概念清晰、变量守恒性好的优点。

采用 Gauss 迭代法求解离散后的方程组，采用欠松弛技术增强迭代过程的稳定性并加速收敛。在水沙运动与河床冲淤变形计算中，具体的求解步骤如下。

1）给全河道赋以初始的猜测水位。

2）计算水流运动方程系数，求解水流运动方程。

3）计算水位修正方程的系数，求解水位修正值，更新水位和流量。

4）根据单元残余质量流量和全场残余质量流量判断是否收敛。在计算中，当单元残余质量流量达到进口流量的 0.01%且全场残余质量流量达到进口流量的 0.5%时即可认为迭代收敛。

5）求解各组悬移质泥沙的不平衡输沙方程，得出各断面的含沙量。

6）求解各控制体的推移质输沙率。

7）求解河床变形方程，进行床沙级配调整，更新数据。

考虑到本次计算历时较长，在水流运动求解时忽略时变项的影响，按恒定流求解。

10.2.2 模型验证

（1）计算范围

由于宁蒙河段实测大断面甚少，综合考虑实测资料在时间上的一致性及研究工作的需要，采用巴彦高勒至头道拐河段实测资料进行模型验证。

（2）验证资料及参数取值

地形资料：采用计算河段 1982 年实测的 82 个断面地形资料。

水文资料：采用 1982～2005 年宁蒙河段的实测干流、支流水沙资料及相应的引水引沙资料。

参数取值：计算时主槽糙率取 0.007～0.015，滩槽综合糙率取 0.018～0.035。

（3）验证成果

从冲淤量来看，1982～2005 年巴彦高勒至头道拐河段的年均冲淤量为 0.52 亿 t（沙量平衡法），汛期冲淤量为 0.37 亿 t；数学模型计算所得的年均冲淤量为 0.47 亿 t，汛期冲淤量为 0.30 亿 t。年均冲淤量和汛期冲淤量的计算误差分别为 10%和 19%。

图 10.2-2 和图 10.2-3 分别进一步给出了验证期间宁蒙河段历年年均及汛期冲淤量计算值与实测值的比较结果，两者也基本吻合。由此表明，本文采用的数学模型及计算方法是正确的，模型中相关参数的取值是合理的，可以用其来计算宁蒙河段的河床冲淤变形。

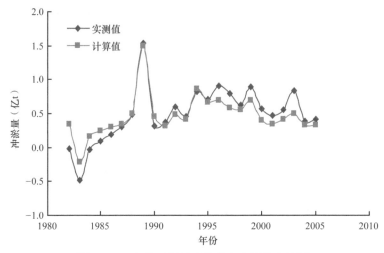

图 10.2-2　年均冲淤量计算值与实测值比较图

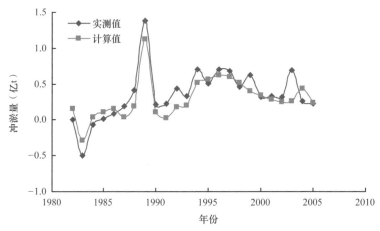

图 10.2-3　汛期冲淤量计算值与实测值比较图

10.3　平面二维水流数学模型

10.3.1　数值模拟软件 MIKE 21 简介

MIKE 21 数值计算与分析软件是国际上比较成熟的 DHI 软件系列中关于水动力、波浪和泥沙输运等模型进行潮流场、代表波要素的波浪场和泥沙输运数值模拟的工具。MIKE 21 是一个专业的工程软件包，用于模拟河流、湖泊、河口、海湾、海岸和海洋的水流、波浪、泥沙及环境。目前该软件在国内的应用发展很快，在一些大型工程项目中广泛应用，如长江口综合治理工程、杭州湾数值模拟、南水北调工程、重庆市城市排污评价、太湖富营养模型、香港新机场工程、台湾桃园工业港工程等。

水动力（HD）模块是 MIKE 21 软件包中的基本模块，它为泥沙传输和环境水文学提供了水动力学的计算基础。HD 模块模拟湖泊、河口和海岸地区的水位变化及由于各种力的作用而产生的水流变化。在为模型提供了地形、底部糙率、风场和水动力学边界条件等数据后，模型会计算出每个网格的水位和水流变化。

10.3.2　MIKE 21 水动力模型数值求解原理

（1）模型控制方程

MIKE 21 水动力模型的主要控制方程为垂向平均的雷诺方程。

质量守恒方程：

$$\frac{\partial \zeta}{\partial t}+\frac{\partial p}{\partial x}+\frac{\partial q}{\partial y}=0 \tag{10.3-1}$$

X 方向动量方程：

$$\frac{\partial p}{\partial t}+\frac{\partial}{\partial x}\left(\frac{p^2}{h}\right)+\frac{\partial}{\partial y}\left(\frac{pq}{h}\right)+gh\frac{\partial \zeta}{\partial x}+\frac{gp\sqrt{p^2+q^2}}{C^2 h^2}$$
$$-\frac{1}{\rho}\left[\frac{\partial}{\partial x}\left(h\tau_{xx}\right)+\frac{\partial}{\partial y}\left(h\tau_{xy}\right)\right]-\Omega q-fVV_x+\frac{h}{\rho}\frac{\partial}{\partial x}\left(p_\mathrm{a}\right)=S_{ix} \tag{10.3-2}$$

Y 方向动量方程：

$$\frac{\partial q}{\partial t}+\frac{\partial}{\partial y}\left(\frac{q^2}{h}\right)+\frac{\partial}{\partial x}\left(\frac{pq}{h}\right)+gh\frac{\partial \zeta}{\partial y}+\frac{gq\sqrt{p^2+q^2}}{C^2 h^2}$$
$$-\frac{1}{\rho}\left[\frac{\partial}{\partial y}\left(h\tau_{yy}\right)+\frac{\partial}{\partial x}\left(h\tau_{xy}\right)\right]+\Omega q-fVV_y+\frac{h}{\rho}\frac{\partial}{\partial y}\left(p_\mathrm{a}\right)=S_{iy} \tag{10.3-3}$$

式中，t 为时间（s）；x、y 为右手 Cartesian 坐标；ζ 为水面相对于未扰动水面的高度，即通常所说的水位；h 为静止水深；g 为重力加速度(m/s²)；p、q 分别为 x、y 方向的通量 $(\frac{\mathrm{m}^3}{\mathrm{s}})/\mathrm{m}$（其中 $p=uh$，$q=vh$），u、v 分别为流速在 x、y 方向上的分量；p_a 为当地大气压；ρ 为水密度；Ω 为 Coriol 系数（$\Omega=2\omega\sin\psi$，ω 为地球自转角速度，ψ 为计算点所处的纬度），一般取 $\Omega=0.729\times10^{-4}\mathrm{s}^{-1}$；$C$ 为柯西阻力系数(m$^{1/2}$/s)；$f(V)=\gamma_\mathrm{a}^2\rho_\mathrm{a}$ 为风摩擦因素函数，γ_a^2 为风应力系数，ρ_a 为空气密度，V 为风速，V_x、V_y 分别为 x、y 方向的风速(m/s)；S 为源项，S_{ix} 为源项在 x 方向的分量，S_{iy} 为源项在 y 方向的分量；τ_{xx}、τ_{xy}、τ_{yy} 为各方向上的黏滞应力项。

（2）方程组求解

在空间上，由于网格为非结构网格，采用中心有限体积法对原方程进行离散，把整体的计算区域细分为非重叠的单元；在时间上，采用显式积分。

有限体积法（FVM）又称控制体积法。其基本思路是：将计算区域划分为一系列不重复的控制体积，并使每个网格点周围有一个控制体积，将待解的微分方程对每一个控制体积积分，便得出一组离散方程，其中的未知数是网格点上的因变量 φ。为了求出对控制体积的积分，必须假定 φ 在网格点之间的变化规律，即假设 φ 分段分布的剖面。

从积分区域的选取方法来看，有限体积法属于加权剩余法中的子区域法；从未知解的近似方法来看，有限体积法属于采用局部近似的离散方法。简言之，子区域法属于有限体积法的基本方法。就离散方法而言，有限体积法可视作有限单元法和有限差分法的中间物。有限体积法只寻求 φ 的节点值，这与有限差分法类似；但有限体积法在寻求对控制体积的积分时，必须假定 φ 在网格点之间的变化规律，这又与有限单元法类似。在有限体积法中，插值函数只用于计算对控制体积的积分，得出离散方程之后，便可忘掉插值函数；如果需要的话，可以对微分方程中不同的项采取不同的插值函数。

有限体积法的基本思路易于理解，并能得出直接的物理解释。离散方程的物理意义，就是因变量 φ 在有限大小的控制体积中守恒，如同微分方程表示因变量在无限小的控制体积中守恒一样。有限体积法得出的离散方程，要求对任意一组控制体积因变量都满足积分守恒，对整个计算区域，自然也满足。这是有限体积法吸引人的优点。有限体积法即使在粗网格情况下，也显示出准确的积分守恒。

在进行计算之前，首先要将计算区域离散化，区域离散化的实质是对空间上连续的计算区域进行划分，把它划分成许多个子区域，并确定每个区域中的节点，从而生成网格。然后，将控制方程在网格上离散，即将偏微分格式的控制方程转化为各个节点上的代数方程组，然后在计算机上求解离散方程组，得到节点上的解。节点之间的近似解一般可以认为光滑变化，原则上可以应用插值方法确定，从而得到定解问题在整个计算区域上的近似解。因此当网格节点很密时，离散方程的解将趋近于相应微分方程的精确解。此外，瞬态问题还涉及时间域离散。

应用控制体积法导出离散方程的主要步骤如下。

1）将守恒型的控制方程在任一控制体积及时间间隔内对空间和时间做积分。

2）选定未知函数及其导数对时间和空间的局部分布曲线，即"型线"（profile）。也就是根据相邻节点的函数值来确定控制体积界面上被求函数值的插值方式。

3）对方程各项按选定的型线做积分并将其整理成节点上未知值的代数方程。

图 10.3-1 中使用的是三角形控制体积，三角形的质心是计算节点，如图中的红点所示。

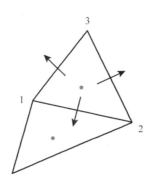

图 10.3-1　三角形控制体积

由于使用了显式迎风格式，时间步长要求严格满足 CFL＜1。CFL 的计算公式为

$$\text{CFL} = \left(\sqrt{gh}+|u|\right)\frac{\Delta t}{\Delta x} + \left(\sqrt{gh}+|v|\right)\frac{\Delta t}{\Delta y} \tag{10.3-4}$$

式中，u、v 分别表示沿 x、y 方向流速，针对所有的计算网格，在控制体积 P 及时间段 Δt（时间从 t 到 $t+\Delta t$）上对控制方程积分，有

$$\int_t^{t+\Delta t}\int_{\Delta V}\frac{\partial(\rho\varphi)}{\partial t}dVdt + \int_t^{t+\Delta t}\int_{\Delta V}\text{div}(\rho\boldsymbol{u}\varphi)dVdt$$
$$=\int_t^{t+\Delta t}\int_{\Delta V}\text{div}(\Gamma\mathbf{grad}\varphi)dVdt + \int_t^{t+\Delta t}\int_{\Delta V}SdVdt \tag{10.3-5}$$

假定物理量 φ 在整个控制体积 P 上均具有节点处的值 φ_P，同时假定密度在时间段上的变化量极小，则式（10.3-5）中的瞬态项为

$$\int_t^{t+\Delta t}\int_{\Delta V}\frac{\partial(\rho\varphi)}{\partial t}dVdt = \int_{\Delta V}\left[\int_t^{t+\Delta t}\rho\frac{\partial\varphi}{\partial t}dt\right]dV = \rho_P^0\left(\varphi_P-\varphi_P^0\right)\Delta V \tag{10.3-6}$$

式中，上标 0 表示物理量在时刻 t 的值，无上标的值表示物理量在时刻 $t+\Delta t$ 的值，下标 P 表示物理量在控制体积 P 的节点 P 处取值。

对于源项，有

$$\int_t^{t+\Delta t}\int_{\Delta V}SdVdt = \int_t^{t+\Delta t}S\Delta Vdt = \int_t^{t+\Delta t}(S_C+S_P\varphi_P)\Delta Vdt = \int_t^{t+\Delta t}(S_C\Delta V+S_P\varphi_P\Delta V)dt \tag{10.3-7}$$

对于对流项，根据 Gauss 散度定理，将体积分转变为面积分后，有

$$\int_t^{t+\Delta t}\int_{\Delta V}\text{div}(\rho\boldsymbol{u}\varphi)dVdt$$
$$=\int_t^{t+\Delta t}\left[(\rho u\varphi A)_e-(\rho u\varphi A)_w+(\rho v\varphi A)_n-(\rho v\varphi A)_s\right]dt \tag{10.3-8}$$
$$=\int_t^{t+\Delta t}\left[(\rho u)_e A_e\varphi_e-(\rho u)_w A_w\varphi_w+(\rho v)_n A_n\varphi_n-(\rho v)_s A_s\varphi_s\right]dt$$

式中，A 是控制体积界面的面积。

对于扩散项，同样根据 Gauss 散度定理，将体积分转变为面积分后，有

$$\int_t^{t+\Delta t}\int_{\Delta V}\text{div}(\Gamma\mathbf{grad}\varphi)dVdt$$
$$=\int_t^{t+\Delta t}\left[\left(\Gamma\frac{\partial\varphi}{\partial x}A\right)_e-\left(\Gamma\frac{\partial\varphi}{\partial x}A\right)_w+\left(\Gamma\frac{\partial\varphi}{\partial x}A\right)_n-\left(\Gamma\frac{\partial\varphi}{\partial x}A\right)_s\right]dt \tag{10.3-9}$$
$$=\int_t^{t+\Delta t}\left[\Gamma_e A_e\frac{\varphi_E-\varphi_P}{(\delta x)_e}-\Gamma_w A_w\frac{\varphi_P-\varphi_W}{(\delta x)_w}+\Gamma_n A_n\frac{\varphi_N-\varphi_P}{(\delta x)_n}-\Gamma_s A_s\frac{\varphi_P-\varphi_S}{(\delta x)_s}\right]dt$$

在得到式（10.3-5）各项的单独表达式后，我们还要做以下两方面的工作。

1）将对流项中引入的特定界面物理量 φ_e、φ_w、φ_n 和 φ_s 用节点物理量来表示，可使用一阶迎风格式。

2）在对流项、扩散项和源项中引入全隐式的时间积分方案，如 $\int_t^{t+\Delta t}\varphi_P dt = \varphi_P\Delta t$。这样，式（10.3-5）变为

$$a_P\varphi_P = a_W\varphi_W+a_E\varphi_E+a_S\varphi_S+a_N\varphi_N+b \tag{10.3-10}$$

这就是在全隐式时间积分方案下得到的二维瞬态对流-扩散问题的离散方程。式中系数

a_W、a_E、a_S 和 a_N 取决于在对流项中引入的特定离散格式。使用一阶迎风格式，有

$$a_W = D_w + \max\left(0, F_w\right)$$
$$a_E = D_e + \max\left(0, -F_e\right)$$
$$a_S = D_s + \max\left(0, F_s\right)$$
$$a_N = D_n + \max\left(0, -F_n\right) \qquad (10.3\text{-}11)$$
$$a_P = a_W + a_E + a_S + a_N + \left(F_e - F_w\right) + \left(F_n - F_s\right) + a_P^0 - S_P \Delta V$$
$$b = S_C \Delta V + a_P^0 \varphi_P^0$$
$$a_P^0 = \frac{\rho_P^0 \Delta V}{\Delta t}$$

式中，F_w、F_e、F_s、F_n 分别表示 w、e、s、n 方向的界面通量；S_C 表示源项；D_w、D_e、D_s、D_n 分别表示 w、e、s、n 方向的数值常量。

10.3.3　模型结构

（1）计算方法

由于网格为非结构网格，采用中心有限体积法对原方程进行离散，把整体的计算区域细分为非重叠的单元。该方法的优点是计算速度较快，且非结构网格可以拟合复杂的地形。

（2）初始条件及边界条件

Ⅰ. 初始条件

对于给定的计算区域，在时间 $t=0$ 时，令

$$\xi \mid_{t=0} = \xi_0(x, y)$$
$$u \mid_{t=0} = u_0(x, y)$$
$$v \mid_{t=0} = v_0(x, y)$$

Ⅱ. 边界条件

1）进口边界条件：给出进口开边界处的流量过程（包括上游大河进口条件与侧向入汇进口条件），即

$$Q(t) = Q^{\mathrm{opb}}(t)$$

式中，Q^{opb} 为开边界上已知的水位或流速分量及流量，一般根据计算区域以上的产汇流模型计算或由实测水文资料确定。

2）出口边界条件：出口开边界是自然开边界，主要是经下边界或侧边界出流的河流，可按实测水文资料（水位-流量关系）确定。如无实测资料，则按附近河道纵坡，以均匀出流考虑。

3）陆地边界：根据流体固壁不可穿透的原理，在不考虑渗透的情况下，可以认为陆地边界上法向速度为零；根据水流无滑动原理，水体在陆地边界上的切向流速也为零。

10.3.4 模型建立

10.3.4.1 典型河段选取

选取典型实验河段为三湖河口至昭君坟河段，该河段为过渡型河段，河长126.4km，河宽2000~7000m，平均宽4000m，主槽宽500~900m，平均宽710m，河道纵比降为0.12‰，弯曲率为1.45，泥沙粒径一般为0.18mm左右。该河段黄河横跨乌拉山山前倾斜平原，北岸为乌拉山，南岸为鄂尔多斯台地，沿河南岸有毛不拉孔兑、黑赖沟和西柳沟三条大孔兑汇入，由于上游游荡型河段的淤积调整，该河段滩岸已断续分布有黏性土，使该河段发展为由游荡型河道向下游弯曲型河道的过渡段，属于过渡型河段。由于河道宽广、河岸黏性土分布不连续，加之孔兑的汇入，该河段主流摆动幅度仍较大，其河床演变的特性介于上游游荡型河道和下游弯曲型河道之间，因此选取该河段研究内蒙古河段的河道演变具有代表性。

10.3.4.2 模型的建立

（1）地形文件的生成

地形处理是建模时的第一步，它是需要在建模前首先完成的工作，地形处理的好坏非常关键，关系到模型搭建的成败。

创建计算河段的地形数据资料。根据实测大断面资料将宁蒙河段主槽和滩地的地形数据转化为UTM坐标并以.XYZ文件格式保存。

（2）区域边界的生成及调整

网格是通过MIKE ZERO的网格生成器建立的。在网格生成器中导入河段地形边界数据文件（.XYZ），生成模拟区域。在模拟区域的进口和出口添加弧形来定义进口边界和出口边界如图10.3-2所示。

图 10.3-2 导入河段数据边界后的模拟区域

（3）模拟区域的三角划分

模拟区域的三角划分关系到运算的效率和精度，需要格外注意。为了进行最初的三角划分，需要进行相应的设置，大堤顶点需要均分处理以便生成的网格较为均匀，大堤和河槽接近紧密的地方要移动一些顶点以便生成的网格不会太小。在特别需要关注的地区网格需要加密,如主槽。本次设计区域中主槽部分需要进行加密,采用的最大网格面积为 20 000m^2,其余地区最大网格面积为 90 000m^2,模拟区域见图 10.3-2。

三角划分完成后,首先,需要对网格进行平滑处理(mesh-smooth mesh)。本次设计,网格被平滑了 100 次。生成网格后的模拟区域如图 10.3-3 所示。当网格生成后还要再检查一下有没有某些区域过于稀疏或者过于稠密,检查一下是否有特别小的三角形存在并加以修改。

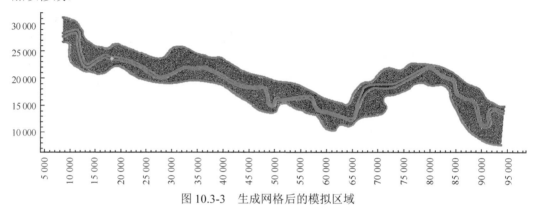

图 10.3-3　生成网格后的模拟区域

然后,把河段的地形数据文件导入到网格中进行内插(mesh-interpolate)。内插的结果与最终生成的网格有关,通过观察内插结果可以判断网格划分是否完善,如有问题需要重新生成网格,再导入地形内插,直至结果能够被接受。最后,把编辑好的网格数据导出(mesh-export mesh),如图 10.3-4 所示。

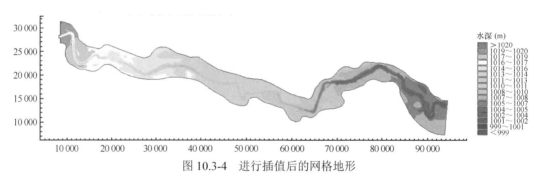

图 10.3-4　进行插值后的网格地形

可以在 MIKE ZERO 的"Animator"中导入生成的网格文件,查看其三维地形,如图 10.3-5 所示。

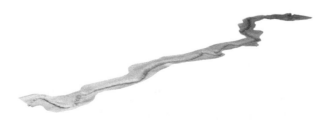

图 10.3-5　模拟区域三维地形

10.3.4.3　模型参数的率定

为了使平面二维数学模型能够正确模拟计算区域的洪水演进过程，需要对模型参数进行率定。模型率定通过与内蒙古河段典型物理模型试验资料对比进行，主要采用 1594m³/s 恒定流下的物模水位和流速观测资料与数模同流量水位、流速模拟计算结果对比，进而修改"manning number"改变模型糙率，使模型达到最佳模拟效果。

在进行模型参数率定时，水流采用恒定流，时间步长为60s，模拟时间共计 2 天 18 小时 40 分钟。经比选后确定河槽糙率取 n=0.011～0.015，滩地糙率取 n=0.020～0.030，进行模型调试，在模型参数率定过程中，对滩槽采用不同的糙率模拟流场阻力。根据实测河道横断面图对局部河槽地形进行对位修改，更真实地反映河槽形态对过流的影响，以便于更合理地校验洪水位。选用洪水流量为 1594m³/s，已经漫滩出槽，能在一定程度上反映出计算区域内滩槽行洪状况及河道滩槽的阻力状况。经过反复调整糙率，最终确定了河槽与滩地的糙率，manning 文件如图 10.3-6 所示。

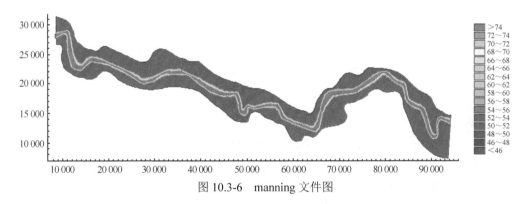

图 10.3-6　manning 文件图

在河槽糙率取 n=0.013、滩地糙率取 n=0.020～0.030 时的数学模拟水位与物模水位对比如表 10.3-1 所示。水位观测点位置分别为三湖河口、208 险工、乌兰十队、打不素和三岔口险工，如图 10.3-7 所示。所选水位观测点处均有重要控导工程，也是项目研究的重点位置。选取这些位置进行率定和验证，能够更准确地模拟出水流运动情况，更符合研究目的。经过对比，该五处水位观测点两种模型水位结果的差值最大为 0.131m。说明恒定流下各个水位观测点的数模结果与物模试验结果吻合较好，符合水力计算规范要求，这表明对模拟区域流场阻力状况的数学模拟是比较合适的。

表 10.3-1　典型实验河段数模水位与物模水位对比

测针位置	物模水位（m）	数模水位（m）	差值（m）
三湖河口	1018.675	1018.590	0.085
208 险工	1017.411	1017.280	0.131
乌兰十队	1010.906	1010.960	0.054
打不素	1007.720	1007.590	0.130
三岔口险工	1006.626	1006.750	0.124

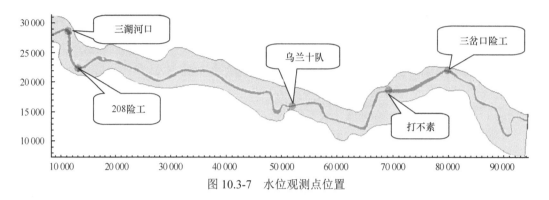

图 10.3-7　水位观测点位置

在河槽糙率取 n=0.013、滩地糙率取 n=0.02~0.03 时，对比黄河 38 断面、黄河 39 断面、黄河 52 断面、黄河 59 断面和黄河 63 断面两种模型的流速分布。其中，黄河 38 断面为三湖河口弯道的弯顶断面，黄河 39 断面为 208 险工的弯顶断面，黄河 52 断面为乌兰十队弯道的出弯处断面，黄河 59 断面为打不素弯道现状工程所在断面，黄河 59 断面为三岔口险工弯道弯顶断面。这些断面有实测地形数据，在考虑流速分布时又可以与这些断面处的水位观测结果结合起来，因此更能准确地反映水流的运动情况。在此基础上得出的率定结果也能更准确地反映流场阻力状况。

10.3.5　模型验证

流量为 1594m³/s 的水流属中等洪水，洪水已经漫滩出槽，能在一定程度上反映计算区域内滩槽行洪状况及河道滩槽阻力状况。同时为了验证数学模型在流量较小或者流量较大时，能否准确反映水流运动边界条件发生变化后的流场阻力状况，又选用较小流量632m³/s 和较大流量 2100m³/s 两种情况下数学模拟结果与物理模型试验结果进行对比验证，仍然采用三湖河口、208 险工、乌兰十队、打不素和三岔口险工五处作为典型对比点，进行水位和流速分布的对比分析。

表 10.3-2 为模拟河段在 2100m³/s 流量下，数模水位与物模水位的对比情况。表 10.3-3为模拟河段在 632m³/s 流量下，数模水位与物模水位的对比情况。

表 10.3-2　2100m³/s 流量下数模水位与物模水位对比

观测点位置	物模水位（m）	数模水位（m）	差值（m）
三湖河口	1018.675	1018.590	0.085
208 险工	1017.411	1017.280	0.131
乌兰十队	1010.906	1010.960	0.054
打不素	1007.730	1007.590	0.140
三岔口险工	1006.626	1006.750	0.124

表 10.3-3　632m³/s 流量下数模水位与物模水位对比

观测点位置	物模水位（m）	数模水位（m）	差值（m）
三湖河口	1016.464	1016.590	0.126
208 险工	1015.157	1015.280	0.123

观测点位置	物模水位（m）	数模水位（m）	差值（m）
乌兰十队	1007.989	1007.960	0.029
打不素	1005.477	1005.590	0.113
三岔口险工	1003.927	1003.790	0.137

经过对比，该五处水位观测点处两种模型在大小两种流量下的水位差值最大为0.140m。在不同水位或者流量下，虽然流场边界条件和湿周等发生变化，但是率定结果仍然满足水力计算规范要求。各个水位观测点的数学模拟结果与物理模型试验结果吻合较好，这表明该模型对模拟区域流场阻力状况的模拟是比较合适的。

图 10.3-8～图 10.3-12 是在 2100m³/s 流量下，黄河 38 断面（图 10.3-8）、黄河 39 断面（图 10.3-9）、黄河 52 断面（图 10.3-10）、黄河 59 断面（图 10.3-11）和黄河 63 断面（图 10.3-12）数模计算流速分布与物模实测流速分布的对比。图 10.3-13 到图 10.3-17 是在 632m³/s 流量下，黄河 38 断面（图 10.3-13）、黄河 39 断面（图 10.3-14）、黄河 52 断面（图 10.3-15）、黄河 59 断面（图 10.3-16）和黄河 63 断面（图 10.3-17）数模计算流速分布与物模实测流速分布的对比（图中起点距是把所在横断面沿横向从左至右分为 25 等份间隔距离。例如，断面宽 1000m，分为 25 等份，则每份为 40m，横轴上的 5 则代表 200m）。

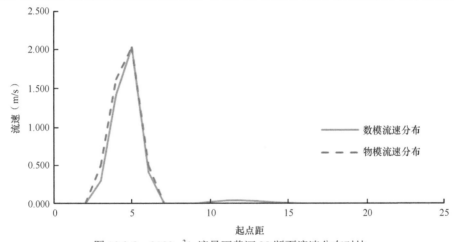

图 10.3-8　2100m³/s 流量下黄河 38 断面流速分布对比

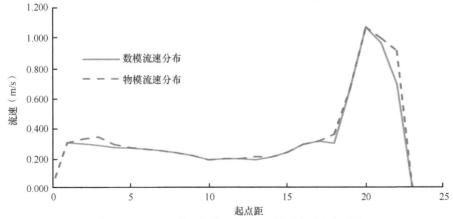

图 10.3-9　2100m³/s 流量下黄河 39 断面流速分布对比

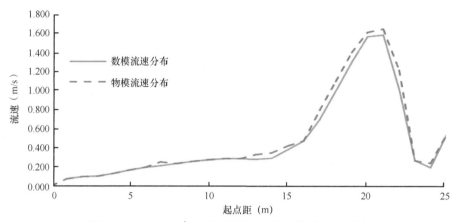

图 10.3-10　2100m³/s 流量下黄河 52 断面流速分布对比

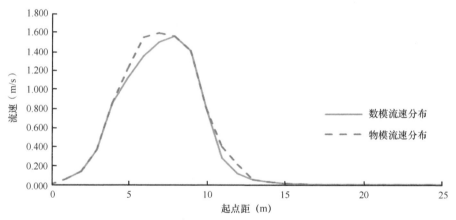

图 10.3-11　2100m³/s 流量下黄河 59 断面流速分布对比

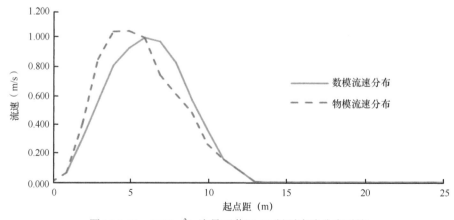

图 10.3-12　2100m³/s 流量下黄河 63 断面流速分布对比

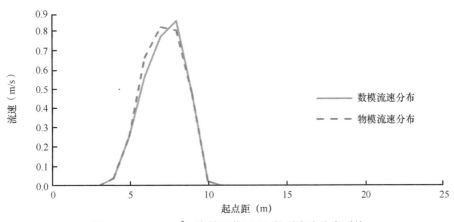

图 10.3-13　632m³/s 流量下黄河 38 断面流速分布对比

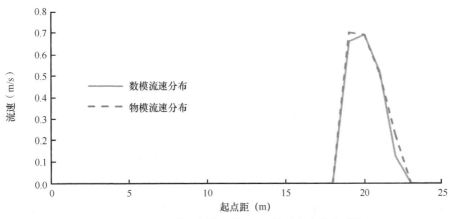

图 10.3-14　632m³/s 流量下黄河 39 断面流速分布对比

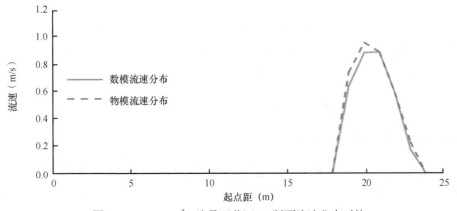

图 10.3-15　632m³/s 流量下黄河 52 断面流速分布对比

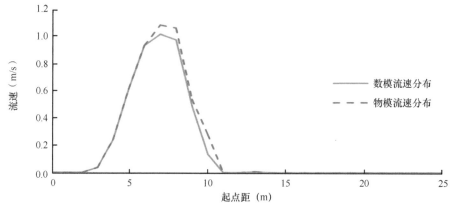

图 10.3-16　632m³/s 流量下黄河 59 断面流速分布对比

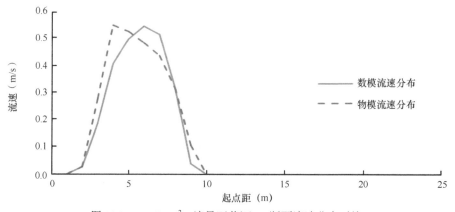

图 10.3-17　632m³/s 流量下黄河 63 断面流速分布对比

对比分析 2100m³/s 流量和 632m³/s 流量下，5 个典型断面处在流速大小与横向分布两方面，数模计算结果与物模实测结果都基本一致，吻合较好，峰谷值相近，相位也基本重合。这说明经率定后的数学模型在模拟不同量级洪水时均可以较为准确地模拟水流运动状态。

综上所述，本数学模型在河道地形处理、糙率选择和参数控制方面都是合理的，所建平面二维数学模型能正确模拟计算区域内的水流运动状态，可以利用本模型进行不同工况下内蒙古河段的洪水数学模拟研究。

10.3.6　支流洪水入汇数学模拟分析

10.3.6.1　支流洪水入汇方案

十大孔兑对内蒙古河段的影响主要是支流高含沙水流对干流小水期的淤堵影响，实验河段内在黄河南岸有毛不拉孔兑、黑赖沟和西柳沟三条大孔兑汇入。根据支流入汇水流"峰高流急，洪水陡涨陡落，历时很短"的特点，设计了毛不拉孔兑和西柳沟两支流洪水入汇遭遇干流小水情况下的流量过程，见表 10.3-4。

表 10.3-4 支流洪水入汇遭遇干流小水情况下干支流流量过程

时间（min）	$Q_{干流}$（m³/s）	$Q_{毛不拉}$（m³/s）	$Q_{西柳沟}$（m³/s）
1342		50	50
2683		1200	1500
2817	800	5600	6600
2952		2500	3000
3086		500	500
4025		30	30

10.3.6.2 数学模拟结果分析

选取 4 个水位观测点，采集水位随支流入汇过程而变化。这 4 个水位观测点分别取在两个支流入汇口的上下游，其编号依次为测针 5（黄河 45 断面，在毛不拉孔兑上游）、测针 9（黄河 56 断面，在毛不拉孔兑下游）、测针 13（黄河 64 断面，在西柳沟上游）和测针 15（黄河 70 断面，在西柳沟下游），测针位置如图 10.3-18 所示。

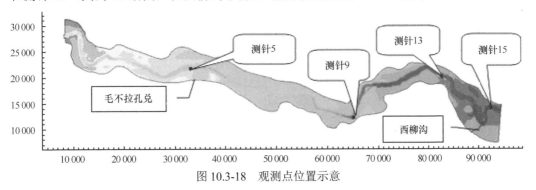

图 10.3-18 观测点位置示意

图 10.3-19～图 10.3-22 为毛不拉孔兑洪水入汇时入汇口处的水面及流场等观测项目的变化情况，图 10.3-23～图 10.3-26 为西柳沟洪水入汇时入汇口处的水面及流场等观测项目的变化情况。可以看出，在支流入汇流量最大时刻，由于支流入汇对上游干流来水的顶冲作用，西柳沟入汇点干流上游水位壅高，甚至出现局部逆流。

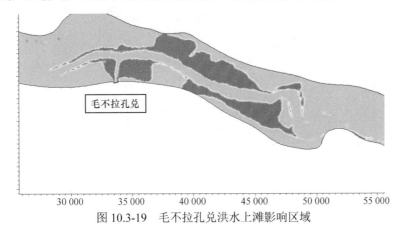

图 10.3-19 毛不拉孔兑洪水上滩影响区域

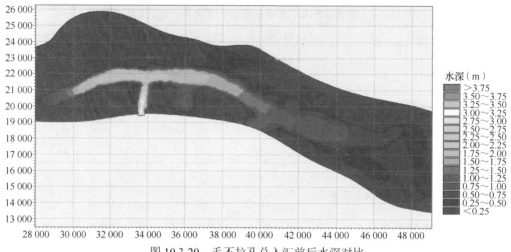

图 10.3-20　毛不拉孔兑入汇前后水深对比

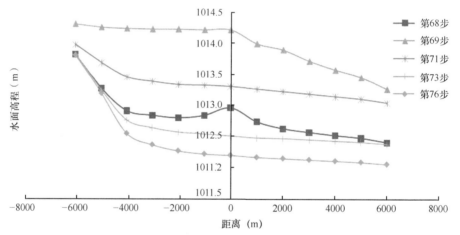

图 10.3-21　毛不拉孔兑入汇区水面线变化

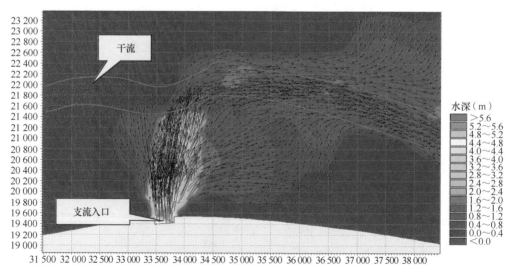

图 10.3-22　干流 800m³/s 流量下毛不拉孔兑入汇时的流速场

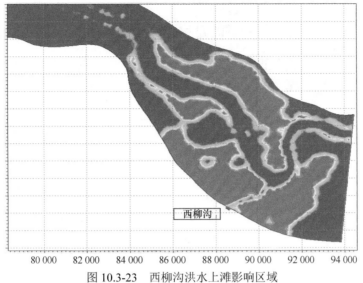

图 10.3-23　西柳沟洪水上滩影响区域

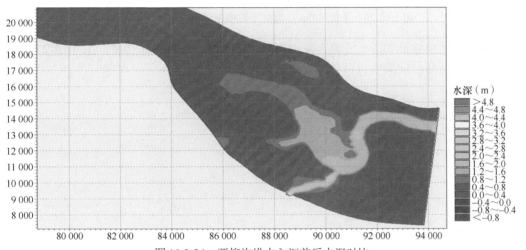

图 10.3-24　西柳沟洪水入汇前后水深对比

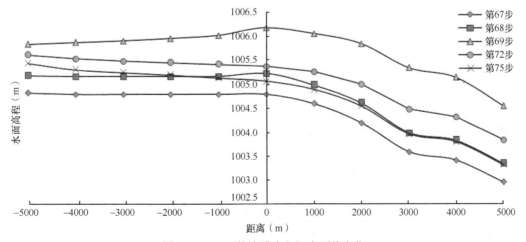

图 10.3-25　西柳沟洪水入汇水面线变化

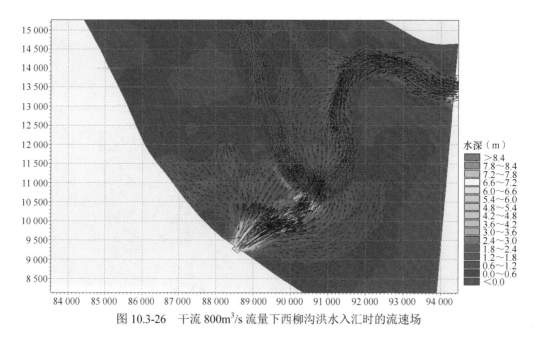

图 10.3-26　干流 800m³/s 流量下西柳沟洪水入汇时的流速场

支流入汇流量最大时，支流入汇口附近形成洪峰，并向下游传播。图 10.3-27 为各观测点处水位随时间的变化过程，分析可以得到以下几点。

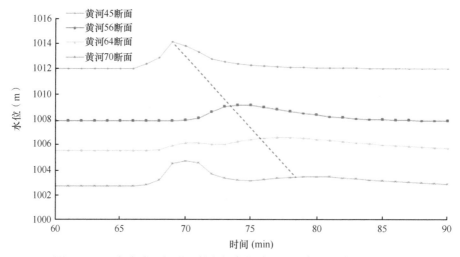

图 10.3-27　各支流口门附近的水位变化过程（毛不拉孔兑与西柳沟）

1）整体可以看到入汇支流进入干流时，形成入汇口局部壅水，每个断面在不同时刻都有显示，数学模拟成果很好地反映了交汇区水流的运动特点。

2）入汇支流进入干流时，在毛不拉孔兑上游断面和西柳沟上游断面附近同时形成洪峰。仔细观察黄河 64 断面的水位变化情况，有两次水位抬高：一次是在西柳沟（黄河 70 断面）形成洪峰时，在壅水作用影响下在黄河 64 断面处水位也抬高；另一次水位抬高是在毛不拉孔兑形成的洪峰到达黄河 64 断面时，壅水和洪峰没有叠加到一起，使得黄河 64 断面的水位在入汇过程中没有壅高太多，如果壅水和洪峰叠加到一起，则将造成很大的险情。

3）观察黄河 70 断面的水位变化情况。在上游支流入汇时形成第二个洪峰后，该断面又有一次水位抬高，这正是毛不拉孔兑形成的洪峰传播到该断面引起的。

4）纵观毛不拉孔兑的洪峰传播情况（如图 10.3-27 中斜虚线所示），洪峰在往下游传播过程中会被削弱，洪峰水位会有所下降。另外，如果两个洪峰先后发生，形成洪峰对位叠加，那么入汇区河段的水位将会抬高更多，从而给防洪带来很大压力。

5）以毛不拉孔兑洪峰为例，洪峰传播 78 800m，历时 6000s，洪峰平均推进速度 13.13m/s。

10.3.7 典型河段水流数学模拟结论

1）以 Saint-Venant 方程组为基本控制方程，采用非结构三角形网格并利用中心有限体积法对二维浅水方程组进行离散，建立平面二维水动力数学模型。利用建立的模型对黄河内蒙古典型游荡型河道洪水演进过程进行了数学模拟，计算结果表明，数学模型模拟洪水河势与调查河势基本一致，说明模型在河道地形和边界处理及糙率的选取方面基本合理，能较好地模拟计算区域内的洪水演进，可以利用本模型进行黄河游荡型河段不同工况条件下的洪水流场模拟。

2）支流入汇水流洪峰到达干流时，原本在主槽的干流洪水大面积上滩，受支流洪峰进入干流以后对上游水流的顶托影响，入汇处上游也有洪水上滩。入汇洪水使入汇口下游水流流速普遍增大；入汇水流的顶托作用使入汇口上游局部河段水流流速减小。

3）如果毛不拉孔兑和西柳沟两个支流洪峰先后发生，形成洪峰对位叠加，那么入汇区河段的水位将会抬高更多，从而给防洪带来很大压力。

11 宁蒙河段主槽淤积萎缩的原因

宁蒙河段近期淤积量增多的原因多而复杂，主要有自然因素和人为因素两种。自然因素包括降水、风积沙、支流（孔兑）来水来沙等；人为因素包括引水引沙、青铜峡水库和三盛公水库排沙、龙刘水库联合运用及水土保持等。这些影响因素错综复杂，分析起来难度大，上述章节中已对部分影响因素进行过详细分析，在本章中不再重复分析，着重归纳。

11.1 自然因素对宁蒙河段淤积的影响

11.1.1 降水对宁蒙河段淤积的影响

11.1.1.1 黄河上游降水量的地区分布特点

黄河上游龙羊峡以上属于青海高原，年均降水量等值线自东南的 800mm 向西北方向逐渐递减至 300mm，位于东南的黑河、白河年均降水量最大达 800mm，而西北黄河源区一带年均降水量则在 300mm 左右；全年降水日数也由 150d 以上逐渐减少到 80d 左右；全年日降水量≥10mm 的日数由 20d 以上减少到 5d 左右；≥25mm 的日数由 3d 减少到 0.2d；≥50mm 的日数基本上为 0，仅在吉迈至玛曲区间黑河、白河一带为 0.2d 左右。

龙羊峡至兰州区间地形变化复杂，祁连山、大阪山、拉脊山、太子山、西秦岭、马衔山等高山位于该区，因受水汽来源、地形及局部气候影响，形成了相对高值闭合圈。其中，祁连山形成了 500mm 闭合圈，大阪山、拉脊山局部地区形成了 700mm 闭合圈，太子山最高值可达 900mm 以上，为中上游的最高纪录，大夏河新发站年均降水量可达 975.4mm。该区全年降水日数为 80~150d，全年日降水量≥10mm 的日数在 10~30d；≥25mm 的日数在 2~5d；≥50mm 的日数只有太子山、拉脊山一带在 0.4d 以上。

兰州至河口镇区间是黄河流域最干旱的地区，年均降水量等值线在 400mm 以下，并且自东南向西北递减，内蒙古的河套地区是黄河流域降水量最小的地区，年均降水量在 150mm 左右，在西部的贺兰山形成了 300mm 闭合圈。内蒙古杭锦后旗站、临河一带年均降水量则在 150mm 以下，为黄河流域低值区。其中，内蒙古杭锦后旗站年均降水量只有 135.7mm，为黄河流域的降水量最小值（流域内实测年最小降水量为内蒙古河套灌区四闸站，1995 年仅 29.5mm）。兰州至河口镇区间全年降水日数由南部秦岭大于 100d 向北逐渐减少到 40d 以下。全年日降水量≥10mm 的日数由秦岭、泰山一线的 30d 左右向北减少到 5d 以下；≥25mm、50mm 的日数也分别由秦岭的 8d、1.5d 以上减少到宁蒙灌区的 1d、0.2d 以下。

11.1.1.2 降水量的变化特点

（1）年际变化

由于降水量年内分布不均和年际变化大（图 11.1-1），黄河上游干旱频繁。自 1956 年以来的 45 年间，1958 年大水之后，1960 年出现了干旱；1964 年大水之后，1965 年出现了大旱；1967 年大水之后，1969～1972 年、1979～1982 年连续出现了两个干旱期；1983～1985 年连续三年降水偏丰后，1986～1987 年、1991～1997 年、1999～2000 年连续出现了三个干旱期。

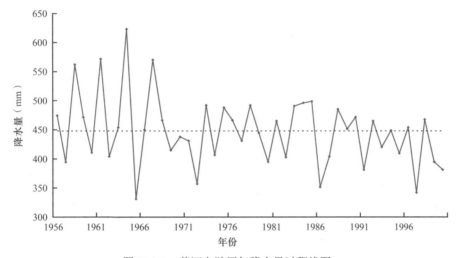

图 11.1-1 黄河上游历年降水量过程线图

（2）年代变化

图 11.1-2 为黄河上游不同年代降水量变化过程。黄河流域 20 世纪 50 年代、60 年代偏丰，20 世纪 70 年代、80 年平水，90 年代偏枯。1980～2000 年与 1956～1979 年相比，全流域降水量减少了 6%。

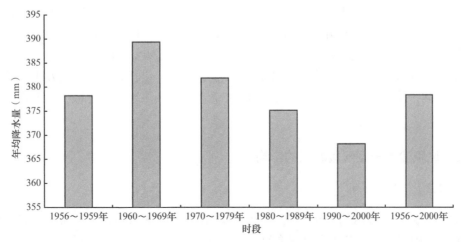

图 11.1-2 黄河上游不同年代降水量变化过程图

黄河上游不同年代降水量变化情况见表 11.1-1。龙羊峡以上各年代降水量的变化情况是：20 世纪 50 年代、90 年代偏枯，60 年代、80 年代偏丰，70 年代平水；1956～1979 年与 1980～2000 年相比基本持平。龙羊峡至兰州区间各年代降水量的变化情况是：20 世纪 50 年代、80 年代平水，60 年代、70 年代偏丰，90 年代偏枯。1980～2000 年与 1956～1979 年相比偏丰 3.7%。兰州至头道拐区间各年代降水量的变化情况是：20 世纪 50 年代、60 年代偏丰，70 年代、90 年代平水，80 年代偏枯。

表 11.1-1　黄河上游各年代降水量统计表

区间	省（区）	面积（km²）	降水量（mm）					
			1956～1959 年	1960～1969 年	1970～1979 年	1980～1989 年	1990～2000 年	1956～2000 年
龙羊峡以上	小计	131 340	461.3	494.9	482.7	507.9	469.5	485.9
	青海	104 946	425.9	439.5	435.1	457.7	414.9	435.4
	四川	16 960	605.9	728.5	673.4	723.4	724.3	703.2
	甘肃	9 434	594.1	690.8	669.4	677.9	618.6	656.9
龙羊峡至兰州	小计	91 090	476.1	491.4	486.8	480.0	460.2	478.9
	青海	47 304	476.0	478.2	465.1	476.5	447.7	467.2
	甘肃	43 786	476.3	505.7	510.4	483.9	473.8	491.5
兰州至头道拐	小计	163 644	285.5	273.8	265.9	239.4	258.7	261.7
	甘肃	30 113	318.9	324.9	310.3	280.7	300.0	305.2
	宁夏	41 757	266.8	270.5	251.9	226.2	247.1	250.5
	内蒙古	91 774	282.7	258.2	258.8	232.4	250.2	252.8
黄河上游	小计	338 770	378.2	389.4	381.9	375.2	368.2	378.4
	青海	104 946	425.9	439.5	435.1	457.7	414.9	435.4
	四川	16 960	605.9	728.5	673.4	723.4	724.3	703.2
	甘肃	83 333	432.8	461.3	456.1	432.4	427.4	442.9
	宁夏	41 757	266.8	270.5	251.9	226.2	247.1	250.5
	内蒙古	91 774	282.7	258.2	258.8	232.4	250.2	252.8

从黄河上游不同时段的降水量分析，1956～2000 年年均降水量为 378.4mm，其中 20 世纪 60 年代至 70 年代降水偏多；80 年代降水量接近年均值；90 年代降水量最少，比年均值减少 2.7%，比降水较丰时段的 20 世纪 60 年代减少 5.4%。

从三个区域不同时段的降水量分析，20 世纪 90 年代降水偏少主要发生在龙羊峡至兰州区间，比年均值减少 3.9%。由于降水量减少，径流也相应地减少，河道淤积量增加。

11.1.2　风积沙对宁蒙河段淤积的影响

11.1.2.1　入黄风积沙量

关于入黄风积沙量的大小，在不同的阶段有不同的认识和相应的研究成果。1991 年 3 月，在中国科学院黄土高原综合科学考察队完成的《黄土高原地区北部风沙区土地

沙漠化综合治理》报告成果中，1971～1980 年下河沿至头道拐河段年均入黄风积沙量为
4555 万 t；2009 年 2 月，在中国科学院寒区旱区环境与工程研究所完成的《黄河宁蒙河
道泥沙来源与淤积变化过程研究》报告成果中，宁蒙河段入黄风积沙量为 3710 万 t。上
述两个成果的不同，是因为后者认为在毛不拉孔兑以下河段的直接入黄风积沙量较少，
风积沙主要是通过孔兑在洪水期搬运的形式入黄。

经沙量平衡法冲淤量与断面法冲淤量的对比分析，对宁蒙河段入黄风积沙进行了修
正，修正后的入黄风积沙为 1989 万 t。

11.1.2.2　风积沙对宁蒙河段的淤积影响

中国科学院寒区旱区环境与工程研究所通过对黄河内蒙古河段河道淤积泥沙打钻
采样，以及对黄河沿岸及支流产沙地层采样分析对比，追踪河道淤积泥沙源地，结果表
明，黄河内蒙古河段河道淤积泥沙主要来源于内蒙古乌兰布和沙漠及十大孔兑的库布齐
沙漠和丘陵沟壑梁地。根据他们的研究，1954～2000 年内蒙古河段泥沙淤积总量约为
20.11 亿 t，其中大于 0.1mm 的粗沙淤积为 15.57 亿 t，占总淤积量的 77.42%。而粗沙
淤积中入黄风积沙的贡献情况为乌兰布和沙漠 6.06 亿 t、库布齐沙漠 5.85 亿 t，二者约
占大于 0.1mm 的粗沙淤积量的 76.49%。

11.1.3　支流来水来沙对宁蒙河段淤积的影响

宁蒙河段支流具有水少沙多、水沙量年内年际分配不均等特点，1970 年 11 月至 2005
年 10 月年均水沙量分别为 9.60 亿 m³、0.665 亿 t，其中 1986 年以前年均水沙量分别为
8.90 亿 m³、0.473 亿 t，1986 年以后年均水沙量分别为 10.19 亿 m³、0.827 亿 t。

综合分析洪水期、汛期支流来沙与宁蒙河段冲淤的相对关系，认为宁蒙河段（特别
是内蒙古十大孔兑河段）支流来沙与干流淤积量相关性较强，是影响宁蒙河段淤积的主
要因素之一。一维水沙数学模型计算结果表明，1970 年 11 月至 2005 年 10 月，考虑支
流来水来沙与不考虑支流来水来沙相比，宁蒙河段年均多淤积 0.301 亿 t，其中，1970
年 11 月至 1986 年 10 月年均多淤积 0.207 亿 t，1986 年 11 月至 2005 年 10 月年均多淤
积 0.377 亿 t。两者相比，说明后一时段的支流来水来沙在一定程度上加重了宁蒙河段的
淤积。究其原因，一方面是因为干流有利于输送支流泥沙的来水量减小，另一方面是因
为支流来沙本身也有增大。

11.1.4　其他影响因素

中国科学院寒区旱区环境与工程研究所有关专家在分析了 20 世纪 80 年代末至今的
气象等资料后初步认为，近年来黄河上游兰州以上河段来水持续减少的主要原因是气候
整体转暖和生态的持续恶化。

黄河上游兰州以上河段是黄河最主要的径流形成区，年均水量占黄河总径流量的
55.6%。但近 10 年来，水量一直在较低水平徘徊，水情变化呈减少趋势，前景堪忧。从
20 世纪 80 年代末到现在，黄河上游兰州以上河段水量年均减少 13%，2002 年水量减少

最多，较年均来水减少46%。

气候的变化是水量减少的根本原因。该成果提供了有"黄河蓄水池"之称的甘肃省玛曲县近年的气象资料。其中，当地1961～1990年的气温均值是1.2℃，而近20年的气温大多维持在2℃以上，最高达到了2.7℃，气温均值上升超过1℃。

当地年降水量由615.5mm减少到596.4mm，年降水量减少了不到20mm，对黄河水量影响不大。而温度的升高，却直接导致注入黄河的地表径流量减少，并从两个方面起作用：一方面是温度升高造成蒸发量加大，使地温升高，地表趋于旱化，在降水量不增反减的情况下，这必然会对地表径流注入黄河的水量造成影响，但这一影响相对较小；另一方面是温度升高造成地下冻土层融化，使大量地表水向土层深部渗透，使地表径流量大幅度减少，同时，也使高寒沼泽草甸逐渐演变为高寒草甸草场，并造成植被覆盖度降低，裸地扩展，严重地段土地荒漠化，这是最主要的影响。

黄河上游兰州以上地区大部分属于青藏高原高寒地区，地下存在常年冻土层，这一冻土层是不透水层，能够成功地阻止地表水下渗。而在气候变暖之后，冻土层急剧退化，隔离地表水的能力大幅度下降，使大量的地表水下渗，影响地表径流的形成。2003年，相关部门在对黄河源区进行考察时发现，部分地区冻土层退化厚度达1m，融化层厚度增加到2.8m，大部分地区融土层厚度大到一般强度降水难以形成地表径流的强度。

草原上的鼠害不但能够对整个草场的生态产生影响，而且同样能够影响地表径流的形成，是造成当地注入黄河水量减少的另一"罪魁祸首"。近20年来，由于气候变暖和过度放牧，高原草场退化加剧，鼠害猖獗。在黄河源区，部分草场每亩地有15个鼠洞，每个洞穴掏出的沙土堆有45m³之多。在这样的草场，因为鼠害挖出的松土约有675m³，换算成实土约为450m³，相当于约670mm的水层。也就是说，在这些地区，即使有600～700mm的连续降水，也不够填充鼠洞，更谈不上形成地表径流。而目前黄河上游兰州以上地区的年均降水量大多在600mm左右甚至更低，地表径流减少在意料之中。

11.2 人为因素对宁蒙河段淤积的影响

对于人为因素主要分析了引水引沙、青铜峡水库和三盛公水库排沙及龙刘水库联合运用对宁蒙河段冲淤的影响。

宁蒙河段的引黄灌溉历史悠久，有著名的卫宁灌区、青铜峡灌区、内蒙古河套灌区和土默特川灌区。经对1970年以来的引水引沙量进行统计分析，1970年11月至2005年10月，宁蒙河段灌区年均引水量为144.87亿m³，年均引沙量为0.466亿t。其中，1970年11月至1986年10月年均引水量、年均引沙量分别为139.33亿m³、0.380亿t，1986年11月至2005年10月年均引水量、年均引沙量分别为149.53亿m³、0.538亿t。两岸灌区引水导致宁蒙河段水量沿程减少，1970年11月至1986年10月引水导致干流水量减少约25%，1986年11月至2005年10月引水导致干流水量减少约37%。引水引沙对河道冲淤特性的影响非常复杂，大量引水必然会导致河道淤积量的增加，而与此同时引沙又可以在一定程度上削减引水对河道淤积的影响。综合分析引水引沙与宁蒙河段冲淤的相对关系，认为引水引沙只是影响宁蒙河道淤积的一个因素，且不是控制性因素。

数学模型计算结果表明，引水引沙年均引起的淤积量为 0.072 亿 t，其中，1970 年 11 月至 1986 年 10 月年均淤积量为 0.093 亿 t，1986 年 11 月至 2005 年 10 月年均淤积量为 0.054 亿 t，同前一时段相比，后一时段引沙量较大，但引水量变化不大，因此由引水引沙引起的增淤量较小。

经过对青铜峡水库和三盛公水库排沙运用方式的了解及对排沙期河道冲淤变化的分析，认为青铜峡水库排沙对水库下游河道冲淤的影响主要发生在排沙期，造成了邻近河段的短暂淤积，而三盛公水库排沙对水库下游河道冲淤基本没有影响。

就宁蒙河段冲淤而言，龙刘水库联合运用使宁蒙河段年内平均淤积量增大，且淤积主要发生在主槽，另外，大流量历时减少及洪峰削减使十大孔兑入黄口处局部河段的淤积加重。通过对龙刘水库运用以来的水沙条件进行还原，来计算还原后的宁蒙河段冲淤量，对还原前后的冲淤量比较即得龙刘水库运用对宁蒙河道的影响，结果显示，1986 年 11 月至 2005 年 10 月龙刘水库联合运用使宁蒙河段年均增淤了 0.274 亿 t。

11.3 小 结

根据以上分析可知，各种因素对近期宁蒙河段淤积加重特别是内蒙古河段主槽淤积萎缩均有不同程度的影响，我们对此有了基本的了解和定性的认识，而其中一些影响因素经过我们的定量计算有了初步的结论。总的来说，各影响因素对河道冲淤的作用都不是独立存在的，而是交织在一起，关系复杂，它们共同造就了近期宁蒙河段特别是内蒙古河段的主槽淤积萎缩。究其根本，主要原因是宁蒙河段的水沙关系不协调，洪水少、洪峰低、输沙水量不足，而这一根本则来自近期流域降水减少、工农业用水增加及龙刘水库的调蓄运用。基于以上复杂的影响，解决宁蒙河段主槽淤积萎缩需要采取综合治理措施，可从水库调水调沙、增加来水量和采取工程及非工程措施等方面综合治理。

12　解决宁蒙河段淤积的治理措施及治理效果研究

解决宁蒙河段淤积的治理措施主要包括调整龙刘水库运用方式、修建大柳树水库、南水北调西线调水工程、加高两岸堤防、挖河、十大孔兑治理等。为了便于比较分析各项治理措施对减缓宁蒙河段淤积、恢复主槽过流能力的作用，我们在同一水平下设计了水沙系列，利用泥沙冲淤数学模型进行了计算，并分析其治理效果。

12.1　设 计 水 沙

（1）设计径流系列

根据上游各水库的联合调节及沿程的工农业用水（包括西线调水各配置方案），进行径流调节计算，为和《黄河古贤水利枢纽工程项目建议书》的水沙系列一致，计算时段为 80 年：2000～2019 年选择 1971～1975 年+1978～1982 年+1987～1996 年的 20 年系列；2020～2079 年选择 1919～1930 年+1950～1997 年的 60 年系列。

（2）设计沙量

安宁渡断面的设计沙量为 1.0 亿 t。以安宁渡断面的水沙量为进入黑山峡水库的入库水沙量，依据各水量配置方案，利用建立的实测输沙关系推算相应的设计沙量。

为了便于对调整龙刘水库运用方式、修建大柳树水库及南水北调西线调水工程三种措施对宁蒙河段的减淤效果进行比较，我们分析设计系列的后 50 年，即 2030～2079 年，设计水沙系列的特征值见表 12.1-1。

表 12.1-1　设计水沙系列的特征值表

解决措施	水量（亿 m³）			沙量（亿 t）		
	汛期	非汛期	全年	汛期	非汛期	全年
现状条件下	136.2	148.4	284.6	0.82	0.20	1.02
调整龙刘水库运用方式	166.3	118.3	284.6	0.82	0.20	1.02
修建大柳树水库	149.2	133.6	282.8	0.11	0	0.11
西线调水河道内配置水量 35 亿 m³ 方案	192.7	148.4	341.1	0.11	0	0.11
西线调水河道内配置水量 30 亿 m³ 方案	187.6	148.4	336.0	0.11	0	0.11
西线调水河道内配置水量 25 亿 m³ 方案	183.4	150.0	333.4	0.11	0	0.11

12.2 调整龙刘水库运用方式对宁蒙河段的减淤作用分析

12.2.1 头道拐月输沙用水量分析

自 1961 年 11 月盐锅峡水库投入运用至 1986 年 11 月龙羊峡水库投入运用前，宁蒙河段有缓慢淤积的趋势，年均淤积厚度在 0.01～0.02m。自龙羊峡水库投入运用至 2004 年 10 月，受来水来沙及龙羊峡水库、刘家峡水库的调节影响，汛期水量占全年水量的比例及大流量出现概率降低，内蒙古河段淤积加重，宁夏河段基本保持冲淤平衡，淤积主要发生在内蒙古河段，年均淤积量（沙量平衡法）达 0.747 亿 t，其中又以巴彦高勒至头道拐河段淤积为甚，占内蒙古河段淤积量的 91.3%。因此，在分析调整龙刘水库运用方式，分月确定下泄流量时，主要考虑巴彦高勒至头道拐河段的淤积量及各月的输沙塑槽用 水量。

（1）巴彦高勒站汛期各月水沙量分析

表 12.2-1 为巴彦高勒站 1952～2004 年汛期各月水沙特征值。从年均月水沙量分析，水量和沙量主要集中在 8 月和 9 月，这两个月的水量分别占汛期水量的 27.6% 和 28.0%，沙量分别占汛期沙量的 36.3% 和 26.5%。

表 12.2-1 巴彦高勒站 1952～2004 年汛期各月水沙特征值

项目	时段	7 月	8 月	9 月	10 月	汛期
水量 （亿 m³）	1952～1961 年	43.2（25.1%）	45.1（26.2%）	45.8（26.6%）	38.2（22.2%）	172.3
	1961～1968 年	39.0（22.7%）	42.9（25.0%）	52.2（30.4%）	37.5（21.9%）	171.7
	1968～1986 年	27.5（21.3%）	33.5（25.9%）	35.5（27.5%）	32.8（25.3%）	129.2
	1986～2004 年	9.4（17.5%）	20.1（37.4%）	15.3（28.4%）	9.0（16.8%）	53.8
	1952～2004 年	26.0（22.0%）	32.6（27.6%）	33.1（28.0%）	26.4（22.4%）	118.1
沙量 （亿 t）	1952～1961 年	0.44（24.0%）	0.68（37.0%）	0.46（24.7%）	0.26（14.3%）	1.85
	1961～1968 年	0.31（26.2%）	0.34（28.6%）	0.37（31.1%）	0.17（14.0%）	1.19
	1968～1986 年	0.14（21.0%）	0.20（30.1%）	0.20（29.7%）	0.13（19.3%）	0.66
	1986～2004 年	0.07（17.9%）	0.21（55.5%）	0.08（20.1%）	0.02（6.5%）	0.38
	1952～2004 年	0.20（22.8%）	0.32（36.3%）	0.23（26.5%）	0.12（14.3%）	0.87
含沙量 （kg/m³）	1952～1961 年	10.3	15.2	10.0	6.9	10.7
	1961～1968 年	8.0	7.9	7.1	4.5	6.9
	1968～1986 年	5.1	6.0	5.5	3.9	5.1
	1986～2004 年	7.3	10.6	5.0	2.8	7.1
	1952～2004 年	7.6	9.7	7.0	4.7	7.4

注：水沙量后括号内的数据为各月水沙量占汛期水沙量的比例

从各时段的水沙量分析，随着时间的推移，均呈递减的趋势。图 12.2-1～图 12.2-4

分别为巴彦高勒站 7~10 月历年水沙过程。从各月水量占汛期水量的比例分析，7 月呈递减的趋势；8 月 1986~2004 年较 1952~1986 年增加了 12%左右；9 月各时段变化不大；10 月 1952～1968 年在 22%左右，1968~1986 年增大到 25.3%，1986~2004 年又减小到 16.8%。

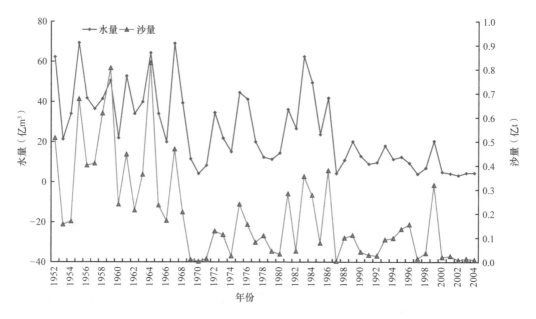

图 12.2-1　巴彦高勒站 7 月历年水沙过程

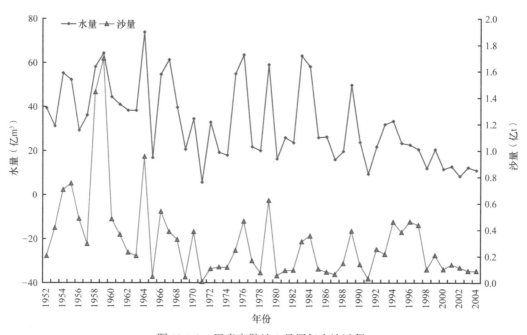

图 12.2-2　巴彦高勒站 8 月历年水沙过程

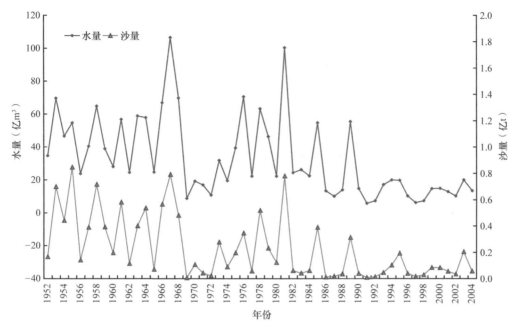

图 12.2-3 巴彦高勒站 9 月历年水沙过程

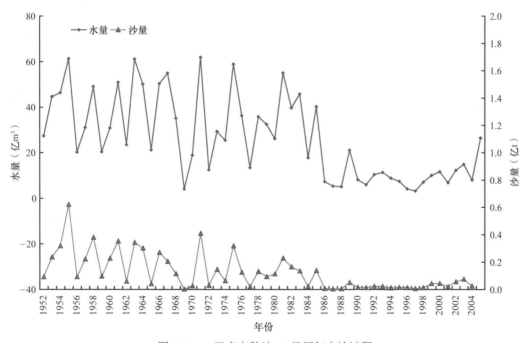

图 12.2-4 巴彦高勒站 10 月历年水沙过程

从各时段的沙量分析，随着时间的推移，均呈递减的趋势。图 12.2-1～图 12.2-4 分别为巴彦高勒站 7～10 月历年水沙过程。从各月沙量占汛期沙量的比例分析，7 月整体上呈递减趋势；8 月 1986～2004 年较 1952～1986 年增加了 12%左右；9 月各时段变化不大；10月 1952～1968 年在 14%左右，1968～1986 年增大到 19.3%，1986～2004 年又减小到 6.5%。

（2）十大孔兑汛期各月水沙量分析

表 12.2-2 为十大孔兑及昆都仑河和五当沟两条支流 1952～2004 年汛期各月水沙特征值。从年均月水沙量分析，水量和沙量主要集中在 7 月和 8 月，这两个月的水量分别占汛期水量的 40.9%和 40.4%；沙量分别占汛期沙量的 61.9%和 35.0%。从各时段的水沙量分析，变化不大。图 12.2-5～图 12.2-8 分别为十大孔兑及两条支流 7～10 月历年水沙过程，历年变化不大。

表 12.2-2　十大孔兑及两条支流 1952～2004 年汛期各月水沙特征值

项目	时段	7 月	8 月	9 月	10 月	汛期
水量 （亿 m³）	1952～1961 年	0.62（40.3%）	0.63（41.2%）	0.17（10.9%）	0.12（7.7%）	1.53
	1961～1968 年	0.49（37.2%）	0.57（43.4%）	0.16（12.0%）	0.10（7.4%）	1.31
	1968～1986 年	0.52（38.6%）	0.59（43.5%）	0.15（11.3%）	0.09（6.5%）	1.36
	1986～2004 年	0.65（44.8%）	0.52（36.0%）	0.16（11.2%）	0.11（8.0%）	1.44
	1952～2004 年	0.58（40.9%）	0.57（40.4%）	0.16（11.3%）	0.10（7.4%）	1.41
沙量 （万 t）	1952～1961 年	1872（64.4%）	948（32.6%）	83（2.8%）	3（0.1%）	2905
	1961～1968 年	1353（50.8%）	1188（44.6%）	120（4.5%）	2（0.1%）	2663
	1968～1986 年	1558（56.2%）	1123（40.5%）	91（3.3%）	2（0.1%）	2774
	1986～2004 年	2240（69.3%）	910（28.1%）	81（2.5%）	4（0.1%）	3235
	1952～2004 年	1818（61.9%）	1027（35.0%）	91（3.1%）	3（0.1%）	2939
含沙量 （kg/m³）	1952～1961 年	304.3	150.6	49.7	2.2	190.1
	1961～1968 年	276.6	207.9	76.2	2.2	202.6
	1968～1986 年	297.5	190.2	59.5	2.5	204.6
	1986～2004 年	346.1	174.9	50.3	3.3	224.1
	1952～2004 年	314.7	179.9	56.9	2.7	208.1

注：水沙量后括号内的数据为各月水沙量占汛期水沙量的比例

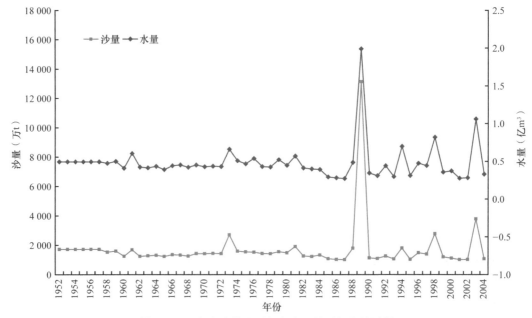

图 12.2-5　十大孔兑及两条支流 7 月历年水沙过程

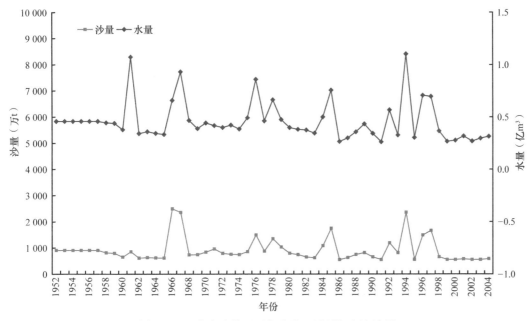

图 12.2-6 十大孔兑及两条支流 8 月历年水沙过程

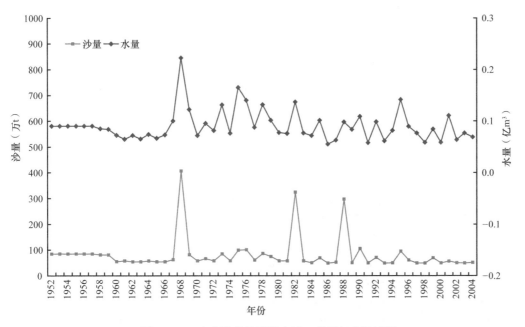

图 12.2-7 十大孔兑及两条支流 9 月历年水沙过程

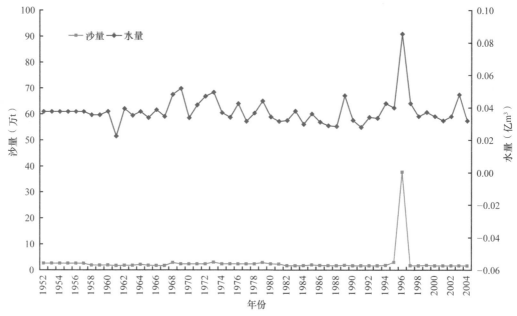

图 12.2-8　十大孔兑及两条支流 10 月历年水沙过程

根据以上结果分析巴彦高勒至头道拐河段的水沙量，干流来沙以 8 月为主，区间来沙以 7 月为主；干流来水以 8 月、9 月为主，区间来水较少。因此，该河段 7 月、8 月水沙异源，水沙关系不协调，造成该河段 7 月、8 月淤积严重。

（3）巴彦高勒至头道拐河段汛期各月冲淤量分析

表 12.2-3 为巴彦高勒至头道拐河段不同时段汛期各月冲淤量，在计算冲淤量时，考虑了支流来水来沙、风积沙等的影响。1952～2004 年年均汛期淤积量为 0.35 亿 t，淤积主要集中在 7 月和 8 月，7 月、8 月的淤积量分别占汛期淤积量的 62.3% 和 49.0%；9 月、10 月河道基本上冲淤平衡。从来沙组成分析，7 月河道淤积主要是十大孔兑来沙；8 月河道淤积主要是干流来沙。

表 12.2-3　巴彦高勒至头道拐河段汛期各月冲淤量

时段	冲淤量（亿 t）					各月冲淤量占汛期冲淤量的比例（%）			
	7 月	8 月	9 月	10 月	汛期	7 月	8 月	9 月	10 月
1952～1961 年	0.36	0.36	0.11	0.00	0.83	43.4	43.2	13.0	0.40
1961～1968 年	0.17	0.10	−0.05	−0.14	0.08	198.1	119.7	−54.1	−163.7
1968～1986 年	0.12	0.06	−0.04	−0.09	0.05	243.8	126.9	−75.7	−195.0
1986～2004 年	0.25	0.20	0.01	0.01	0.48	52.6	41.6	2.7	3.0
1952～2004 年	0.22	0.17	0.01	−0.05	0.35	62.3	49.0	1.8	−13.0

（4）头道拐站汛期各月塑槽输沙用水量分析

头道拐站汛期各月输沙塑槽用水量的确定，主要依据内蒙古河段的输沙特性及冲淤规律，利用实测水沙及河道冲淤资料分析确定。根据 1966～2000 年汛期各月实测资料，并考虑支流来水来沙、引水引沙及风积沙对河道的冲淤影响，建立了头道拐站汛期各月输沙塑槽用水量关系式。头道拐站汛期各月关系式如下：

$$W_{汛} = \kappa_1 W_{s汛} - \kappa_2 \Delta W_{s汛} + C$$

式中，$W_{汛}$ 为头道拐站汛期月输沙塑槽用水量（亿 m³）；$W_{s汛}$ 为头道拐站汛期月沙量（亿 t）；$\Delta W_{s汛}$ 为汛期巴彦高勒至头道拐河段的月冲淤量（亿 t）；κ_1、κ_2 为系数。

根据上式，在假定的已知汛期来沙量和区间来沙量及河道允许淤积量的前提下，可求得汛期各月头道拐站输沙用水量，见表 12.2-4。

表 12.2-4　巴彦高勒至头道拐河段不同淤积水平下头道拐站汛期各月输沙用水量

巴彦高勒至头道拐淤积量（亿 t）	输沙用水量（亿 m³）				
	7 月	8 月	9 月	10 月	汛期
0	50.2	44.4	33.1	17.4	145.1
0.12	41.8	36.6	31.9	16.7	127.0

根据预测，未来巴彦高勒站年沙量为 0.91 亿 t，其中汛期 0.66 亿 t；7～10 月巴彦高勒站的沙量分别为 0.15 亿 t、0.23 亿 t、0.19 亿 t 和 0.10 亿 t。巴彦高勒至头道拐河段汛期沙量为 0.322 亿 t。根据沙量平衡关系，在汛期河道允许冲淤量分别为冲淤平衡和淤积 0.12 亿 t 时，根据上式计算，头道拐站汛期输沙塑槽用水量分别为 145.1 亿 m³ 和 127.0 亿 m³。

根据以上分析，若保持内蒙古河道冲淤平衡，汛期总输沙用水量为 145.1 亿 m³，汛期 7～10 月的输沙用水量分别为 50.2 亿 m³、44.4 亿 m³、33.1 亿 m³ 和 17.4 亿 m³；若保持内蒙古河道年均淤积 0.12 亿 t，则汛期总输沙用水量为 127.0 亿 m³，汛期 7～10 月的输沙用水量分别为 41.8 亿 m³、36.6 亿 m³、31.9 亿 m³ 和 16.7 亿 m³。

12.2.2　调整龙刘水库运用方式的研究

（1）龙刘水库现状运用方式

龙羊峡水库为具有多年调节性能的大型综合利用枢纽工程，工程设计以发电为主，电站装机容量为 1280MW，通过和刘家峡水库及梯级水电站群联合补偿调节运行，在发电、防洪、防凌、灌溉供水等方面取得了显著的经济效益。

刘家峡水库工程开发任务除发电、防洪、承担反调节外，在大柳树水库开发之前，还必须承担下游灌溉供水高峰期的补水和防凌期对下泄流量的控制任务。电站设计装机容量为 1225MW，通过增容改造和右岸小机组建设后刘家峡水电厂的总装机规模为 1390MW，另外考虑刘家峡洮河口排沙洞扩机工程后电站总装机容量为 1690MW。

从满足兴利要求看，龙羊峡水库、刘家峡水库需要在汛期尽量多蓄水，增加非汛期水量，提高上游梯级水电站发电效益和 5～7 月宁蒙引黄灌区灌溉供水保证率，目前龙羊峡水库、刘家峡水库按以下运用方式调度运行。

7～9 月为黄河主汛期，龙羊峡水库、刘家峡水库在汛期限制水位以下运行，其他各水库均控制在汛限水位运行，以利于防洪排沙。龙刘水库在枯水年份允许泄放水量至死水位，以满足经济社会低限用水要求和上游梯级水电站发电要求。

10～11 月龙羊峡水库蓄水运用，刘家峡水库根据出力要求进行下泄，如果出力不足则由龙羊峡水库放水补充，该时段大柳树断面以下用水锐减，梯级水电站发电任务由龙羊峡至青铜峡区间水电站承担。至 10 月底，龙羊峡水库最高水位允许达到正常蓄水位，刘家峡水库在 11 月底加大泄量，满足较大流量封冻要求，并预留一定的防凌库容。

12 月至次年 4 月为黄河枯水季节，大柳树断面以下需水量很小，且 12 月至次年 3 月为宁蒙河段防凌运用时期，刘家峡水库按防凌要求下泄，梯级水电站出力主要依靠龙羊峡水库放水，龙羊峡水库水位消落，刘家峡水库防凌蓄水，并在 3 月凌汛前仍保留一定的防凌库容，3 月底允许蓄至正常蓄水位，4 月刘家峡水库继续蓄水至正常蓄水位或维持在正常蓄水位运行，以备灌溉季节之需。

5～6 月为宁蒙地区主要灌溉期，由于对水量需求大，需刘家峡水库补水，如不足再由龙羊峡水库补水，在 6 月底刘家峡水库降至汛限水位。

由于刘家峡水库库容较小，并且距离宁蒙河段较远，在灌溉高峰期单靠刘家峡水库无法满足灌溉供水要求，需要龙羊峡水库放水补充，在防凌时存在防凌调度不灵活问题，不能完全满足防凌要求，有些年份会发生凌汛灾害。

由于龙羊峡和刘家峡等大型水库的调蓄作用及工农业用水的影响，黄河干流河道内实际来水的年内分配发生了很大变化。天然情况下下河沿站汛期来水比例为 62%左右，1986～1998 年下降到 42.4%。由于汛期水量减少，1986 年以后宁蒙河段的水沙关系发生了很大变化，内蒙古平原河段由冲淤平衡转为淤积，主槽过流能力大大降低。这些事实说明，仅依赖黄河上游龙羊峡水库、刘家峡水库协调宁蒙河段输沙用水要求与水量调度、发电之间的矛盾是十分困难的。

（2）调整龙刘水库的运用方式

从协调宁蒙河段水沙关系分析，若要满足塑造宁蒙河段主槽不淤积萎缩的水沙过程要求，必须调整上游梯级水库目前的运用方式，在 7～8 月尽量增加下泄水量，并通过水库调节，尽量在宁蒙河段支流（孔兑）发生高含沙洪水期间大流量集中下泄，防止主槽淤堵，减少河道淤积。

为了塑造宁蒙河段主槽不淤积萎缩的水沙过程，对黄河上游梯级水库的运用方式进行调整，尽量增加汛期的下泄水量，拟定的黄河上游梯级水库运用方式如下。

7～9 月为黄河主汛期，龙羊峡水库在汛期限制水位以下运行，在枯水年份为了满足工农业用水和上游梯级水电站的发电要求允许泄放水量至死水位；在丰水年份龙羊峡水库与刘家峡水库一起凑泄大流量过程，以利于宁蒙河段冲沙。为了在宁蒙河段塑造大流量过程，刘家峡水库在 7 月底降至死水位，其他各水库均控制在汛限水位运行，以利于防洪排沙。

10 月至次年 4 月龙羊峡水库、刘家峡水库的运用方式与调整前相同。

5～6 月为宁蒙地区主要灌溉期，由于对水量需求大，需刘家峡水库补水，如不足再由龙羊峡水库补水。在满足灌溉供水要求的前提下，刘家峡水库蓄水运用，在 6 月底允许刘家峡水库蓄至正常蓄水位，以备在汛期塑造大流量过程冲沙。

（3）龙刘水库运用方式调整前后黄河上游梯级径流调节计算

Ⅰ. 黄河干流主要站天然径流

黄河历年实测径流受农业灌溉和大型水库调蓄等因素影响的大小程度不同，而且是逐年变大的，因此，需将实测系列还原为不受人类活动影响的天然径流。径流还原时，主要考虑了历年的灌溉耗水和干支流已建大型水库（龙羊峡水库、刘家峡水库、三门峡水库、汾河水库、陆浑水库）的调蓄影响。水利部黄河水利委员会勘测规划设计研究院于 1982 年提出了 1919 年 7 月至 1975 年 6 月 56 年天然径流系列，已在黄河流域规划及小浪底水利枢纽初步设计中使用。之后水利部黄河水利委员会有关单位将黄河主要站的天然径流还原整编到 1998 年，本项目计算采用的系列是 1919 年 7 月至 1998 年 6 月 79 年系列资料，黄河各主要站天然径流量见表 12.2-5。

表 12.2-5 黄河干流主要站天然年径流量表

站名	年均天然径流量（亿 m³）			最大值		最小值	
	全年	汛期	非汛期	年径流量（亿 m³）	年份	年径流量（亿 m³）	年份
贵德	208.36	125.02	83.34	330.58	1981～1982	101.73	1928～1929
兰州	323.20	191.17	132.04	534.72	1967～1968	165.54	1928～1929
河口镇	323.80	196.40	127.40	541.73	1967～1968	160.18	1928～1929
三门峡	499.72	290.80	208.92	770.18	1967～1968	240.60	1928～1929
小浪底	508.12	295.99	212.13	793.47	1964～1965	244.40	1928～1929
花园口	558.43	327.48	230.95	938.66	1964～1965	273.52	1928～1929

黄河天然径流具有以下特性。

1）地区分布不均。黄河年径流主要来自兰州以上，兰州站控制流域面积 22.26 万 km²，占三门峡站控制面积的 32.0%，年均水量为 323.20 亿 m³，为三门峡站年均水量的 64.7%；兰州至河口镇区间集水面积 16.34 万 km²，占三门峡站控制面积的 23.7%，年均水量仅为三门峡站年均水量的 0.1%；河口镇至三门峡区间流域面积为 30.24 万 km²，占三门峡站控制面积的 43.9%，年均水量为 175.92 亿 m³，为三门峡年均水量的 35.2%。

2）年内、年际变化大。黄河流域是典型的季风气候区，因受大气环流和季风的影响，天然径流的年际变化较大，年内分配也不均衡。

3）径流含沙量高、水沙异源。黄河径流的含沙量较高，年输沙量居世界河流的首位，小浪底年均实测含沙量可高达 37.6kg/m³。黄河水量的 60%以上来自兰州以上，而泥沙的 90%以上来自河口镇至三门峡区间。

Ⅱ. 各坝址入库径流

龙羊峡坝址天然水量采用贵德站天然径流量，并扣除坝址以上工农业用水。龙羊峡至寺沟峡区间无大的支流汇入，为计算简便未考虑该区间径流加入。刘家峡水库、盐锅峡水库天然径流系列直接采用上诠站的天然径流系列，其入库径流考虑龙羊峡水库调节,采用龙羊峡水库下泄流量加区间来水并扣除区间工农业用水。八盘峡天然径流系列直接采用兰州站的天然径流系列,八盘峡水电站的入库径流为刘家峡水库下泄流量加区间来水并扣除区间工农业用水。兰州至大柳树区间汇入径流很少,未考虑区间径流加入。大柳树水库、青铜峡水库等天然径流系列直接采用安宁渡站的天然径流系列,大柳树水库入库径流采用刘家峡水库下泄流量加区间来水并扣除区间工农业用水;沙坡头及青铜峡水电站的入库径流采用大柳树水库下泄流量并扣除区间工农业用水。

Ⅲ. 水资源配置方案

1982 年 11 月,根据国家计划委员会〔1982〕1021 号文的要求,黄河流域各省(区)以 2000 年为规划水平年提出了利用黄河水资源的规划,规划要求的黄河总供水量远超过黄河天然年径流量。为了协调沿黄省(区)工农业用水供需矛盾及黄河自身生态用水的需求,以优先保证人民生活用水和国家重点建设的工业用水、保证黄河下游输沙入海用水及满足保灌面积的农业灌溉用水为基本原则,上下游兼顾、统筹考虑,黄河水利委员会对 2000 年黄河最大可能的可供水量进行了分配,其中,370.0 亿 m³ 作为河道外省(区)工农业用水。1987 年国务院原则同意《关于黄河可供水量分配方案的报告》(国办发〔1987〕61 号)(简称"87"分水方案),同时指出,在南水北调工程生效前,沿黄各省(区)在制定用水规划时,要以黄河可供水量分配方案为依据。本项目在进行径流调节计算时各省(区)的水资源配置方案仍采用"87"分水方案。各省(区)分配水量见表 12.2-6。

表 12.2-6 黄河流域水资源分配方案

省(区)	青海	四川	甘肃	宁夏	内蒙古	陕西	山西	河南	山东	河北天津	合计
年耗水量 (亿 m³)	14.1	0.4	30.4	40.0	58.6	38.0	43.1	55.4	70.0	20.0	370.0

Ⅳ. 水库蒸发渗漏损失水量

龙羊峡水库、刘家峡水库蒸发渗漏损失分别取 9m³/s 和 6m³/s。

Ⅴ. 径流调节计算

由于龙羊峡水库库容大、调节能力强,水库调节后出库流量变化也不大,因此,计算时段均按月进行计算,考虑到碛口、古贤、小浪底等水库汛期调水调沙运用,月内各日之间流量变化较大,计算时应以日为时段,但考虑到资料条件限制,在调节计算时仍以月为调节计算时段,然后在进行电能指标计算时根据代表年以月、日为计算时段的电能指标差别对结果进行修正。

Ⅵ. 头道拐站非汛期最小下泄流量要求

在龙刘水库运用方式调整前后,头道拐站最小流量要求原则上仍按 250m³/s 进行控制。在龙刘水库运用方式调整前,考虑到 10 月中游水库蓄水要求和 7 月的工农业用水要求,10 月头道拐站最小流量采用 400m³/s,7 月采用 300m³/s。在龙刘水库运用方式调整后,考虑到宁蒙河段的输沙,要求在汛期加大水库的泄量,在汛期 7 月、8 月头道拐站的最小下泄流量控制在 500m³/s,9 月、10 月头道拐站的最小下泄流量控制在 400m³/s。

Ⅶ. 凌汛上游水库调节运用方式

目前宁蒙河段的防凌任务由刘家峡水库和龙羊峡水库联合承担,以刘家峡水库的下泄水量进行控制。凌汛期(11月至次年3月)水库调度是黄河防凌工作的核心。水库调度严格遵守"发电、供水服从于防凌,防凌调度兼顾供水和发电,实现水资源的优化配置和合理利用"的原则。根据国家防汛总指挥部的《黄河刘家峡水库凌期水量调度暂行办法》(国汛〔1989〕22号),刘家峡水库下泄水量按"月计划、旬安排"的调度方式,即提前5天下达次月的调度计划及次旬的水量调度指令。刘家峡水库下泄水量按旬平均流量严格控制,各日出库流量避免忽大忽小,日平均流量变幅不能超过旬平均流量的10%。

刘家峡水库调度过程如下。

ⅰ. 封河前期控制

宁蒙河段封河前期控制刘家峡水库的泄量,以适宜流量封河,使宁蒙河段封后水量能从冰盖下安全下泄,防止产生冰塞、造成灾害。

ⅱ. 封河期控制

宁蒙河段封河期控制刘家峡水库出库流量均匀变化,主要目的是减少河道槽蓄水量,稳定封河冰盖,为宁蒙河段顺利开河提供有利条件。

ⅲ. 开河期控制

在宁蒙河段开河期,控制刘家峡水库下泄量,防止"武开河",保证凌汛安全。

Ⅷ. 供水和发电保证率

供水保证率:供需调节计算中,生态环境和农业灌溉用水保证率取75%,对于超过保证率的来水年份,按80%供水,工业与生活用水保证率取100%,供水不足的情况下,允许生态环境和农业灌溉用水破坏。

发电保证率:黄河上游梯级水电站联合补偿时,综合取发电保证率为90%,当遇枯水年份龙羊峡水库蓄水位在保证出力区以下时,考虑梯级水电站发电出力减少20%。

Ⅸ. 龙刘水库运用方式调整前后径流调节计算成果

ⅰ. 断面水量成果

通过计算,调整龙刘水库运用方式前后安宁渡站和头道拐站的水量分配见表12.2-7,可以看出,通过调整龙刘水库运用方式,可以把安宁渡站汛期水量占全年水量的比例由48%调整为59%,头道拐站的汛期水量占全年水量的比例由49%调整为65%,汛期水量占全年水量比例的增大将有利于在宁蒙河段创造协调的水沙关系。

表 12.2-7　龙刘水库运用方式调整前后安宁渡和头道拐断面水量分配表

项目	安宁渡			头道拐		
	汛期水量 (亿 m³)	全年水量 (亿 m³)	汛期水量占比 (%)	汛期水量 (亿 m³)	全年水量 (亿 m³)	汛期水量占比 (%)
运用方式调整前	137.6	286.6	48	94.6	194.9	49
运用方式调整后	169.3	286.6	59	126.3	194.9	65

ⅱ. 电能指标

龙刘水库运用方式调整前后的黄河干流梯级水电站发电指标见表12.2-8。在龙刘水库运用方式调整前,黄河干流梯级水电站发电量为 630.8 亿 kW·h,保证出力为 5256MW;在龙刘水库运用方式调整后,黄河干流梯级水电站发电量为 557.0 亿 kW·h,保证出力为 3734MW。龙刘水库运用方式调整后黄河干流梯级水电站发电量将减少 73.8 亿 kW·h,保证出力将减少 1522MW,其中头道拐以上河段发电量减少 54.9 亿 kW·h,保证出力减少 1338MW,头道拐以下河段发电量减少 18.9 亿 kW·h,保证出力减少 184MW。

表 12.2-8 龙刘水库运用方式调整前后黄河干流梯级水电站发电指标

项目	龙羊峡至河口镇		河口镇以下		合计	
	发电量 (亿 kW·h)	保证出力 (MW)	发电量 (亿 kW·h)	保证出力 (MW)	发电量 (亿 kW·h)	保证出力 (MW)
运用方式调整前	502.5	4348	128.3	908	630.8	5256
运用方式调整后	447.6	3010	109.4	724	557.0	3734
差值	54.9	1338	18.9	184	73.8	1522

(4) 龙刘水库运用方式调整前后对黄河干流梯级水电站发电的影响

龙羊峡水库库容大,调节能力强,在运用中通过龙羊峡水库的调节作用,在丰水期拦蓄水,在枯水期补充下游发电和供水需水;刘家峡水库为反调节水库,可以进行电力补偿,在非汛期下泄水量满足发电和宁蒙地区引黄灌溉要求。

龙羊峡水库和刘家峡水库及梯级水电站群联合补偿调节运行,在发电、防洪、防凌、灌溉供水等方面取得了显著的经济效益。如果按照冲沙要求进行龙刘水库运用方式的调整,把非汛期水量调节到汛期,在汛期凑泄大流量过程,汛期将有大量的弃水,这样对龙刘水库的蓄水将产生不利影响,直接影响黄河干流梯级工程的发电效益。通过计算,运用方式调整前龙羊峡水库的发电水量利用率为 94%,刘家峡水库的发电水量利用率为 96%,运用方式调整后龙羊峡水库的发电水量利用率为 84%,刘家峡水库的发电水量利用率为 90%。调整后黄河上游梯级水电站的发电量减小很多,发电量前后相差 54.9 亿 kW·h,约占调整前黄河上游梯级水电站发电量的 11%。同样原因,对黄河中下游水电站来说,由于汛期水量增加,产生的弃水也将降低梯级水电站的发电效益。

由于汛期水量大幅度增加,减少了非汛期的水量,因此,对黄河干流梯级保证出力的影响很大,特别是对头道拐以上河段的梯级保证出力影响比较大,头道拐以上河段保证出力减少 1338MW,占调整龙刘水库运用方式前的近 31%。

(5) 龙刘水库运用方式调整对河段冲淤的影响

现状条件下,进入宁蒙河段的设计水沙量分别为 284.6 亿 m³ 和 1.02 亿 t(表 12.2-9),其中汛期水量为 136.2 亿 m³,占全年水量的 47.9%,汛期沙量为 0.82 亿 t,占全年沙量的 80.4%。龙刘水库运用方式的调整,使年内水量分配比例发生了改变,汛期水量为 166.3 亿 m³,占全年水量的比例为 58.4%,汛期水量增加,非汛期水量减少;沙量变化不大。

表 12.2-9 宁蒙河段冲淤量计算结果

项目	水量（亿 m³）			沙量（亿 t）			宁蒙河段冲淤量（亿 t）		
	汛期	非汛期	全年	汛期	非汛期	全年	汛期	非汛期	全年
1986~2004 年实测	100.4	138.3	238.7	0.58	0.16	0.74	0.67	0.16	0.84
现状条件下	136.2	148.4	284.6	0.82	0.20	1.02	0.58	0.28	0.86
调整龙刘水库运用方式后	166.3	118.3	284.6	0.82	0.20	1.02	0.26	0.37	0.63

根据设计的水沙系列，利用数学模型进行计算。现状条件下，宁蒙河段年均冲淤量为 0.86 亿 t（表 12.2-9），其中汛期淤积 0.58 亿 t。该冲淤量与宁蒙河段 1986~2004 年实测沙量平衡法的冲淤量基本相当。

调整龙刘水库运用方式后，宁蒙河段年均冲淤量为 0.63 亿 t，汛期淤积 0.26 亿 t。与现状条件下的宁蒙河段冲淤量比较，调整龙刘水库运用方式可使宁蒙河道减淤 0.23 亿 t，其中汛期减淤 0.32 亿 t，非汛期增淤 0.09 亿 t。

可以看出，调整龙刘水库运用方式在一定程度上缓减了宁蒙河段的淤积。

（6）龙刘水库运用方式调整前后对其他方面的影响

由于刘家峡水库调节库容较小，满足宁蒙河段现状 5~7 月高峰期用水已显得十分困难，头道拐站经常出现小流量过程，甚至发生断流，再依靠刘家峡水库调节增加汛期水量是不现实的。由于黄河流域水资源本身比较缺乏，如果强制龙刘水库在汛期大流量下泄，则水库将在长年处于低水位运行，对宁蒙河段灌溉高峰期的用水产生很大影响，也势必影响黄河中下游河段的供水。

根据输沙要求，将非汛期水量调整到了汛期下泄，但非汛期水量减少将对防凌产生不利影响。在封河初期如果宁蒙河段封河流量减小，宁蒙河段封河前期不能以适宜流量封河，形成的冰盖太低，则宁蒙河段封河后水量不能从冰盖下安全下泄，容易产生冰塞并造成灾害。

综上所述，依靠龙羊峡水库、刘家峡水库调节增加汛期下泄水量冲刷河道，实际上就是要求两水库在汛期尽量不蓄水，并要求两水库对汛期水量进行调节，形成大流量过程下泄，虽然减少了宁蒙河段的淤积，但这将从根本上改变龙羊峡水库、刘家峡水库的开发任务和运用方式，不但严重影响上游梯级水电站的综合利用效益，而且在目前管理体制下，实际运行时难度很大。

12.3 大柳树水库对宁蒙河段的减淤作用分析

12.3.1 大柳树水库运用方式简介

大柳树坝址位于甘肃省与宁夏回族自治区交界处，峡谷长 71km，是黄河上游最后一个可以修建峡谷高坝大库的河段。该河段的开发任务以防凌（防洪）、减淤为主，兼顾供水、生态灌溉、发电等综合效益。根据 1997 年国家计划委员会和水利部审查通过的《黄河治理开发规划纲要》，推荐大柳树河段采用大柳树高坝一级开发方案。大柳树高坝正常蓄水位 1380m，原始库容 114.77 亿 m³，汛期限制水位 1355m，死水位 1330m，死库容 29.37 亿 m³。

（1）防凌运用方式

根据宁蒙河段凌汛期特征和刘家峡水库防凌调度情况，拟定大柳树水库凌汛期（每年 11 月 1 日至次年 3 月 31 日）防凌运用的原则为：以防凌调度为主，水库下泄流量按"月控制，旬调整"、保持"前大后小，中间变化平缓，加强封、开河期流量控制"的原则，缓解目前封河期、开河期的防凌紧张局面，并兼顾供水、生态灌溉、发电等综合效益。

Ⅰ. 南水北调生效前大柳树水库防凌运用控泄流量

根据 20 世纪 70 年代、80 年代刘家峡水库防凌运用后石嘴山站的流量资料分析，在正常来水年份，稳封期（1 月至 2 月上旬）河道过流能力为 530m³/s 左右。考虑到 1986 年以来宁蒙河段主槽淤积严重、河道封冻后冰下过流能力下降的情况，近 4 年来稳封期石嘴山站流量为 470m³/s 左右，槽蓄水量虽超过 11 亿 m³，但取得了较好的防凌效果，因此在南水北调生效前，由大柳树水库进一步控泄，稳封期河道过流能力按 430m³/s 考虑。根据上述大柳树水库防凌运用方式，并考虑宁蒙灌区冬灌引水和排水的影响、2 月中下旬减少下泄流量使槽蓄水量提前释放、开河期进一步控泄流量要求，拟定南水北调生效前大柳树水库的凌汛期控泄流量，结果见表 12.3-1。

表 12.3-1 大柳树水库凌汛期控泄流量分析结果

方案		下泄平均流量（m³/s）														
		11 月			12 月			1 月			2 月			3 月		
		上旬	中旬	下旬	上旬	中旬	下旬	上旬	中旬	下旬	上旬	中旬	下旬	上旬	中旬	下旬
南水北调生效前	月平均	650			450			420			360			350		
	旬平均	820	750	380	450	450	450	420	420	420	400	350	350	300	300	450
西线一期工程生效后	月平均	750			550			500			450			350		
	旬平均	920	850	480	550	550	550	520	500	480	470	460	420	300	300	450

Ⅱ. 南水北调西线工程生效后大柳树水库防凌运用控泄流量分析

南水北调西线工程生效后，通过与大柳树水库联合运用，可改善目前宁蒙河段不利的水沙条件，对于恢复并保持宁蒙河段中水河槽行洪输沙能力、改善河道形态具有重要的作用，可提高封河后冰下过流能力，为宁蒙河段防凌创造条件。

对于南水北调西线一期工程生效时大柳树水库防凌运用控泄流量，考虑南水北调西线一期工程生效后大柳树水库入库流量过程，初步拟定大柳树水库防凌运用控泄流量，结果见表 12.3-1。

（2）防洪运用方式

大柳树水库的防洪任务是削减下泄的洪峰流量，尽量使大洪水时的下泄流量不超过宁蒙河段的安全泄量。根据宁蒙河段的防洪标准，宁夏河段防洪标准为二十年一遇，"十五"防洪工程完成后河道设防流量约为 5620m³/s；内蒙古河段防洪标准为五十年一遇，"十五"防洪工程完成后河道设防流量约为 5900m³/s。

防洪运用方式为：当发生百年一遇及以下标准的洪水时，为了宁蒙河段的防洪安全，水库限泄流量仍采用 5000m³/s，多余洪量拦蓄在库中；当入库洪水超过百年一遇时，不再限泄。

（3）减淤运用方式

根据协调黄河水沙关系对大柳树水库减淤运用的要求，初步分析拟定的大柳树水库减淤运行方式。

6 月下旬，根据水库蓄水情况，尽可能利用汛期限制水位以上的水量，结合腾空防洪库容要求，集中大流量下泄（流量为 2500～3000m³/s）冲刷宁蒙河段主槽淤积的泥沙，并为中游骨干工程调水调沙提供水流动力。至 6 月底，将水位降至汛限水位。

7～8 月为宁蒙河段支流和黄河中游的主要来沙期。大柳树水库主要根据宁蒙河段支流的来沙预报相机大流量下泄（流量为 2500～3000m³/s），塑造适合于宁蒙河段输沙的水沙过程及中水河槽，并为中下游骨干水库调水调沙提供动力。

（4）排沙分析

大柳树水库运用后，拦截水库上游来沙，下泄清水。水库汛期排沙比采用中水北方勘测设计研究有限责任公司计算的时段平均排沙比，见表 12.3-2；非汛期 10 月至次年 5 月水库高水位运用，出库沙量为零，即不排沙。

表 12.3-2 大柳树水库排沙比

时段	1～10 年	11～20 年	21～30 年	31～40 年	41～50 年
排沙比（%）	8.0	11.29	11.82	13.42	15.05

利用排沙比，计算大柳树水库的出库沙量，即为进入宁蒙河段的设计沙量。大柳树水库设计年均入库沙量为 1.02 亿 t，则年均出库沙量为 0.11 亿 t，年均拦沙 0.91 亿 t，50 年共拦沙 45.6 亿 t。

12.3.2 大柳树水库对宁蒙河段的减淤作用

由于大柳树水库的拦沙作用，50 年水库总拦沙量为 45.6 亿 t，宁蒙河段淤积泥沙 13.9 亿 t，年均淤积泥沙 0.278 亿 t，其中汛期淤积 0.025 亿 t，非汛期淤积 0.253 亿 t。有大柳树方案与现状方案相比，年均减淤量为 0.581 亿 t（表 12.3-3）。

表 12.3-3 有、无大柳树无西线方案宁蒙河段冲淤量计算结果

方案	冲淤量（亿 t）			减淤量（亿 t）		
	汛期	非汛期	年	汛期	非汛期	年
无大柳树	0.583	0.276	0.859			
有大柳树	0.025	0.253	0.278	0.558	0.023	0.581

12.4 南水北调西线调水对宁蒙河段的减淤作用分析

12.4.1 调入水量配置方案

（1）调入水量配置原则

黄河流域属资源性缺水地区，在充分考虑节水的条件下，各水平年水资源的供需缺口仍很大，而南水北调西线一期工程调水规模有限，为充分发挥调水的作用和效益，调入水量配置按照黄河流域水资源统一调配和统一管理的原则，针对黄河流域及邻近地区可持续发展中面临的紧迫问题，分轻重缓急，突出重点，尽可能解决或较大程度缓解受水区的水资源短缺形势。调入水量配置主要遵循以下原则。

1）统筹考虑河道外生产生活用水和河道内生态环境用水，保证河流生态环境低限用水要求，兼顾经济效益、社会效益和生态效益。

2）统筹考虑不同河段、不同省（区）、不同部门的用水要求，按照公平、高效和可持续利用的原则，既要考虑各地区各部门的缺水程度，又要考虑供水效率和效益。优先保证生活用水和重要工业、能源基地的用水。

3）统筹配置干流和支流水资源，体现高水高用的原则，在考虑河道内生态环境用水的前提下，支流可优先利用当地水，西线增供水量用于补充干流减少的水量。

（2）拟定调入水量配置方案

依据调入水量配置原则，对确定的受水区范围和供水对象，考虑缺水的程度和性质、用水效率和效益的高低、供水的难易程度等因素，统筹安排河道外生产生活用水和河道内生态环境用水，拟定了三个调入水量配置方案，见表 12.4-1。

表 12.4-1　西线调水 80 亿 m^3 河道内、外调入水量配置方案　　（单位：亿 m^3）

方案	河道外	河道内
方案一	45	35
方案二	50	30
方案三	55	25

河道外调入水量配置，首先将水量配置在用水需求增加较快的重要城市和能源化工基地，基本满足 2030 年水平的用水需求；而后为大柳树生态建设区供水，为当地生态环境的修复改善和居民的脱贫致富创造条件；在此基础上，兼顾向水资源极度短缺、生态环境严重恶化的石羊河流域补水，为改善当地生态环境和居民生存环境增补水源。

河道内调入水量配置主要集中在汛期，通过干流水沙调控体系联合调节，塑造协调的水沙关系，高效输沙入海。

（3）上游三水库的联合调节运用

由于西线调水入黄过程与工业、生活用水过程和塑造黄河协调水沙关系时要求的流量过程不一致,因此,需要黄河干流骨干工程对西线入黄水量进行调节。以黄河天然水资源为基础,以国务院批准的"87"分水方案为基本依据,根据初步研究的南水北调西线入黄水量配置方案,以实现南水北调西线一期工程的供水目标为目的,以充分发挥西线入黄水量的供水效益和协调黄河水沙关系的作用为原则,对入黄水量的调节运用进行研究。

在进行龙羊峡至头道拐河段梯级径流调节计算时,充分考虑龙羊峡水库、刘家峡水库和黑山峡水库的较优蓄放水次序,实行联合补偿调节。三大水库补偿调节的基本原则是:供水时先由黑山峡水库放水,不足时自下游向上游依次放水;梯级出力达不到系统要求出力时,先由龙羊峡水库放水,仍然不足时先上游后下游由刘家峡水库和黑山峡水库依次放水补充。

12.4.2 西线调水对宁蒙河段的减淤作用

不考虑调整龙刘水库运用方式、考虑大柳树水库进行方案计算。根据上述调入水量配置方案及三水库的联合调蓄运用,依据选定的设计水沙系列,经安宁渡站配沙,利用经验数学模型计算宁蒙河段河道内不同配置方案的减淤效果(表 12.4-2)。当宁蒙河段河道内配置水量为 25 亿~35 亿 m³ 时,宁蒙河段的年均淤积量为–0.088 亿~0.007 亿 t,即西线一期调水工程生效后,宁蒙河段呈微冲微淤状态。

表 12.4-2 宁蒙河段河道内不同配置方案减淤效果计算结果 (单位:亿 t)

方案		汛期	非汛期	全年
有大柳树水库、无西线调水工程	冲淤量	0.025	0.253	0.278
河道内配置方案	方案一 (35 亿 m³) 冲淤量	−0.320	0.232	−0.088
	减淤量	0.344	0.021	0.366
	方案二 (30 亿 m³) 冲淤量	−0.270	0.235	−0.035
	减淤量	0.295	0.018	0.313
	方案三 (25 亿 m³) 冲淤量	−0.227	0.234	0.007
	减淤量	0.251	0.019	0.270

从计算结果分析,有大柳树水库和西线调水工程时,河道内汛期增加水量,主要集中在 7 月下旬和 8 月上旬,宁蒙河段汛期河道冲刷,非汛期河道淤积,其减淤主要集中在汛期,汛期减淤量占全年减淤量的 93.0%~94.2%。

12.4.3 西线调水对塑造宁蒙河段中水河槽的作用分析

12.4.3.1 恢复、维持中水河槽的水沙量及过程

(1) 恢复中水河槽的水沙条件

Ⅰ. 中水河槽指标的分析论证

中水河槽即主槽和嫩滩的合称,中水河槽的形成主要与水流有关,前述已用马卡维也夫法计算了巴彦高勒站 1961~2004 年的平滩流量,见图 12.4-1。从平滩流量的历年

变化可以看出，1986 年以前平滩流量在 2500m³/s 左右；1986 年以后平滩流量减小到 1000m³/s 左右。从巴彦高勒至头道拐河段的冲淤量看，1961～1986 年为历史上河道淤积最少的时段，年均淤积量仅 0.088 亿 t，河道处于微淤状态，维持中水河槽的流量为 2500m³/s 左右。

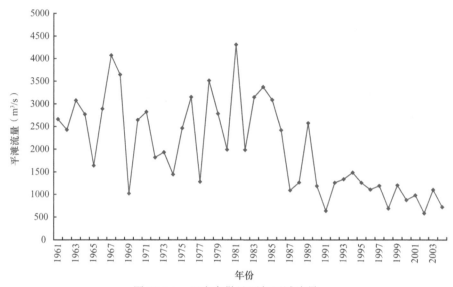

图 12.4-1　巴彦高勒站历年平滩流量

　　内蒙古河段大规模地修建河道整治工程始于 1998～2000 年，先后完成了大量的堤防加高、培厚及河道整治工程的建设。这些工程对防止主流顶冲河岸，保护滩地，发展两岸工农业生产，保障两岸人民群众的安全起到了积极的作用。根据《宁蒙河段"九五"可研》的研究成果，在设计规划治导线时，经论证内蒙古河段的整治流量为 2100m³/s。选定的中水河槽的标准，与河道的整治流量应大致吻合，这样才能发挥河道整治工程的作用，有利于防洪安全。

　　根据上述两方面的分析，维持内蒙古河段中水河槽的流量以 2100～2500m³/s 为宜。

　　Ⅱ. 恢复中水河槽的冲刷量及所需输沙用水量

　　根据 1982 年内蒙古河段的实测大断面资料分析，1982 年的平滩流量为 2500m³/s 左右，与中水河槽过流能力的控制指标比较接近。若将内蒙古河段 2004 年平滩流量为 1500m³/s 的河槽形态恢复到 1986 年平滩流量为 2500m³/s 的河槽形态，需要冲刷泥沙 6.84 亿 t。

　　预测未来巴彦高勒站全年沙量为 0.91 亿 t，其中汛期沙量为 0.66 亿 t；巴彦高勒至头道拐河段汛期沙量为 0.322 亿 t，需要输沙用水量约为 169.5 亿 m³；到 2030 年恢复到 2500m³/s 中水河槽需要的输沙用水量约为 164.5 亿 m³。

　　以上在计算恢复中水河槽的输沙用水量时，只是理论上的计算值，没有考虑恢复过程中河道比降的调整和河床粗化等问题，实际恢复中水河槽的输沙用水量可能要大于理论计算值。

（2）维持中水河槽的水沙条件

若维持内蒙古河段一定流量（2500m³/s 或 2000m³/s）下的中水河槽，即要保持主槽不淤积（或微淤状态下），根据宁蒙河段输沙用水量研究中的成果，头道拐站输沙用水量的关系式如下：

$$W_汛 = \kappa_1 W_{s汛} - \kappa_2 \Delta W_{s汛} + C$$

式中，$W_汛$ 为头道拐汛期塑槽输沙水量（亿 m³）；$W_{s汛}$ 为头道拐汛期沙量（亿 t）；$\Delta W_汛$ 为汛期巴彦高勒至头道拐河段的冲淤量（亿 t）；κ_1、κ_2 为系数。

预测未来巴彦高勒站全年沙量为 0.91 亿 t，其中汛期来沙量 0.66 亿 t，巴彦高勒至头道拐河段汛期沙量为 0.322 亿 t。根据沙量平衡关系，在河道汛期允许淤积量为 0.12 亿 t 时，头道拐站汛期输沙量为 0.862 亿 t，则头道拐站汛期遏制河道淤积的输沙用水量为 127 亿 m³。

12.4.3.2 西线调水后对恢复、维持中水河槽的作用

塑造中水河槽的必要条件，一是要有一定的水量，二是要有一定量级（较大的流量级）的流量过程，较大的流量过程则需要大型水利枢纽的调节。此外，还要有合适的水沙过程。西线河道内配置水量 25 亿～35 亿 m³ 时，上游通过龙羊峡水库、刘家峡水库和大柳树水库的联合调节，中下游进行古贤水库、三门峡水库及小浪底水库的联合调节，增高大流量的出现概率，改善黄河干流河道的来水来沙过程，为塑造和维持黄河干流具有一定过流能力的中水河槽提供条件。

考虑到龙羊峡水库、刘家峡水库的调蓄影响及近期水沙的变化趋势影响，选择设计系列中 1986～1997 年（12 年）的水沙量，采用马卡维也夫法和经验公式法计算有大柳树水库、无西线调水工程方案的平滩流量，计算结果见表 12.4-3。

表 12.4-3　西线调水各配置方案平滩流量增加值计算结果

方案		水量（亿 m³）	沙量（亿 t）	平滩流量（m³/s）	
				马卡维也夫法	经验公式法
有大柳树水库、无西线调水工程		107.2	0.45	2400	2500
有大柳树水库、有西线调水工程	35 亿 m³	146.3	0.69	3000	3250
	30 亿 m³	141.2	0.66	2900	3150
	25 亿 m³	136.9	0.63	2800	3060
各配置方案与无西线调水工程方案相比	35 亿 m³	39.1		600	750
	30 亿 m³	34.0		500	650
	25 亿 m³	29.7		400	560

从以上两种方法的计算结果分析，经验公式法计算的结果偏大，为留有余地，采用马卡维也夫法的计算成果。有大柳树水库、有西线调水工程方案与有大柳树水库、无西线调水工程方案相比，西线河道内配置水量为 25 亿～35 亿 m³ 时，平滩流量增大 400～600m³/s。

12.4.4 比较分析

表 12.4-4 为调整龙刘水库运用方式、修建大柳树水库及西线调水工程三种措施下宁蒙河段冲淤量的计算结果。从这三种方案分析，调整龙刘水库运用方式虽然比现状淤积情况下，淤积有所减缓，但仍然解决不了宁蒙河段的淤积问题，其主要原因为：虽然调整了龙刘水库运用方式，但由于水量有限，汛期增大了下泄流量，使汛期淤积量减少为0.260 亿 t，而非汛期水量减少，河道增淤；另外，由于水库的运用要求，汛期还不能完全按照各月的不淤水量进行调节。因此，宁蒙河段仍然发生淤积，只是比现状情况下，有所减缓。

表 12.4-4　宁蒙河段淤积状况　　　　（单位：亿 t）

解决措施	汛期	非汛期	全年
现状条件下	0.580	0.280	0.860
调整龙刘水库运用方式	0.260	0.370	0.630
修建大柳树水库	0.025	0.253	0.278
西线调水河道内配置水量 35 亿 m³ 方案	−0.320	0.232	−0.088
西线调水河道内配置水量 30 亿 m³ 方案	−0.270	0.235	−0.035
西线调水河道内配置水量 25 亿 m³ 方案	−0.227	0.234	0.007

河道冲沙不仅需要一定的峰量，还需要一定的水量，大柳树工程生效后，水库蓄水拦沙，进入宁蒙河段的年均沙量仅 0.12 亿 t，基本上为清水。宁蒙河段水沙异源，由于下泄的流量及峰量不大，仍然不能解决内蒙古河段十大孔兑沙量的汇入。据实测资料分析，十大孔兑入黄泥沙颗粒较粗，大于 0.1mm 的泥沙占 80%左右，从河道淤积物的组成分析，十大孔兑对巴彦高勒至头道拐河段淤积大于 0.1mm 粗泥沙的贡献率从 1954 年的 50.5%增加到 2000 年的 87.8%。由此可见，十大孔兑大于 0.1mm 的粗泥沙由于峰量及洪量的不足基本都淤积在河道内。也就是说，大柳树工程生效后，仍然不能解决宁蒙河道的淤积问题。

西线调水工程及大柳树工程同时生效，在水库拦沙的同时，在汛期增加了 25 亿～35 亿的水量，加大了汛期各月的水量，基本满足宁蒙河段的输沙要求，宁蒙河段呈微淤状态。

12.5　加高两岸堤防对减缓内蒙古河道防洪压力的作用分析

12.5.1　内蒙古河段堤防现状

黄河内蒙古河段现状堤防长 974.959km，其中，左岸堤防长 529.471km，右岸堤防长 445.488km。三盛公水利枢纽库区的围堤和导流堤及蒲滩拐至喇嘛湾拐上左岸喇嘛湾堤段和右岸小滩子堤段均未被列入黄河宁蒙河段近期防洪工程建设可研之中，扣除上述堤段，黄河内蒙古河段堤防长 937.413km。左岸堤防长 504.531km，分布情况如下：石嘴山至三盛公堤防长 47.455km，其中，乌达公路桥南堤防长 2.3km，乌达公路桥北侧堤防长 1.08km，乌海市乌兰木头至阿拉善盟阿拉善左旗巴彦木仁苏木（磴口）共 2 段，堤防长 44.075km；三盛公（桩号 0+000）至三湖河口（桩号 214+600）河段由于总干二闸、四闸退水渠汇入，堤防被分为 3 段，共计长 214.413km；三湖河口（桩号 214+600）至昭君坟（桩号 307+250）河段堤防长 92.65km；昭君坟（桩号 307+250）至蒲滩拐（桩号 462+833）河段有 6 条支流汇入及其他原因形成的 5 处断堤，致使堤防断开为 11 段，共计长 150.013km。

右岸堤防长 432.882km，分布情况如下：石嘴山至三盛公河段堤防长 23.021km，其中，石嘴山至乌达公路桥河段劳教所附近堤防长 1.35km，乌达公路桥北侧堤防长 1.495km，团部圪旦堤防长 1.438km，下海勃湾王元地共有 5 小段堤防，长 10.538km，鄂托克旗阿尔巴斯堤防长 8.2km；三盛公（桩号 0+000）至三湖河口（桩号 198+564）河段共 6 段，堤防长 178.522km；三湖河口（桩号 198+564）至昭君坟（桩号 304+711）河段由于 3 条支流汇入，堤防被分为 4 段，共计长 100.88km；昭君坟（桩号 304+711）至蒲滩拐（桩号 467+029），由于 5 条支流汇入、部分地段地势较高及其他原因，堤防分为 8 段，共计长 130.459km。

黄河石嘴山至三盛公河段左岸堤防高度一般为 2～4m，堤顶宽 3～4m，临背边坡为 1：3.0～1：2.0，从堤防高度来看，过流能力为 1800～5630m³/s。三盛公至蒲滩拐河段左岸堤防高度一般为 3～6m，堤顶宽 5～6m，临背边坡为 1：3～1：2.5，从堤防高度来看，过流能力一般在 1500～3000m³/s，最大为 5900m³/s。右岸堤防高度一般为 3～4m，堤顶宽绝大部分为 2～4m，达拉特旗河段堤顶宽 4～6m，堤防临背边坡为 1：3～1：2.5，从堤防高度来看，过流能力一般在 1500～3500m³/s，部分堤段最大达 5900m³/s。

12.5.2　现状堤防存在的问题

内蒙古河套平原，从清代中期至民国年间，修建有小段防洪堤坝，以保护重要城镇、村庄和渠道。1950 年初，当时绥远省政府鉴于历史上洪水灾害频繁及当年凌汛事态的发展，决定修建两岸堤防。经过 1951～1952 年、1954 年、1964～1974 年和 1975～1985 年等阶段的整修加固与新修，堤防长度达 975km。

该河段堤防虽经不断整修，但至"九五"之前，一直没进行过系统的设计及堤防建设，加上管理方面薄弱，致使堤防标准很低，特别是龙羊峡水库运用后，改变了宁蒙河段的来水来沙特性，河道淤积，过水断面缩小，降低了过洪能力，防洪、防凌形势日趋严峻。"九五"以来，虽然对大部分堤防进行了加高培厚或新建，但是由于堤防设计规范的变化、泥沙淤积严重，现状堤顶高程仍达不到设计标准；由于支流汇入、洪水冲决及历史原因，部分河段的堤防缺口多，堤防不连续，严重影响防洪安全。归纳起来，宁蒙河段堤防主要存在高度不足、长度不够等方面的问题。

高度不足的堤段，黄河内蒙古河段可研范围内现有 937.413km 堤防中，低于设计堤顶高程的堤防长 734.539km，其中低于设计堤顶高程 0.5m（含 0.5m）以上的堤防长 577.087km，包括左岸堤防 330.373km、右岸堤防 246.714km。

12.5.3 加高堤防对内蒙古河段防洪的作用

（1）内蒙古河段的防洪标准

根据《黄河宁蒙河段近期防洪工程建设可行性研究报告》，对于不同的防护对象，依据《防洪标准》（GB 50201—94）的规定，三盛公至蒲滩拐左岸堤防防洪标准为五十年一遇洪水；右岸堤防防洪标准为三十年一遇洪水。相应的设计洪峰流量为 5900m³/s。

（2）加高堤防对内蒙古河段的作用

若黄河上游在一定时段内不调整龙刘水库运用方式、不考虑大柳树水库及西线调水，今后该河段的年均淤积速率仍然采用 1986 年 11 月至 2004 年 10 月巴彦高勒至头道拐河段的年均淤积厚度 0.025m 计算，按一次加高 0.5m 堤防计算，可维持 20 年河床的淤积抬升，加高 1m 堤防，则可维持 40 年的河道淤积。

12.5.4 加高堤防对内蒙古河段防洪的长期作用

12.5.4.1 黄河下游加高堤防的局限性

目前黄河下游堤防设计标准为抵御近百年一遇的洪峰流量，小浪底水库建成后，这一标准提高到千年一遇。20 世纪 80 年代中期以来，由于自然原因及人类活动对水资源的过度利用和不当干预，进入黄河下游的水沙量急剧减少，而且来水过程也在发生变化，进一步加剧了水沙不平衡，因此黄河下游河道主槽淤积严重，主槽淤积量占全断面淤积量的比例高达 90%，主槽淤积造成平滩流量减少，局部河段不足 2000m³/s。为确保黄河下游的防洪安全，黄河下游堤防已先后四次全面加高培厚，两岸大堤之间已淤积近 100 亿 t 泥沙，河床普遍抬高了 2～4m，部分河槽平滩水位高于滩面 3m，滩面高于背河侧地面 4～6m。其中东坝头陶城铺一带，局部河段的滩面横比降已高达 1‰～2‰，远大于河道纵比降（0.14‰）。"二级悬河"的迅速发展，使横河、斜河发生的概率增高，堤防安全受到严重威胁，防洪形势日趋严重。

12.5.4.2 内蒙古河段加高堤防的局限性

修筑堤防本身在冲积性河流中存在的问题就比较多，对泥沙的淤积问题只能以空间换时间而不能根治。一方面，修筑加高大堤，可以减轻防洪压力，延长河道的淤积年限；另一方面，由于两岸堤防之间的沉沙容积有限，随着泥沙在主槽及滩地的逐年淤积，河床逐渐抬升而成为地上河，防御洪水的能力也随着河床的淤高而降低，内蒙古河段加高大堤不是长远之计，若干年后内蒙古河段也会像黄河下游一样，主槽越淤越高，形成"二级悬河"。大堤则同步增高，势必增加防洪问题。

内蒙古河段一旦形成"二级悬河"，势必增加对河道整治工程及堤防的巨大投资。内蒙古河段为游荡型河段，河势变化复杂，目前，在个别河段已出现地上悬河的迹象，若不及时采取措施，后果则比较严重。"二级悬河"主要是来水来沙和河床的边界条件共同作用的结果，由于来水来沙的变化，洪峰频次及洪峰流量减少，洪水的造床作用减弱；洪水的漫滩概率降低，河床冲淤演变所涉及的范围减少，泥沙淤积局限于主槽，长期的小流量塑造了萎缩主槽,排洪能力降低,主槽淤积明显抬高,从而导致"二级悬河"的发育和发展。从内蒙古河段 1994~2004 年河势对比可看出,该河段由于龙刘水库蓄水的影响,大流量出现的概率降低,主槽挟沙能力下降,主槽淤积严重,河势摆动剧烈,畸形河湾增多,发生斜河、横河顶冲堤防,严重威胁堤防的安全。

加高加宽大堤作为筑堤手段是有效的。但如河床持续抬升的趋势没有得到遏制,则仍然会出现"水涨船高"的局面,即随着河床的抬升大堤必然随之加高,投资增多。只要河床仍然持续抬高,所形成的"相对地下河"便只能存在一个时期内,"长治久安"是不大可能的。如果内蒙古河段的泥沙淤积得不到遏制,每过若干年便须加高堤防。随着堤防的加高,溃决的风险也加大。

12.6 挖河对内蒙古河段的减淤作用分析

12.6.1 内蒙古河段挖河的必要性

自 1961 年 11 月盐锅峡水库投入运用至 1986 年 11 月龙羊峡水库运用前,宁蒙河段有缓慢淤积的趋势,年均淤积厚度在 0.01~0.02m。近年来,龙羊峡水库、刘家峡水库联合调度运用,虽然发挥了巨大的兴利效益,但同时也改变了径流的年内分配过程,汛期水量占全年水量的比例及大流量出现概率降低,加剧了宁蒙河段至黄河口水沙关系的不协调;内蒙古河段淤积加重,宁夏河段基本保持冲淤平衡。由于来水偏枯,主槽严重淤积萎缩,根据 2000~2008 年内蒙古巴彦高勒至蒲滩拐河段断面法冲淤量的计算分析结果,该河段主槽淤积量占全断面淤积量的 91%,造成中小流量水位明显抬高,局部平滩流量下降到 1000m³/s 左右,加之十大孔兑来沙淤堵内蒙古河段,使河道更加宽浅散乱,河势摆动加剧,排洪能力下降,严重威胁宁蒙河段的防凌、防洪安全。在目前不调整龙刘水库运用方式、没有其他工程措施的前提下(包括西线调水工程),内蒙古河段持续淤积的局面及年均淤积速率将不会有所改变。因此,研究内蒙古河道淤积的解决措施已迫在眉睫。挖河是内蒙古河段减淤的措施之一,研究内蒙古河段挖河是否可行,具有重大的意义。

12.6.2 内蒙古十大孔兑河段的淤积特性

(1)十大孔兑河段的淤积特性分析

内蒙古巴彦高勒至蒲滩拐河段长 493.6km,其中十大孔兑集中汇入的河段位于昭君坟站上下游河段,长 159.5km,占内蒙古河段的 32.3%。对 1962~2004 年不同时期河道冲淤量的统计结果见表 12.6-1。自 1962 年至 2004 年 8 月,十大孔兑集中来沙河段累积淤积量为 6.377 亿 t,占巴彦高勒至蒲滩拐河段淤积量的 63.6%,由此可见,该河段淤积主要集中在十大孔兑集中来沙河段。

表 12.6-1 内蒙古不同河段冲淤量统计 （单位:亿 t）

河段	河长 (km)	时段				
		1962~1982	1982~1991-12	1991-12~2000-08	2000-12~2004-08	1962~2004-08
十大孔兑集中汇入河段①	159.5	0.489	2.271	2.425	1.193	6.377

续表

河段	河长 (km)	时段				
		1962~1982	1982~1991-12	1991-12~2000-08	2000-12~2004-08	1962~2004-08
巴彦高勒至浦滩拐河段②	493.6	-0.19	3.415	4.319	2.479	10.023
①/②	32.3		66.5	56.1	48.1	63.6

图 12.6-1、图 12.6-2 分别为毛不拉孔兑和哈什拉川入黄处的大断面，可以看出，断面右岸有明显淤积堆高的现象，特别是毛不拉孔兑断面，2000 年 8 月的实测断面比 1962 年的实测河底高程要高 8m 左右，哈什拉川断面也抬高约 4m 左右。

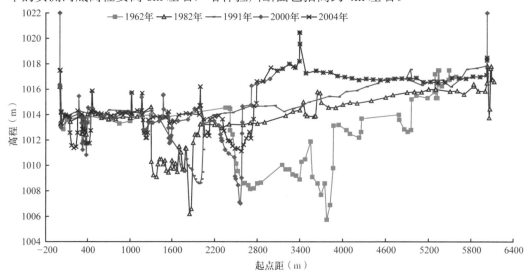

图 12.6-1 内蒙古河段黄淤 46 断面（毛不拉孔兑入黄处）

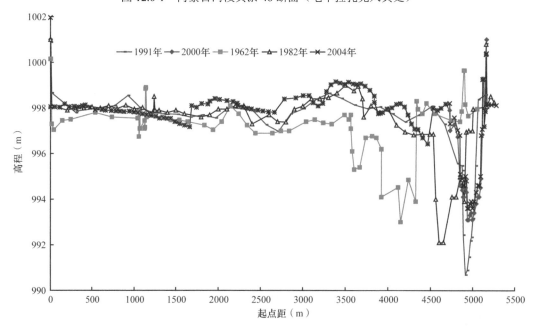

图 12.6-2 内蒙古河段黄淤 90 断面（哈什拉川入黄处）

（2）内蒙古河道淤积物的组成

根据中国科学院寒区旱区环境与工程研究所的研究成果，十大孔兑洪水挟沙入黄后，经过复杂的分选作用，粗颗粒泥沙沉积在河床，细颗粒泥沙呈悬移质被河水搬运到下游沉积。通过对 1954～2000 年巴彦高勒至头道拐河段分组沙的冲淤量计算，河床淤积泥沙粒经大于 0.1mm 的泥沙占总淤积量的 62.5%。由于近年来进入宁蒙河段的水量及峰量减小，十大孔兑对黄河巴彦高勒至头道拐河段淤积大于 0.1mm 的贡献率由 1954 年的 50.5%增加到 2000 年的 87.7%，由此可见，近期的小流量历时长是造成内蒙古河段淤积加重的主要原因。以上分析表明，近期进入内蒙古河段的流量较小，只能决定 $d<0.1$mm 泥沙的冲淤，而该部分泥沙只占河道淤积量的 20%左右；对于占淤积泥沙 80%左右的 $d>0.1$mm 的粗沙，流量小则难以对其进行冲刷以减少淤积。

12.6.3　内蒙古挖河河段的选择

图 12.6-3 为巴彦高勒至浦滩拐河段历次累积冲淤量的沿程分布情况，可以看出，淤积部位主要集中在毛不拉孔兑和哈什拉川汇入河段的上下游。因此，挖河应选择在这两个河段进行挖河，同时建议根据十大孔兑的实际来水来沙情况，对各孔兑的入黄口进行挖沙。

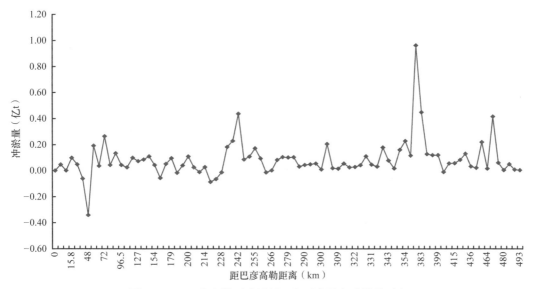

图 12.6-3　巴彦高勒至浦滩拐河段历次累积冲淤量过程

12.6.4　挖河横断面形态研究

挖河的减淤作用主要在于增大汛期河道的排洪输沙能力，并尽可能地在较长时期内维持挖河的效果。根据内蒙古河段河道的淤积特性，泥沙的淤积部位主要集中在十大孔兑入黄处及孔兑入口处，因此，当汛期孔兑淤堵黄河时，要及时进行挖河，挖河以后的断面要与自然状态的断面相同（依据 1962 年、1982 年的河槽断面形态），根据河道淤堵前的比降进行挖河，保证主槽的畅通，维持河道一定的输沙能力；同时也要对孔兑入黄处进行挖河，减少翌年的入黄沙量。

12.6.5 挖河减淤效果分析

通过挖沙减少黄河内蒙古河段的淤积是一个很复杂的问题，一般来讲，挖河减淤效果取决于挖沙量、挖沙方式和挖沙部位。其范围应包括孔兑沟口、干流淤堵部位及其上下游一定范围内的河段。挖沙减淤的效果通常用挖沙减淤量和挖沙减淤比两个指标来表示。

挖沙减淤量是指在同样来水来沙条件下，研究河段不挖河情况下的冲淤量与挖河情况下的冲淤量之差，用下式表示：

$$W_{sj} = \Delta W_{s1} - \Delta W_{s2}$$

式中，W_{sj} 为研究河段的挖沙减淤量（亿 t）；ΔW_{s1} 为不挖河情况下的河道冲淤量（亿 t）；ΔW_{s2} 为挖河情况下的冲淤量（亿 t）。

（1）挖沙方案设计

根据十大孔兑的来水来沙实测资料统计分析，十大孔兑仅有三条孔兑有实测资料。图 12.6-4 为毛不拉孔兑、西柳沟和罕台川的历年来沙过程。从历年的实测资料分析，十大孔兑的来沙量基本上同步，因此，在方案计算时，按十大孔兑同步来沙的情况考虑。由于内蒙古河段的基础工作比较薄弱，泥沙数学模型的研究起步较晚，目前，仅开发了经验模型；若按实测大断面资料进行断面开挖减淤效果计算，难度较大；此外，内蒙古河段近期也没有实测的大断面资料，断面资料较少。因此，在设计挖沙方案时，考虑最理想情况来拟定。方案一，采取最理想的减淤效果，即十大孔兑来多少沙，就挖多少沙，在方案计算时，不考虑十大孔兑来沙。方案二，按挖沙量为来沙量的一半考虑。计算系列仍然采用现状设计水沙系列，年均水沙量分别为 284.6 亿 m³ 和 1.02 亿 t，其中汛期的水沙量分别占全年水沙量的 47.8%和 80.4%。

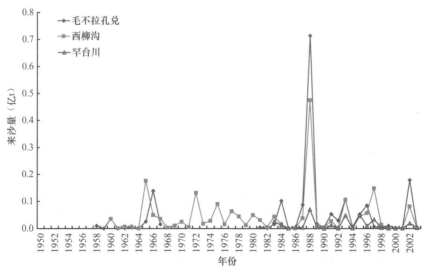

图 12.6-4 三条孔兑历年来沙过程

（2）挖河减淤效果

采用黄河勘测规划设计研究院有限公司建立的宁蒙河段泥沙经验数学模型进行计算，结果见表 12.6-2。方案一，根据十大孔兑的年均来沙量分析，年均来沙量为 0.30 亿 t，全部挖除十大孔兑来沙，挖沙减淤量为 0.213 亿 t；方案二，挖除来沙量的一半，挖沙减淤量为 0.106 亿 t。

表 12.6-2　巴彦高勒至头道拐河段不同方案冲淤量计算成果

方案		冲淤量（亿 t）			减淤量（亿 t）		
		汛期	非汛期	全年	汛期	非汛期	全年
现状	下河沿	0.582	0.276	0.859	—	—	—
方案一	十大孔兑	0.369	0.276	0.645	0.213	0	0.213
方案二	十大孔兑	0.477	0.276	0.753	0.106	0	0.106

12.6.6　挖河方式

挖河方式分为旱挖和水挖两种。根据十大孔兑的来沙情况，采用旱挖的方式比较合适。十大孔兑只有洪水期来水，平时为沙子覆盖的干沟，因此，可以在汛前疏浚干沟，扩大孔兑的过流能力，减少入黄泥沙。洪水过后，可在黄河干流的滩上进行挖沙，扩大内蒙古河道的行洪能力。通过旱挖，可以挖除覆盖在十大孔兑干沟及堆积在滩地上的泥沙，这部分泥沙占十大孔兑来沙量的 50%以上，可以减少进入内蒙古河道的粗颗粒泥沙。

12.7　十大孔兑治理对内蒙古河段的减淤作用分析

12.7.1　十大孔兑流域概况

发源于鄂尔多斯台地、自南向北流经库布齐沙漠汇入黄河干流的 10 条山洪沟（毛不拉孔兑、卜尔色太沟、黑赖沟、西柳沟、罕台川、壕庆河、哈什拉川、母花河、东柳沟、呼斯太河）称为十大孔兑。十大孔兑流域形态相似，南北狭长，呈羽毛状，河长 34.2～110.9km，总面积为 10 767.0km^2，包括丘沙区 8803.1km^2（准格尔旗 339km^2，达拉特旗 6268.4km^2，东胜区 891.2km^2，杭锦旗 1304.5km^2）、平原区 1963.9km^2，其中，水土流失面积为 8361.7km^2（准格尔旗 305.3km^2，达拉特旗 6017.7km^2，东胜区 762.9km^2，杭锦旗 1275.9km^2）。平均侵蚀模数 10 000t/（km^2·a），平均径流量 13 140 万 m^3，径流模数 2.47 万 m^3/（km^2·a），年输沙量 2735 万 t，输沙模数 3670t/（km^2·a），年均降水量西部不足 250mm，东部逐渐增至 350mm，年均大风日数 24d，最大风速达 28m/s。十大孔兑流域现有总人口 15.8 万人，其中农业人口 14.9 万人，农业劳动力 6.5 万人，人口密度 14.7 人/km^2。

十大孔兑上游属鄂尔多斯高原黄土丘陵沟壑区，面积为 4610.4km^2，是半农半牧区，丘陵起伏，沟壑纵横，地表坡度一般在 40°左右，最大达 70°。地表覆盖有极薄的风沙残积土，颗粒较粗。下伏地层有大面积砒砂岩出露，极易遭受侵蚀。

十大孔兑中游有库布齐沙漠横贯东西，面积为 4192.7km²。罕台川以西多属流动沙丘，面积约为 2934km²，罕台川以东为半流动沙丘，面积约为 1259km²。

十大孔兑下游为洪积、冲积平原，地势平坦，土地肥沃，面积为 1964km²。

12.7.2　水土流失状况

（1）水土流失类型

从南向北汇入黄河的 10 条孔兑几乎等距离切割，形成的各流域形状相似，呈南北狭长形。十大孔兑流域上游为鄂尔多斯台地北缘，沟壑纵横、地表支离破碎，沟壑密度 3～5km/km²，是以水力侵蚀为主的地区。中游为库布齐沙漠，流动沙丘占沙漠总面积的 61%，形态以沙丘链和格状沙丘为主，其次为复合型沙丘，半固定沙丘占 12.5%，有抛物线状沙丘和灌丛沙丘等，固定沙丘占 26.5%，主要为梁窝状沙丘和灌丛沙堆，固定和半固定沙丘多分布于沙漠边缘，并以南部为主。风沙区受干旱风多的气候影响，风力侵蚀极为严重。

上游丘陵沟壑区，地处黄土高原边缘地带，流域土壤侵蚀特点具有明显的区域性。一般梁峁坡上覆盖薄层黄土，个别峁坡和沟坡下伏基岩（砒砂岩）完全裸露，加之基岩为白垩纪的砂岩、砂砾岩，胶结程度差，成岩作用弱，极易被侵蚀产沙。北部沙质丘陵区砒砂岩在峁坡，沟坡大面积出露，水力侵蚀严重，7～9 月水力侵蚀活跃，流域内各种侵蚀方式重叠，作用时间长，侵蚀方式复杂，一年中几乎每一季节都有较强的侵蚀现象存在，春季开始解冻岩体或土壤水分不断蒸发，加之冷热变化，斜坡、谷坡泻溜侵蚀严重。夏、秋季主要侵蚀方式为水力侵蚀。尤其是 7～9 月水力、重力复合侵蚀最为严重。冬季至次年春季植被覆盖度低，风力侵蚀十分严重，尤其是 4～5 月风力侵蚀最为严重。

区域下游风沙区呈东西带状分布，中心为库布齐沙漠，在长达 210km 分布距离中几乎被十大孔兑等距离切分开来，以罕台川为界向西表现为以流动沙丘为主，区域内土壤侵蚀以风力侵蚀为主，水力侵蚀较弱，这种特点从东向西逐渐明显，罕台川东部地区有冻融、重力侵蚀，但程度不大。冬、春两季风力侵蚀最为严重，强烈的西北风将地表物质吹扬、搬运，遇到河槽一部分粗沙沉积下来，其余沙尘被搬运得更远，夏、秋季雨季洪水再将河槽中沉积的粗沙带到下游，最后送入黄河。

（2）水土流失原因

水土流失原因主要来自自然条件和人为因素。一方面，地形起伏，干旱少雨，土壤贫瘠，植被稀少；另一方面，滥垦滥牧，破坏植被，土地利用不合理及资源开发和交通基础建设等人为活动造成原有水土流失加剧和人为水土流失的发生发展。

（3）水土流失面积

十大孔兑水土流失面积 8361.7km²，占土地总面积的 77.7%。其中水力侵蚀面积 4357.5km²，风力侵蚀面积 4004.2km²，平均土壤侵蚀模数 10000t/（km²·a）左右，年均输沙量 2735 万 t。

（4）水土流失危害

十大孔兑水土流失，对当地、周边及黄河下游地区造成严重危害，特别是山洪灾害是十大孔兑影响最大的自然灾害，每逢暴雨，则导致山洪暴发，洪水挟带泥沙泄入下游沿河平原区，造成房倒屋塌、农田被冲、交通中断等灾害。此外，水土流失还使土地资源破坏，生态环境恶化，大量水土流失形成的泥沙淤积下游河床，威胁黄河防洪安全；制约社会经济发展，导致群众生活贫困。

12.7.3　水土保持现状

十大孔兑水土保持生态建设始于 20 世纪 50 年代初，各级政府组织群众植树造林，开展人工种草，曾规定"大量繁育牧草，保护牧场，严禁开荒"，并积极组织落实，收到了很大成效。到 1980 年以后，随着全党全社会对水土保持工作的重视，水土流失治理速度明显加快。在治理形式上由原来的单项治理变为以小流域为单元进行治理，从坡面到沟壑，从支沟到干沟，因地制宜、因害设防，工程措施、植物措施和保土耕作措施相结合，"山、水、田、林、草、路"综合治理；在治理体制上由原来的行业治理转变为承包、租赁、股份合作、大户治理、专业队治理及淤地坝产权制度改革等。

截至 2003 年底，十大孔兑累计共完成水土保持生态建设 228 904hm²，占水土流失总面积的 27.38%，其中，完成基本农田建设 19 302hm²、水土保持造林 181 522hm²，人工种草 30 980hm²，修筑骨干工程 59 座、淤地坝 237 座、谷坊卜 96 座，沟头防护 1223km，开挖筒井 1762 眼、机电井 594 眼、大口井 397 眼。通过多年的水土保持综合治理，有效地拦截了泥沙，改善了生态和生产条件，促进了水土流失治理区经济的发展，提高了当地农牧民群众的生活水平。

12.7.4　水土保持规划建设

2004 年 9 月内蒙古自治区水土保持工作站编制完成的《黄河干流内蒙古河段治黄减沙工程可行性研究报告》提出了十大孔兑的规划建设目标：以水土流失综合治理为核心，以淤地坝建设和退耕还林还草为重点，依靠科技进步，加强综合治理，大力推进水土保持生态建设，促进人与自然和谐相处及经济社会的全面发展。

（1）水土流失治理目标

到 2014 年，新增水土流失综合治理面积 4096.74km²，生态修复面积 665.28km²，水土流失累计治理程度达到 75%以上。

（2）蓄水、减沙目标

2014 年项目建设完成，各项措施显效后，可实现年均蓄水 10 008.76 万 m³，拦蓄程度达到 75.6%；减沙 1944.53 万 t，减沙率达到 71.7%，使十大孔兑水沙灾害得到控制。

（3）生态效益、经济效益目标

项目实施后，项目区林草覆盖率达到 65.6%，使十大孔兑区域生态环境得到明显改善；农业生产条件根本改变，农民人均粮食由 860kg 增加到 1800kg；人均纯收入由 2132 元增加到 3200 元。

近期十大孔兑治理逐步纳入正规，但是由于该地区水土流失严重，治理任务艰巨，资金投入有限，水土流失治理见效慢，治理的质量与进度难以保证。

12.8 小 结

治理宁蒙河段的淤积问题，是一个极其复杂的问题；根据多年的治黄实践经验和各方面的研究成果，解决宁蒙河段的淤积问题，不能只靠单一的途径或单一的工程措施，需要多种措施相互配合，要做长期的努力。经综合分析，由龙刘水库和大柳树工程联合调节加上西线调水工程，是解决内蒙古河道淤积较为有效的措施之一，能恢复和维持内蒙古河道的中水河槽。

13　典型河段实体模型试验

13.1　典型河段选择

选取三湖河口至昭君坟河段为物理模型试验河段，该河段河道特征值见表 13.1-1。

表 13.1-1　三湖河口至昭君坟河段河道特征值

项目	取值	项目	取值
河段长度 L（km）	126	河床组成	沙质
河道平均宽度 B（m）	1000~7000	河段平均比降 i（‰）	0.117
河床糙率 n_b	0.015~0.020	河型	平原弯曲型
河滩糙率 n_t	0.020~0.030	河床床沙中值粒径 D_{50}（mm）	0.19

13.2　实体模型设计

13.2.1　模型设计原则

研究河段的模拟应满足水流运动相似与河床变形相似，主要考虑水流重力与惯性力相似、河床冲刷变形（泥沙起动）相似。河工模型设计以河流动力学的相似理论为基础。由于实际河流及工程问题的复杂性，在河工模型试验中，模型的设计不能完全符合相似理论的要求，需采取某些近似的方法。

13.2.2　试验河段的相似条件

（1）水流相似准则

依据满足主导力相似的原则，在水流相似方面应按重力相似准则设计模型，并满足紊动阻力相似要求，即模型设计满足以下条件。

水流重力相似条件：

$$\lambda_V = \lambda_H^{1/2}$$

式中，λ_V 为流速比尺；λ_H 为垂直比尺。

水流阻力相似条件：

$$\lambda_n = \frac{1}{\lambda_V}\lambda_H^{2/3}\lambda_J^{1/2} = \lambda_H^{2/3}\lambda_L^{-1/2}$$

式中，λ_n 为糙率比尺；λ_L 为水平比尺；λ_J 为比降比尺。

（2）泥沙相似准则

依据满足河床冲刷变形（泥沙起动）相似的原则，在床沙粒径及时间控制方面，应按起动相似与河床变形相似设计模型，即模型设计满足以下条件。

水流挟沙相似条件：

$$\lambda_g = \lambda_{s*}$$

泥沙悬移相似条件：

$$\lambda_\omega = \lambda_V \frac{\lambda_H}{\lambda_L \lambda_{a*}}$$

泥沙起动相似条件：

$$\lambda_V = \lambda_{V_c}$$

悬移质引起河床冲淤变形相似条件：

$$\lambda_{t_2} = \frac{\lambda_{r_0} \lambda_L}{\lambda_s \lambda_V}$$

式中，λ_s、λ_{s*} 为含沙量及水流挟沙力比尺；λ_ω 为泥沙沉速比尺；λ_{a*} 为悬移质泥沙粒径比尺；λ_{V_c} 为泥沙起动流速；λ_{t_2} 为河床变形时间比尺；λ_{γ_0} 为淤积物干容重比尺。

13.2.3 模型主要控制比尺

根据试验河段平面范围及试验场地条件，选取模型水平比尺 $\lambda_L = 1000$，模型长约 80m。考虑到模型水流深度应满足表面张力及试验量测的要求，选取模型垂直比尺 $\lambda_H = 80$，则模型几何变率 $D_t = \lambda_L / \lambda_H = 12.5$，比降比尺 $\lambda_J = \lambda_H / \lambda_L = 0.08$。根据水流、泥沙相似遵循的相似准则，给出模型主要控制比尺，如表 13.2-1 所示。

表 13.2-1 模型主要控制比尺

比尺名称	比尺数值	依据	备注
水平比尺 λ_L	1 000	满足试验要求及场地条件	
垂直比尺 λ_H	80	满足变率限制条件	
流速比尺 λ_V	8.94	满足水流重力相似条件	
流量比尺 λ_Q	858 650	$\lambda_Q = \lambda_L \lambda_H \lambda_V$	
容重差比尺 $\lambda_{\gamma_s - \gamma_0}$	1.5	郑州热电厂粉煤灰	$\gamma_s = 20.58 \text{kN/m}^3$
含沙量比尺 λ_s	1.7~1.9	满足水流挟沙相似条件	
水流运动时间比尺 λ_{t_1}	134.23	$\lambda_{t_2} = \lambda_L / \lambda_V$	
河床变形时间比尺 λ_{t_2}	140	$\lambda_{t_2} = 1.04\lambda_{t_1}$	

13.3 典型河段不同工况下河道冲淤演变试验

13.3.1 试验方案及流量过程设计

根据试验目的设计不同组次的试验方案：第一种方案主要是研究干流不同洪水过程情况下试验河段的河势演变，该方案选取了多种典型的洪水过程，分别代表中小洪水过程和大洪水过程，主要类型见表 13.3-1；第二种方案主要是研究试验河段支流高含沙水流对干流的影响，主要类型见表 13.3-2。

表 13.3-1　方案一不同试验工况放水过程

方案一	中小洪水过程		大洪水过程	
	时间（min）	流量（m³/s）	时间（min）	流量（m³/s）
放水过程	0	632	0	1500
	51	1543	30	2200
	82	803	154	3000
	138	1594	185	5000
	179	2100	462	1600
	219	680	565	5900
	260	1087	648	1650
	301	431	936	1200
	358	400	1040	800

表 13.3-2　方案二不同试验工况放水过程

方案二	时间（min）	干流中小洪水与支流交汇			干流小水与支流交汇		
		$Q_{干流}$（m³/s）	$Q_{毛不拉}$（m³/s）	$Q_{西柳沟}$（m³/s）	$Q_{干流}$（m³/s）	$Q_{毛不拉}$（m³/s）	$Q_{西柳沟}$（m³/s）
放水过程	0	800	0	0	800	0	0
	10	1500	0	0	800	0	0
	20	2100	1200	1500	800	1200	1500
	21	2100	5600	6600	800	5600	6600
	22	2100	2500	3000	800	2500	3000
	23～30	2100	0	0	800	0	0
	30	1500	0	0	800	0	0
	40	800	0	0	800	0	0

13.3.2　干流洪水对河势变化影响的分析

黄河上游大型水库投入运用以后，内蒙古河段河势发生了很大的变化，三湖河口至昭君坟河段是黄河上游典型的游荡型向弯曲型转变的过渡型河段。为了分析研究大型水库运用对宁蒙河段河势演变的影响，将试验研究条件分为两类，一类是中小洪水过程，另一类是大洪水过程，以期研究不同洪水条件下该河段河势演变的特点。

13.3.2.1　中小洪水对河势的影响分析

（1）河势平面变化

根据试验一方案，研究中小洪水作用下的河势平面调整变化过程，见图 13.3-1。可以看出，放水试验期间河势表现出游荡型河道的典型特征：在流量为 1594m³/s 时，出现了支流、江心洲不稳定，且主流带展宽；当流量为 2100m³/s 时，河势变化更为强烈，河槽展宽，局部主流分汊；随着流量逐渐减小，部分漫滩的洪水又重新归槽，试验河段河槽平面形态基本没有很大变化。试验河段上段主要是抗冲刷能力差的天然边界河段，主流距离堤防较远；而下段河道的弯道段靠近抗冲刷能力强的硬边界（大堤），两岸堤防距离较近，对河势的控制作用很强。

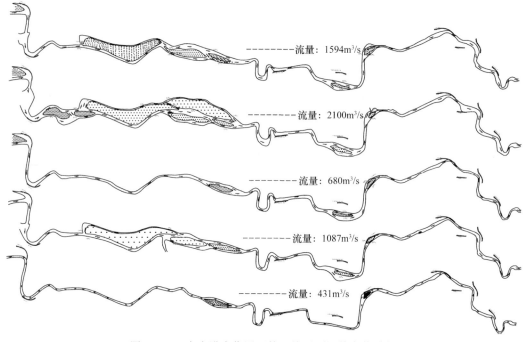

图 13.3-1　中小洪水作用下的河势平面调整变化过程

从整个河势变化的过程看，试验河段在小流量下，主流归槽，河势比较单一；但随着流量增大，河势开始变得不太稳定，一些河段有进一步向弯曲型发展的趋势，一些河段形成畸形河湾，不能适应大流量下水流流势。

（2）河相关系变化

试验河段属典型的过渡型河段，随着流量增大，河宽与水深都有所增加，但从涨水过程看，展宽没有刷深强度大。从图 13.3-2 不同流量下不同断面涨、落水时河相系数（$B^{0.5}/h$）的变化可以看出，试验河段的河相系数总体趋势是随流量增大而逐渐减小的。一般河相系数越大越趋向于游荡型河势，CS42～CS48 河段的游荡性强些，CS55～CS60 段河相系数略有减小，属于过渡型河势，CS61 以下则具有弯曲型河势特性，模型试验的结果与实际河势相吻合。

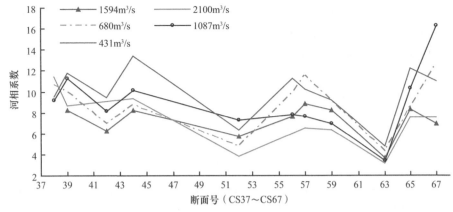

图 13.3-2 不同流量下不同断面涨、落水时河相系数的变化

在洪水过程中，河道横断面不断调整，河相系数也随之变化。图 13.3-3 反映了洪水过程中不同流量下典型断面 CS57 和 CS63 涨、落水时河相系数的变化。在涨水过程中，主槽冲刷，河相系数逐渐减小；达到洪峰流量时，河相系数最小；而落水过程中，主槽回淤，使河相系数又增大。根据河相系数的计算式可知，在洪水过程中，河槽形态调整，由于水深调整影响大，$B^{0.5}$ 的增长速度远不及水深的增长速度，因此才会出现流量与河相系数的对应关系。

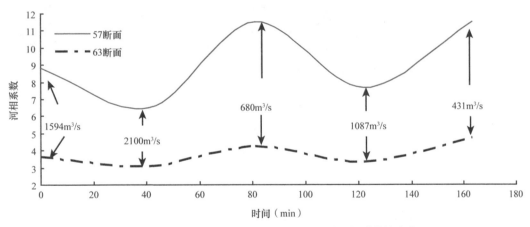

图 13.3-3 不同流量下典型断面涨、落水时河相系数的变化

（3）中小洪水河床冲淤变化

模型试验结果表明，试验河道进口段主槽略有冲刷，但不明显；随着河道向下游的推进，河道逐渐淤积，主槽有所加宽。对比初始河势和洪水后河势可以看出，整个河段在平面形式上也略有变形。

水流从 CS36 断面进入河道，流量为 680m³/s 时，经三湖河口工程导流，将水流从左岸导向右岸，又经 CS39 断面附近的工程导流使之向下游左岸流动，此间形成本试验河段的第一个弯道。在小水情况下，整个流动全部约束在河道中，已建工程基本控制河势。

当流量增加到 2100m³/s 时，基本处于全槽过水，CS40～CS42 断面出现心滩，水流基本呈两股或三股流动，原始河槽基本分配 75%以上的流量。至 CS49 断面处，水流归一，形成单一河槽。打不素工程头部在水流的作用下泥沙冲刷严重，淘刷工程前部和背部，对工程安全造成影响。

洪峰过后，当流量落为 431m³/s 时，除在 CS55 断面处存在分汊河道外，基本上试验河段为单一河道。

13.3.2.2 大洪水对河势的影响分析

（1）河势平面变化

根据试验二方案，研究大洪水作用下的河势平面调整变化过程。图 13.3-4 是涨水过程中流量为 2200m³/s 时的河势，可以看出，试验河段下段主流已经脱离原弯道河槽，主流趋直，出现散乱的江心洲和滩地。图 13.3-5 是达到洪峰流量（洪峰流量为 5900m³/s）时的河势，可以看出，洪水大量漫滩，河道全断面行洪，水流散乱，主流已经不甚明显。在打不素险工（断面 59 附近）处的水流已经绕过该处控导工程顶冲大堤；打不素险工以下，水流相对集中，仍然有一些高滩出露。

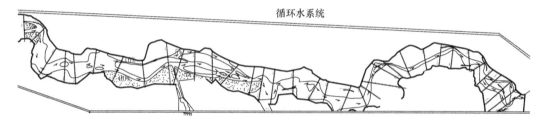

图 13.3-4 CS37～CS70 流量为 2200m³/s 的河势图（涨水）

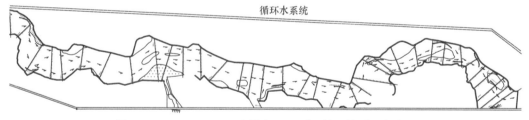

图 13.3-5 CS37～CS70 流量为 5900m³/s 的河势图（洪峰）

（2）河相关系变化

在大洪水试验过程中，随着洪水流量的变化，横断面形态也不断变化调整。图 13.3-6 显示了大洪水发展过程中，不同流量下不同断面的河相系数的变化情况。由于大洪水漫滩行洪，河宽、水深都大大增加，而且与流量成正比关系。

（3）大洪水河床冲淤变化

模型试验结果表明，试验河道全段主槽基本全部冲刷，主槽增宽，滩地淤积。对比洪水始末的河势和实测大断面情况，可以看出，整个河段在平面形式上存在变形。

水流从 CS36 断面进入河道，流量为 1500m³/s 时，河势基本与中小洪水同级流量下的河势保持一致。三湖河口工程与 208 工程靠流。水流在 CS42 断面处分为两支，原河槽分流 90%左右。主流在 CS46 断面处再次分成两支，主流与上游支流汇合，支流靠向右岸，在 CS48～CS50 断面形成两处较小的滩地。除在 CS55 断面附近和打不素工程附近河道中间存在滩地外，CS50 断面以下形成单一河道。乌兰十队工程靠流，打不素工程上游处水流顶冲凹岸，对工程造成影响；三岔口险工靠流。

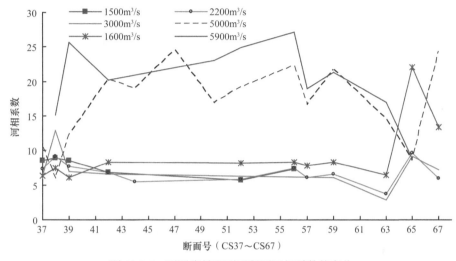

图 13.3-6　不同流量下不同断面河相系数的变化

当流量为 2200m³/s 时，打不素工程以上过水断面增加。断面 CS38～CS43 过水断面明显加宽 3～4 倍，主槽过流约占全断面过流的 90%。CS50 断面以上河段水流散乱，更多心滩出现；CS52 断面处的弯道凸岸滩地开始过水；CS66 断面以下，水流分成两支，在 CS70 断面处汇合。羊场险工靠流，打不素工程上游处水流顶冲凹岸严重，并开始淘刷工程背部。

当流量增加到 5000m³/s 时，基本上全断面过水，主流散乱，呈现游荡型河道特性。至三湖河口工程下游，河道全部过流；CS41～CS42 及 CS43～CS44 断面出现小块心滩；CS44 断面以下，主流更加散乱；打不素工程头部在水流的作用下泥沙冲刷严重，淘刷工程前部和背部，工程背部开始过流，对工程安全造成影响；CS52 断面处的弯道自然裁弯取直，主流线发生变化；四村控导工程靠流；CS66 断面以下河道水流散乱。

当流量增加到洪峰流量 5900m³/s 时，在大洪水长时间的作用下，原有滩地逐渐缩小，主流更加散乱，回流横流在多个位置出现。

洪峰过后，当流量回落为 1600m³/s 时，明显看出主槽增宽，河势较初始河势发生了大的变化。

13.3.3　支流高含沙洪水对干流影响的分析

13.3.3.1　试验方案的设计水沙条件

十大孔兑是影响黄河内蒙古河段河床演变的重要因素，特别是支流高含沙洪水与干流交汇后对局部河段的影响是河道防洪与整治关注的焦点。试验河段只有毛不拉孔兑和西柳沟有实测的水文资料,故选取这两大孔兑进行交汇试验。

放水过程选取1989年7月21日发生的典型洪水过程,该次洪水的特点是洪峰特别大,含沙量极高,持续时间短,灾害性极强,是有实测资料以来最不利的大洪水。与支流洪水同步的当时干流流量仅有1230m³/s,由于小流量不能及时冲走各孔兑在入黄口处淤积的泥沙,因此有些孔兑在入黄口处形成了巨型沙坝,淤塞干流河道。该河段当年淤积严重,其中西柳沟堵塞最为严重,沿程同流量水位普遍抬高。

交汇试验共分两种工况,一种是交汇期干流洪峰流量为2100m³/s(即干流的整治流量);另一种是交汇期干流洪峰流量为800m³/s,河道地形采用现状河道。

13.3.3.2　干流中小水与高含沙支流洪水交汇试验成果分析

支流与主流交汇时干流流量为2100m³/s,干流洪水时间为116.7h,当干流放水时间为46.7h时,毛不拉孔兑高含沙洪水开始与干流交汇,2.33h后西柳沟开始放水与干流交汇,支流洪水时间为7h。干流含沙量为4～8kg/m³,毛不拉孔兑含沙量为1094kg/m³,西柳沟含沙量为644kg/m³。

对比试验前后的河道地形可以看出,放水后支流入汇口上下游河床发生明显淤积,主河道萎缩变窄,入汇口处淤积虽然最为严重,但是没有堵塞河道水流。

图13.3-7和图13.3-8分别是与干流中小水交汇时支流口附近水位的变化过程。可以看出,两个支流上游都不同程度地出现了壅水现象,而且水位抬升比较大,尤其是西柳沟附近的水位变化,干支流交汇后很长时间内也没有恢复到交汇前的水位。这说明支流附近淤积较为严重,特别是西柳沟上游淤积极为严重,这和历史上西柳沟附近高含沙支流与干流遭遇淤积的规律一致。

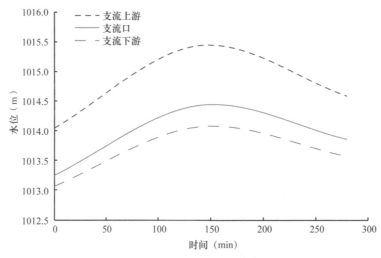

图13.3-7　与干流中小水交汇后毛不拉孔兑附近水位的变化过程

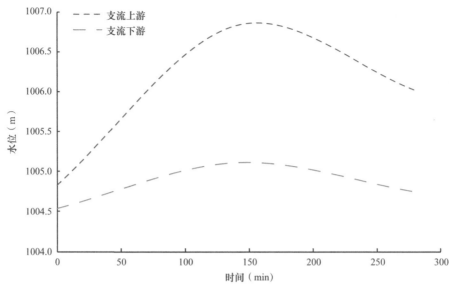

图 13.3-8 与干流中小水交汇后西柳沟附近水位的变化过程图

13.3.3.3 支流高含沙洪水与干流小水交汇试验成果分析

从放水试验前后的河床地形对比看,干流两侧的滩地淤积严重,而且两条支流入口处严重淤积,支流河道已经完全被淤堵。由于支流流量远大于干流流量,支流下游附近的主河道均趋于顺直。毛不拉孔兑入黄口处最大淤积厚度达 2.8m,淤积影响范围达上游 1.8km 处,向下游淤积延伸约 12km;西柳沟入黄口淤积更严重,淤积厚度达 3.7m;淤积影响范围向上游延伸长达 8.5km。

对与 2100m³/s 洪水的第一次交汇试验结果进行对比分析,可以看出,支流与干流小水交汇后的主槽淤积萎缩更为严重;由于交汇时干流流量(800m³/s)远小于第一次交汇时的干流流量(2100m³/s),小水无力挟带支流入汇的高含沙水流,因此口门附近形成严重淤积。表 13.3-3 是与干流小水交汇后支流附近含沙量的变化。可以看出,毛不拉孔兑交汇区附近最大含沙量与支流最大含沙量相近,而西柳沟基本也是如此,表明干流的稀释能力是十分有限的。

表 13.3-3 与干流小水交汇后支流附近含沙量的变化

模型时间(min)	毛不拉孔兑		西柳沟(口门附近)	
	交汇区附近含沙量(kg/m³)	支流最大含沙量(kg/m³)	交汇区附近含沙量(kg/m³)	支流最大含沙量(kg/m³)
1	571.94		369.21	
2	592.14	574	337.12	338
3	553.93		210.39	
4	545.76		120.56	

图 13.3-9 和图 13.3-10 分别是与干流小水交汇时支流口附近水位的变化过程,可以看出,与干流小水交汇时支流附近的水位变化表现出了和与干流中小水交汇时相似的变

化规律，不同的是水位的变化没有与干流中小水交汇时的变化剧烈。

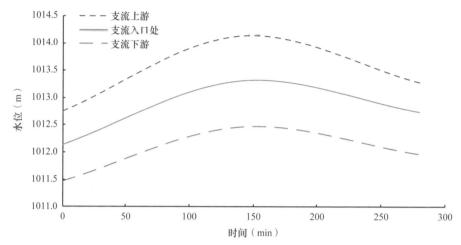

图 13.3-9　与干流小水交汇后毛不拉孔兑附近水位的变化过程

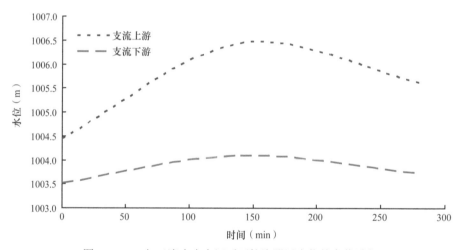

图 13.3-10　与干流小水交汇后西柳沟附近水位的变化过程

对比以上两次试验，在干流为小流量（800m³/s）的情况下，西柳沟附近的淤积较干流流量为 2100m³/s 时的更为明显；同时，在干流为小流量时河道地形变化较为复杂，河槽变宽浅，支流出口处几乎完全被淤堵。

13.4　典型河段不同治理措施下的河道冲淤演变试验

13.4.1　试验的治理方案及相应的设计水沙条件

13.3.4.1　试验的治理方案

利用物理模型试验研究比较不同治理措施下内蒙古三湖河口至昭君坟河段的水位

变化、河势变化及河床变形（表 13.4-1）。采用物理模型试验研究的治理措施主要包括河道整治、挖河疏浚、调整龙刘水库运用方式及有大柳树水库西线调水。

表 13.4-1　物理模型试验工况

序号	方案	设计水沙系列	历时	主要研究内容
1	现状工程方案	5 年设计水沙系列 （1989～1991 年+1995～1996 年）	5 年	水位, 河势, 含沙量, 1 年、 3 年、5 年后河床变形
2	河道整治方案	3 年设计水沙系列 （1989～1991 年）	3 年	水位, 河势, 含沙量, 1 年、 3 年后河床变形
3	挖河疏浚方案	3 年设计水沙系列 （1989～1991 年）	3 年	水位, 河势, 含沙量, 1 年、 3 年后河床变形
4	调整龙刘水库运用方式方案	5 年设计水沙系列 （1989～1991 年+1995～1996 年）	5 年	水位, 河势, 含沙量, 1 年、 3 年、5 年后河床变形
5	有大柳树水库西线调水方案	5 年设计水沙系列 （1989～1991 年+1995～1996 年）	5 年	水位, 河势, 含沙量, 1 年、 3 年、5 年后河床变形

13.3.4.2　试验方案的设计水沙条件

（1）设计水沙系列长度

根据物理模型时间条件上的限制和治理措施分析研究的需要，水沙系列长度不能太长，也不能太短，综合考虑系列长度定为 5 年，其中前 3 年用于分析河道整治方案与挖河疏浚方案，总 5 年用于分析调整龙刘水库运用方式方案与有大柳树水库西线调水方案。

（2）设计水沙系列选择原则

设计水沙系列选择原则包括：①水沙系列在实测水沙系列中选取，时间选在 1986 年以后，以考虑龙刘水库联合运用的影响；②选取的系列年尽可能连续；③选取系列年要利于比较分析各方案治理效果，同时要适当考虑系列中十大孔兑（如毛不拉孔兑、西柳沟）淤堵黄河的情况。

十大孔兑淤堵黄河平均四五年发生一次，水沙系列选择应从挖河疏浚方案和河道整治方案利于模型试验效果分析比较的角度加以考虑，因此，系列首年宜选用支流来沙淤堵黄河的年份。自 1986 年以来，孔兑淤堵黄河的典型年份主要是 1989 年、1994 年和 1998 年。

（3）设计水沙系列选定

根据设计水沙系列选择原则，对 1986 年以后干流三湖河口、支流毛不拉孔兑和西柳沟的水沙进行了分析，选定现状工程方案模型试验的 5 年设计水沙系列为 1989～1991 年+1995～1996 年。河道整治方案和挖河疏浚方案的水沙条件与现状工程方案的前 3 年水沙条件相同；调整龙刘水库运用方式方案与有大柳树水库西线调水方案是在现状工程方案的水沙条件基础上通过各自对干流来水来沙的影响后分析得到。各方案设计水沙系列特征值见表 13.4-2～表 13.4-5。

表 13.4-2　现状工程方案系列年来水来沙量

	W (亿m³)	W_s (亿t)	$Q_{平均}$ (m³/s)	$S_{平均}$ (kg/m³)	Q_{max} (m³/s)	T (d)	T (d, $Q<$ 400m³/s)	支流入汇		
								T (d)	W (亿m³)	W_s (亿t)
1 年	304.9	2.411	961.08	3.16	2900	3	27	191	1.768	1.170
3 年	636.7	3.085	669.88	2.11	2900	3	286	383	2.321	1.205
5 年	921.7	4.276	581.73	2.21	2900	3	663	676	3.384	1.307

表 13.4-3　河道整治方案和挖河疏浚方案系列年来水来沙量

	W (亿m³)	W_s (亿t)	$Q_{平均}$ (m³/s)	$S_{平均}$ (kg/m³)	Q_{max} (m³/s)	T (d)	T (d, $Q<$ 400m³/s)	支流入汇		
								T (d)	W (亿m³)	W_s (亿t)
1 年	304.9	2.411	961.08	3.16	2900	3	27	191	1.768	1.170
3 年	636.7	3.085	669.88	2.11	2900	3	286	383	2.321	1.205

表 13.4-4　调整龙刘水库运用方式方案系列年来水来沙量

	W (亿m³)	W_s (亿t)	$Q_{平均}$ (m³/s)	$S_{平均}$ (kg/m³)	Q_{max} (m³/s)	T (d)	T (d, $Q<$ 400m³/s)	支流入汇		
								T (d)	W (亿m³)	W_s (亿t)
1 年	290.8	2.524	916.46	3.75	2900	3	62	191	1.768	1.170
3 年	620.1	3.570	652.40	2.68	2900	3	395	383	2.321	1.205
5 年	921.8	5.003	581.81	2.64	2900	3	925	676	3.384	1.307

表 13.4-5　有大柳树水库西线调水方案系列年来水来沙量

	W (亿m³)	W_s (亿t)	$Q_{平均}$ (m³/s)	$S_{平均}$ (kg/m³)	Q_{max} (m³/s)	T (d)	T (d, $Q<$ 400m³/s)	支流入汇		
								T (d)	W (亿m³)	W_s (亿t)
1 年	343.1	2.585	1082.21	3.03	2900	3	27	191	1.768	1.170
3 年	751.3	3.741	790.90	2.16	2900	3	272	383	2.321	1.205
5 年	1112.7	4.977	702.73	1.95	2900	3	639	676	3.384	1.307

13.4.2　现状工程方案试验成果分析

13.4.2.1　水沙过程特点

从系列年来水来沙过程（图 13.4-1，系列总 5 年；图 13.4-2，系列第 1 年）可以看出，该水沙过程具有以下特点。

1）5 个年份来水来沙过程除了第 1 年之外，流量均没有表现出明显的峰值；特别是第 2 年和第 3 年，汛期和枯水期水沙均比较平均；第 4 年和第 5 年水量比较平均，但是汛期沙量比较大。

2）由于水库的调节作用，年内径流分配比较平均。当内蒙古十大孔兑出现高含沙浑水时，三湖河口站来水来沙就表现为小水带大沙且沙峰量大、持续时间短的特点，这极易在支流交汇处引起大范围的泥沙淤积。

3）该系列来水量总体呈逐年减少的趋势。

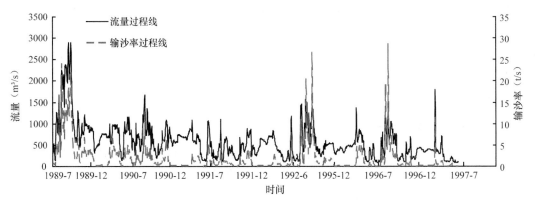

图 13.4-1 现状工程方案系列年干流来水来沙过程

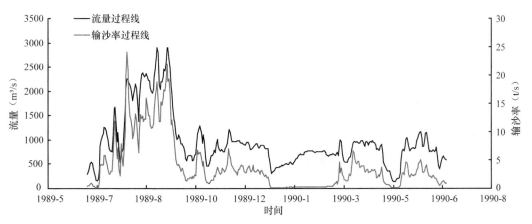

图 13.4-2 现状工程方案第 1 年干流来水来沙过程

13.4.2.2 河床变形分析

（1）河道冲淤总量分析

根据系列水沙过程特点可知，毛不拉孔兑先后发生 4 次入汇，西柳沟发生 2 次支流入汇。1989～1991 年汛期，毛不拉孔兑、西柳沟同时发生高含沙支流入汇，其中 1989 年汛期、1990 年汛期两支流都发生了高含沙洪水，其含沙量分别为 1119.5kg/m³、652kg/m³ 和 194kg/m³、157kg/m³。此外，1989 年汛期、1996 年汛期毛不拉孔兑发生支流入汇，其含沙量分别为 245kg/m³、500kg/m³。设计水沙系列中毛不拉孔兑、西柳沟来沙总量为 1.307 亿 t，其中，毛不拉孔兑来沙占支流来沙总量的 70% 左右。来沙年际变化为：1989～1990 年来沙量为 1.17 亿 t，1990～1991 年来沙量约为 0.035 亿 t，1995～1996 年来沙量约为 0.102 亿 t。设计年径流量为 921.7 亿 m³。

第一方案，主要研究现状工程方案下 5 年设计水沙系列过程对内蒙古河段冲淤的影响，在这样的来水来沙情况下，根据模型试验计算结果，发现第 1 年由于毛不拉孔兑、西柳沟同时发生高含沙支流入汇，造成河道特别是入汇口附近河段的强烈淤积，全河段淤积量达到 0.897 亿 t；从第 1 年至第 3 年支流来沙较少，几乎没有沙峰，河道淤积速率放缓，至第 3 年全河段仅淤积了 0.018 亿 t；从第 3 年至第 5 年又有两次沙峰，但水沙搭配较好，河道淤积速率仅略有回升，至第 5 年全河段又淤积了 0.050 亿 t；累积淤积总量为 0.965 亿 t 泥沙。

从河段纵向看，上游河段受毛不拉孔兑支流入汇及黄断 48 至黄断 50 河段倒比降的影响，淤积较多；水流出黄断 55 至黄断 60 弯道河段后，水流通畅，且弯道以下河段河底比降较大，该河段还略有冲刷。

（2）主流摆动与典型河弯

图 13.4-3、图 13.4-4 分别为在现状工程方案 1989~1991 年汛期、1995~1996 年汛期共 5 年水沙系列条件下典型河段平面摆动及主流线套汇。由典型河段平面摆动图可以看出，毛不拉孔兑入汇对河势影响不大，河势裁弯取直的效果不太理想，在黄断 52 断面处出现横河，主流线摆动幅度不大。需要注意的是，黄断 67 至黄断 68 之间主流摆动幅度较大，1989 年汛期西柳沟支流入汇，淤积干流河道，受其影响主流在入汇口上游坐弯行溜，逐渐向右岸大堤淘刷，随着水沙搭配关系变得协调，主流逐渐趋直。

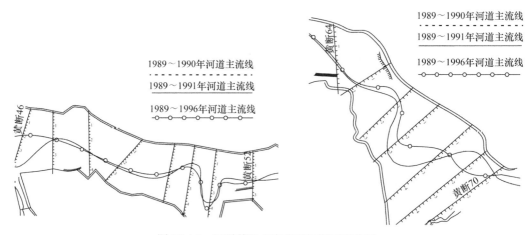

图 13.4-3　河道整治方案典型河段平面摆动

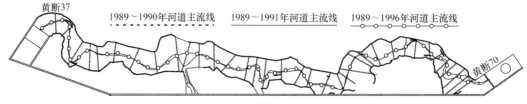

图 13.4-4　河道整治方案主流线套绘

从主流线套绘图来看，1989~1990 年汛期在毛不拉孔兑入汇处附近，主流线摆动幅度不大。主流在弯道顶部黄断 56 处坐弯行溜。在西柳沟入汇处，由于含沙量高河道产生淤积，其上游黄断 67 处主流线发生弯曲，从而产生典型河弯。

1989~1991 年汛期与 1989~1990 年汛期相比，河道主流趋于稳定，其余河段基本无大的变化。

1989～1996 年汛期与 1989～1990 年汛期，河道主流摆动幅度明显增大，西柳沟支流上游处主流更趋于走直。

（3）深泓点与深泓线变化

根据现状工程方案，通过分析 3 年后及 5 年后实测地形资料，提取深泓点高程，与原型大断面资料对比，以此分析深泓点的平面摆动和纵向变化，如图 13.4-5 和图 13.4-6 所示。

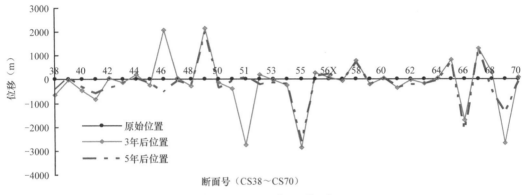

图 13.4-5 深泓点平面摆动

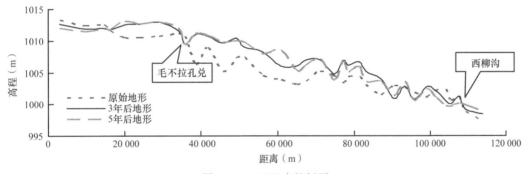

图 13.4-6 深泓点纵剖面

分析现状工程方案下 3 年后及 5 年后深泓点位置相对于原始位置的摆动情况，支流入汇处（黄断 46）与弯道黄断 51、黄断 69 处由于受支流入汇淤积干流河道的影响，横向移动都超过了 2km；随着水沙条件的改变，河道淤积泥沙的逐渐冲刷在 1995～1996 年汛期又逐渐恢复。就其总规律而言，受泥沙淤积的影响，局部断面摆动强烈，深泓点大幅向左侧移动，尤其以 1989～1991 年汛期最为剧烈。随着河道冲淤的发展，河床断面形态的调整由左移逐渐向原河道靠拢，局部河段甚至朝向右侧移动。

三湖河口至昭君坟河段主要支流有毛不拉、西柳沟两大孔兑，分别距离河段进口（黄断 36）约 34km 和 109.1km。从深泓点纵剖面可以看出，两大孔兑产生的高含沙洪水对主河道产生了淤堵。毛不拉孔兑入汇口深泓点抬高达 2.8m，淤积影响范围达上游 1.8km 处，向下游淤积延伸约 12km；西柳沟入汇口淤积更严重，淤积影响范围向上游延伸长达 8.5km，与毛不拉孔兑下游影响范围相叠加。

（4）典型断面冲淤变化

黄断 49 位于毛不拉孔兑下游约 9.8km 处，受高含沙支流入汇的影响，该断面主河道淤积通常较为严重。从图 13.4-7 可以看出，与原始地形相比，其主槽淤积较严重，滩地淤积厚度约为 0.5m。右岸滩地厚度明显高于左岸滩地，阻碍主河道水流行洪，受此影响，河势逐渐向左岸发展，主槽逐渐向左岸偏移。1989～1991 年汛期（3 年）与 1989～1991 年汛期+1995～1996 年汛期（5 年）相比，冲淤交错发展，总的来说，1989～1991 年汛期表现为淤积，1989～1991 年汛期+1995～1996 年汛期表现为微冲。

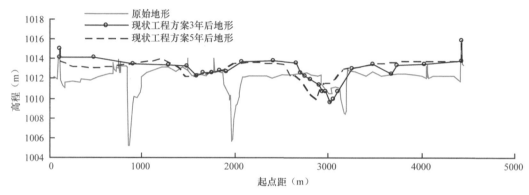

图 13.4-7　黄断 49 地形套绘

从黄断 51 地形套绘图（图 13.4-8）可以看出，原始大断面深泓点在距左岸 4.5km 处，同上游黄断 49 一样，受支流入汇的影响，河道主槽逐渐向左岸偏移，1989～1991 年汛期由于支流入汇较频繁，总体来看，不论是主槽还是滩地均表现为淤积，随着 1995～1996 年汛期支流入汇减少，水沙搭配趋于协调，与 1989～1991 年汛期相比，河道表现为微冲。

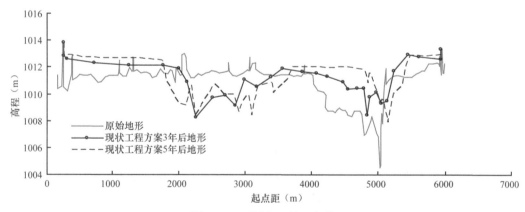

图 13.4-8　黄断 51 地形套绘

黄断 56 距河段进口黄断 36 约 74km，处于内蒙古三湖河口至昭君坟弯曲河段（黄断 55 至黄断 60）弯道的顶部位置。高含沙洪水进入弯道后，水流流速减缓，水流挟沙能力减小,大量泥沙在河道内淤积,主槽深泓点抬高约 2.7m,滩地淤积明显,整体抬高近 0.6m,且淤积厚度变化均匀(图 13.4-9),就全断面而言,滩地的淤积量占全河道淤积量的 70%以上,可见,该弯道对河道行洪、支流的泥沙输移是极为不利的。由于滩地淤积严重,无论是 1989~1991 年汛期还是 1995~1996 年汛期,该河段河势都表现为主槽相对稳定,后期表现为冲刷,但总体淤积严重。

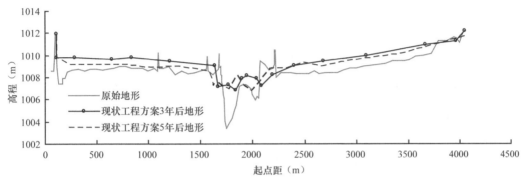

图 13.4-9 黄断 56 地形套绘

13.4.3 河道整治方案试验成果分析

13.4.3.1 水沙过程特点

考虑到 5 年系列中前 3 年的洪水比较典型、集中,后 2 年多为小水,而本方案主要研究河道整治工程对中常洪水的控导效果及河道冲淤变形,所以只选取了 5 年系列中的前 3 年作为本方案的水沙系列控制条件。

从图 13.4-10 和图 13.4-11 典型系列年来水来沙过程可以看出,该水沙过程具有以下特点:①3 个年份来水来沙过程仅在第 1 年汛期出现了明显的峰值,且水大沙也大,之后的 2 年,全年水沙比较平均,为中水中沙;②水量沙量年内变化不大,总水量、总沙量均呈逐年递减趋势;③支流仅在第 1 年形成高含沙洪水,接下来的 2 年支流无较大水沙汇入主流。

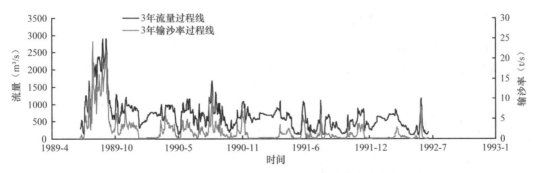

图 13.4-10 河道整治方案系列年干流来水来沙过程

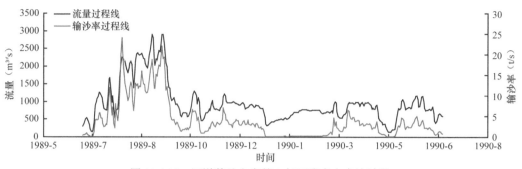

图 13.4-11 河道整治方案第 1 年干流来水来沙过程

13.4.3.2 河床变形分析

(1) 河道冲淤总量

河道整治方案试验成果分析采用 1989～1991 年汛期共 3 年的水沙过程。通过水沙过程特点分析可知，1989～1991 年汛期毛不拉孔兑、西柳沟同时发生高含沙支流入汇，为"89.7 洪水"，据文献记载，"89.7 洪水"期间毛不拉孔兑支流流量、洪峰流量分别为 5600m³/s、6940m³/s，沙量分别为 0.670 亿 t、0.474 亿 t，两支流来沙总量为 1.144 亿 t。河道淤积主要集中在三湖河口以下河段，淤积量为 1.12 亿 t，占 81.3%。设计水沙系列中毛不拉孔兑、西柳沟来沙总量为 1.17 亿 t，就支流来沙总量而言，两者几乎无变化。

河道整治方案中，三湖河口至昭君坟河段共规划 15 座控导工程，加上现有的 9 座控导工程，共有 24 座工程。通过放水试验发现，河道整治工程大都能很好地发挥作用，主流归顺，洪水漫滩的概率明显降低，滩地淤积得到改善，高含沙支流入汇后，在河道整治工程的作用下，泥沙被带向下游，减少了泥沙在主槽内的淤积。1989～1990 年汛期河道泥沙淤积约 0.546 亿 t，1989～1991 年汛期河道泥沙淤积约 0.849 亿 t，其年际变化为：1989～1990 年汛期河道淤积泥沙约为 0.546 亿 t，这一期间河段淤积较多，主要由毛不拉孔兑、西柳沟高含沙洪水入汇造成；而 1990～1991 年汛期河道泥沙淤积相对减缓，约为 0.303 亿 t；3 年淤积总量为 0.849 亿 t，比同期现状工程方案少淤 0.066 亿 t，可见，河道整治工程对归顺内蒙古河道主流、减少河道淤积还是起到一定作用的。

(2) 主流摆动与典型河弯

图 13.4-12、图 13.4-13 分别为河道整治方案 1989～1991 年汛期水沙系列条件下典型河段平面摆动及主流线套绘图。在河道整治方案规划工程的控导作用下，主流摆动趋于稳定。

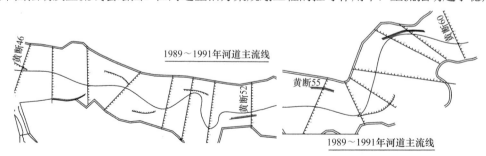

图 13.4-12 河道整治方案典型河段平面摆动

图 13.4-13　河道整治方案主流线摆动

（3）深泓点与深泓线变化

根据河道整治方案，通过分析 3 年后实测地形资料，提取深泓点高程，与原型大断面资料对比，以此分析深泓点的平面摆动和纵向变化，如图 13.4-14 和图 13.4-15 所示。

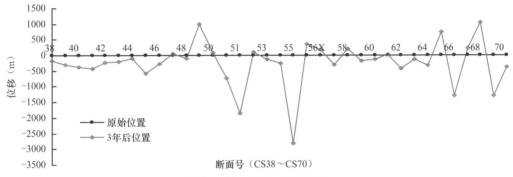

图 13.4-14　深泓点平面摆动

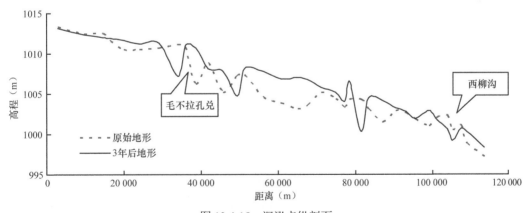

图 13.4-15　深泓点纵剖面

同现状工程方案深泓点摆动情况相比，由于控导工程的作用，该方案深泓点移动仍然以左移为主，但摆动幅度大大减小，平均摆幅 486m，摆动幅度减少 24%左右。个别断面如黄断 55 移动幅度较大，左移达 2.8km。由此也可看出，规划工程对归顺河势、减少河道淤积起到了重要的作用。

在规划工程作用下，水流调控及输沙能力增强。从图 13.4-15 可以看出，深泓点略有抬高，河道纵比降有所降低。在毛不拉孔兑入汇下游，受原河道逆坡的影响，河道急剧淤积，同原河道纵坡面相比，新产生的淤积体逐渐向上游发展，淤积体的坡度更陡。西柳沟入汇处所产生的沙坝淤堵主河道，从图 13.4-15 可以看出，淤积体高出原河道主槽 2m 左右。另需要特别指出的是，在三湖河口站下游 80km 处出现了急剧冲刷和急剧淤积的不利局面。

（4）典型断面冲淤变化

在规划工程的控导作用下，黄断 49（图 13.4-16）主槽位置基本无大的变化，主槽展宽、抬高，滩地表现为冲刷。可见，规划工程对减轻河道淤积效果明显。

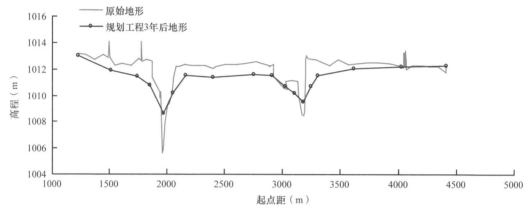

图 13.4-16　黄断 49 地形套绘

在规划工程的控导作用下，黄断 55（图 13.4-17）主流归顺，水流调控及输沙能力增强，主槽展宽，下切趋势明显，滩地表现为冲刷，河道的过流能力得到提升，主槽位置变化不大。

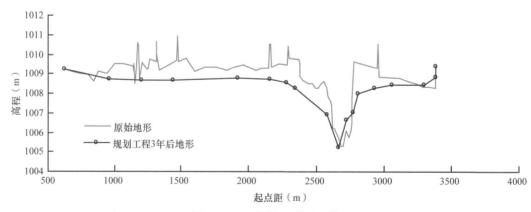

图 13.4-17　黄断 55 地形套绘

黄断 60（图 13.4-18）原始地形主槽深窄，过流能力较小，在控导工程的作用下主槽宽度增加，过流能力得到改善，洪水漫滩的概率降低，从冲淤量来看，该断面总体表现为冲刷，其冲刷位置主要发生在主槽附近。

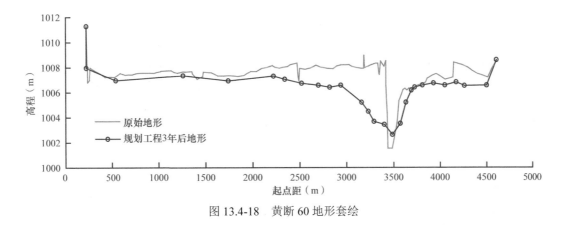

图 13.4-18　黄断 60 地形套绘

13.4.4　挖河疏浚方案试验成果分析

13.4.4.1　水沙过程特点

为了研究相同水沙条件下不同工程方案对该河段的影响，挖河疏浚方案采取与河道整治方案一样的水沙组合，选取 3 年典型水沙系列。1989～1991 汛期毛不拉孔兑、西柳沟同时发生高含沙支流入汇，称为 "89.7 洪水"，设计年径流量为 304.9 亿 m^3，三湖河口站 1989 年实测径流量为 215 亿 m^3，设计年径流量增大 42%左右。设计水沙系列中支流出现小水带大沙的情况，支流洪峰在前，小水带大沙，干流洪峰在后，滞后近 2 个月的时间，干支流洪峰的不协调仍有使该河段河道淤积加重的可能。

13.4.4.2　河床变形分析

（1）挖河疏浚原则

挖河疏浚原则主要在于增大汛期河道的排洪输沙能力，并尽可能地在较长时期内维持挖河的效果。根据内蒙古河段河道的淤积特性，泥沙的淤积部位主要集中在十大孔兑的入黄处及孔兑入口处。受西柳沟、毛不拉孔兑的影响，黄断 64 至黄断 66 主槽出现较大的逆坡，黄断 64 的河底高程为 1001.09m，而黄断 66 的河底高程已达1002.24m，高差达 1.15m，严重影响河道的泥沙输移，造成河槽淤积抬高，河道萎缩。因此，当汛期孔兑淤堵黄河时，要及时进行挖河。可根据河道淤堵前的比降进行挖河，保证主槽的畅通，维持河道一定的输沙能力；同时也要对孔兑入黄处进行挖河，减少次年的入黄沙量。

Ⅰ.挖河方案的确定

通过挖沙减少黄河内蒙古河道的淤积是一个很复杂的问题，一般来讲，挖河减淤效果取决于挖沙量、挖沙方式和挖沙部位。其范围应包括孔兑沟口、干流淤堵部位及其上下游一定范围内的河段。

初拟挖河方案：方案一，采取最理想的减淤效果，即十大孔兑来多少沙，就挖多少沙；方案二，按挖沙量为来沙量的一半考虑。上述两方案在模型试验操作的过程中可行性、挖沙量精度都值得商榷。因此，根据现实情况，对方案一进行一定的修改，称为挖

图 13.4-20　挖河疏浚方案主流线套绘

1989～1991 年汛期与 1989～1990 年汛期相比，水沙条件得到改善，且该期间无支流入汇，河势明显变得协调。在乌兰十队控导工程附近，主流裁弯取直效果较明显。随着冲淤发展，主流过打不素险工后，逐渐偏向左岸行溜，河势得到控制。

（4）深泓点与深泓线变化

通过分析实测地形资料，提取深泓点高程，与原型大断面资料对比，来分析深泓点的平面摆动和纵向变化，如图 13.4-21 和图 13.4-22 所示。

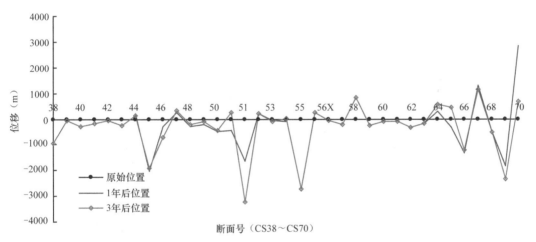

图 13.4-21　深泓点平面摆动

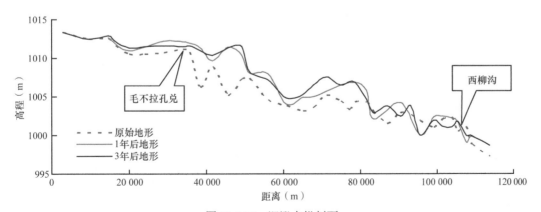

图 13.4-22　深泓点纵剖面

分析挖河疏浚方案 1 年后及 3 年后深泓点位置相对于原始位置的摆动情况，可以看出，大部分断面深泓点摆动不超过 500m；摆动过大的断面基本上都分布在弯道处或支流与主河道交界处，个别断面深泓点摆动超过了 3km。

从深泓点纵剖面可以看出，在挖河疏浚作用下，毛不拉孔兑入汇产生的淤积体明显向下游发展。在 1989~1990 年汛期，开挖后的黄断 64 至黄断 69 之间由于两支流的入汇形成了较大的逆坡，但随着水沙关系变得协调，挖河疏浚的效果逐渐显现出来，与现状工程方案相比，西柳沟淤积河道主槽的高度下降 10% 左右。总体而言，1990~1992 年汛期河道冲淤基本平衡，较好地保持了疏浚后的效果。

（5）典型断面冲淤变化

从图 13.4-23 可以看出，受支流高含沙入汇的影响，黄断 51 主河道淤积较为严重，与原始地形相比，其主槽抬高最大达 4m，右岸滩地局部淤积 1m 左右。阻碍主河道水流行洪，受此影响，右岸滩地受到冲刷。

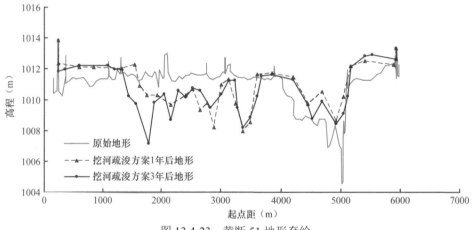

图 13.4-23　黄断 51 地形套绘

从图 13.4-24 可以看出，该断面河道总体表现为淤积，与原始地形相比，其主槽最大抬高约 0.8m，主槽相对稳定，与 1989~1990 年汛期相比，1990~1991 年汛期主槽下切趋势较为明显。右岸滩地局部淤积较严重，左岸滩地冲淤变化不大，1 年后和 3 年后地形变化不大。

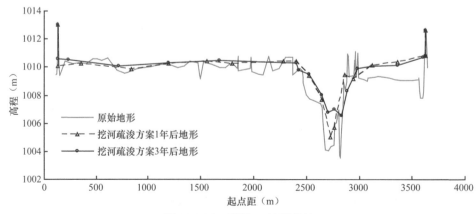

图 13.4-24　黄断 54 地形套绘

黄断 61 左岸滩地淤积，淤积厚度约为 0.8m，右岸受四村控导工程的影响，表现为冲刷下切。由图 13.4-25 可以看出，右岸主槽边界相对稳定，左岸下切并发展。特别是1989～1990 汛期，由于支流淤堵的影响，河道主槽明显抬高，随着水沙搭配变得协调，主槽开始下切并展宽，河道过流能力逐渐加大。全断面冲淤发展较均衡，右岸表现为冲刷，左岸表现为淤积。

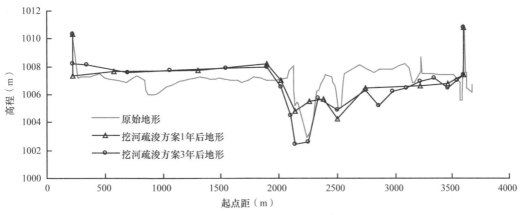

图 13.4-25　黄断 61 地形套绘

13.4.5　调整龙刘水库运用方式方案试验成果分析

13.4.5.1　水沙过程特点

调整龙刘水库运用方式方案来水来沙过程表现为汛期丰水丰沙，非汛期枯水枯沙。从图 13.4-26 和图 13.4-27 典型系列年来水来沙过程可以看出，该水沙过程具有以下特点。

1）5 个年份来水来沙过程汛期水沙均呈现出明显的峰值，但作用时间短；非汛期水沙相对平均，但作用时间长。

2）十大孔兑产生的高含沙洪水入汇明显，特别是第 4 年和第 5 年在汛期洪水回落时出现峰高量少的沙峰，出现了短时期小水带大沙的情况。这种水沙的不同步是引发河道淤积的主要因素。

3）汛期流量变化不大，非汛期流量有逐年减小的趋势。

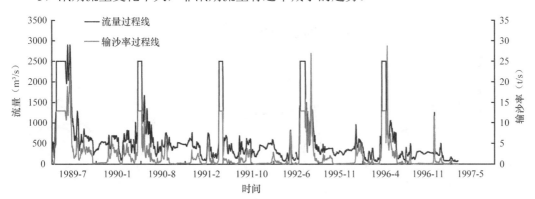

图 13.4-26　调整龙刘水库运用方式方案系列年的来水来沙过程

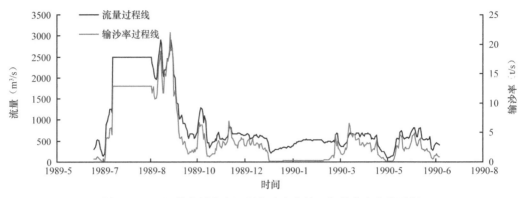

图 13.4-27　调整龙刘水库运用方式方案第 1 年的来水来沙过程

13.4.5.2　河床变形分析

（1）河道冲淤总量分析

从龙刘水库调节的水沙系列过程中可以发现，干流水沙过程基本同步，由于第 1 年的来水来沙占系列年的比重较大，小水期含沙量相对较高，并且支流的高含沙水流基本发生在第 1 年，因此该河段第 1 年淤积量达 0.793 亿 t，占系列年淤积量的比重较大，是第 5 年最终总淤积量的 1.052 倍。

第 2 年与第 3 年期间，支流没有大的高含沙洪水，在干流比较适宜的水沙过程作用下，河道输水输沙能力增强，这一期间全河段累积冲刷 0.225 亿 t，至第 3 年末的累积淤积量为 0.568 亿 t，是第 5 年最终总淤积量的 75.3%。

在第 4 年和第 5 年中，由于支流有高含沙洪水汇入主河道，主河床有所回淤，全河段淤积量为 0.186 亿 t；干支流水沙过程与该河段冲淤过程保持一致，至第 5 年末的累积总淤积量为 0.754 亿 t。

（2）主流摆动与典型河弯

典型河段平面摆动和主流线套绘见图 13.4-28 和图 13.4-29。由主流线套绘图（图 13.4-29）可以看出，1989～1990 年汛期河道主流线较稳定。在毛不拉孔兑入汇处下游

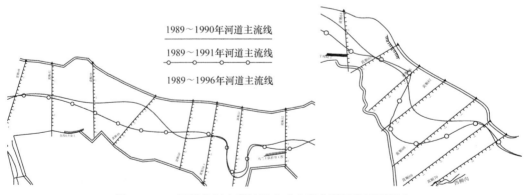

图 13.4-28　调整龙刘水库运用方式方案典型河段平面摆动

1989～1990年河道主流线　　1989～1991年河道主流线　　1989～1996年河道主流线

图 13.4-29　挖河疏浚方案主流线套绘

黄断 49 处，受支流泥沙淤积的影响，主流靠左岸行溜。过乌兰十队控导工程后，主流并没有偏向左岸行洪，而是趋于直线，紧靠黄断 54、黄断 55 右岸，威胁右岸大堤安全。出弯道后，继续向下游行洪，在西柳沟入汇淤积主河道的作用下，主流线基本居中行溜，河势逐渐得到有效控制，主流归顺。

1989～1991 年汛期主流线变化与 1989～1990 汛期相比，在毛不拉孔兑入汇处下游黄断 49 处，随着冲淤发展，主流靠右岸行溜。出乌兰十队控导工程后，主流向左摆动，黄断 54、黄断 55 右岸大堤威胁得到缓解。在弯道黄断 56 至黄断 56 下之间坐弯刷槽后，逐渐向对岸行溜，在此处形成非常典型的"S"弯道。随着冲刷发展，主流逐渐偏向黄断 67 右岸大堤，大堤淘刷较严重。

1989～1991 年＋1995～1996 年汛期（5 年系列）与 1989～1991 年汛期（3 年系列）方案相比，河势基本无大的变化。值得注意的是，随着干支流水沙条件的改善，主流在黄断 51 处裁弯取直，同河道整治方案和挖河疏浚方案相比，此时主流向左岸偏移约 2.4km，进入弯道后基本与 1989～1991 年汛期的主流线重合。另外，在西柳沟入汇处，由于冲刷的发展，此主流线与 1989～1991 年汛期的主流线相比，逐渐向下游发展，下挫 1.0km 左右。

（3）深泓点与深泓线变化

通过分析实测地形资料，提取深泓点高程，与原型大断面资料对比，来分析深泓点平面摆动和纵向变化，如图 13.4-30 和图 13.4-31 所示。

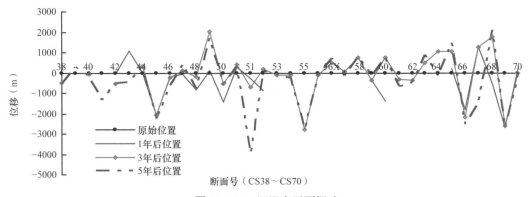

图 13.4-30　深泓点平面摆动

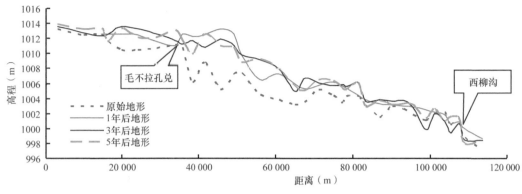

图 13.4-31　深泓点纵剖面

从图 13.4-30 可以看出，1 年后、3 年后和 5 年后之间深泓点摆动变化不太强烈。只有黄断 51 表现出了较大的摆动幅度。究其原因，1989～1991 年汛期此断面出现洲滩发育，形成两股支流，在试验中发现左侧支流分流比约在 15%，此时洪水仍靠右岸主槽行溜。而到了 1995～1996 年汛期，该左岸支流进一步发展，分流比已有原来的 15%左右发展到 80%以上，主槽向左岸摆动，水流裁弯取直的效果明显。

从深泓点纵剖面（图 13.4-31）可以看出，龙刘水库调节方案第 1 年由于汛期高含沙支流入汇影响，毛不拉孔兑附近河道淤堵严重。之后两年由于水库调节作用，下游河道水多沙少，主河道淤堵部分逐渐被冲开带至下游，淤堵情况有所缓解。但到了 1990～1991 年，汛期多水多沙，且沙峰较水峰滞后，这种水沙的不同步使得水流带走的沙量有限，再加上第 5 年汛期高含沙支流入汇，局部河道再次产生淤堵。

（4）典型断面冲淤变化

由图 13.4-32 可知，第 1 年河道在该断面的深槽处发生淤积，主槽抬高达 1.9m，主槽变窄，右岸滩地比左岸高出 0.5m，而在 3 年后，主槽淤积，但滩地明显冲刷，河道变为两汊河流，形成新的主槽，总体河道在该断面冲刷。但在 5 年后河道又发生明显回淤，淤积厚度最大达 2.1m。

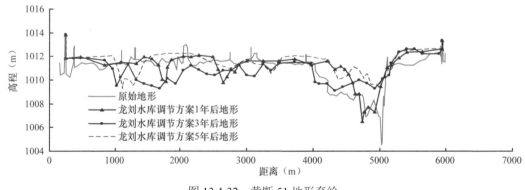

图 13.4-32　黄断 51 地形套绘

从图 13.4-33 可以看出，黄断 56 主河道淤积较为严重，第 1 年河道的滩地淤积明显，主槽展宽，向左岸摆动。第 3 年滩地冲淤变化不大，但是主槽右岸冲刷严重。第 5 年主槽位置淤积，且向右岸偏移。总的来说，与原始地形相比其主槽抬高达 2m，滩地淤积 0.5m 左右。

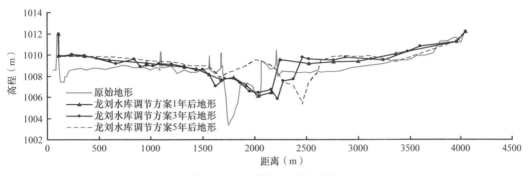

图 13.4-33　黄断 56 地形套绘

从图 13.4-34 可以看出，黄断 58 主河道淤积较为严重，左岸滩地淤积严重，且明显高于右岸，阻碍主河道水流行洪，受此影响，河势逐渐向右岸发展，主槽逐渐向右岸偏移，在 1900m 处形成新的主槽。对比 5 年后与 3 年后的地形可以看出，整体变化不大，主槽右岸略有淤积。

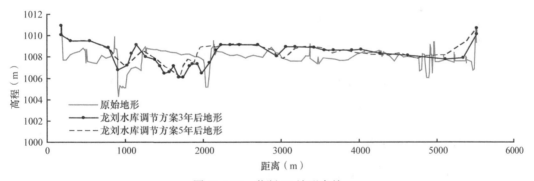

图 13.4-34　黄断 58 地形套绘

13.4.6　有大柳树水库西线调水方案试验成果分析

13.4.6.1　水沙过程特点

有大柳树水库西线调水方案来水来沙过程虽然在年内分配上仍然表现为丰水丰沙，但在总量上却呈逐年递减的趋势。

从图 13.4-35 和图 13.4-36 典型系列年来水来沙过程可以看出，该水沙过程具有以下特点。

1）5 个年份来水来沙过程汛期水量均呈现出明显的峰值，洪峰流量基本上均在 2500m³/s，最大在第 1 年的汛期达到 2900m³/s，沙量与水量变化是一致的。非汛期来水来沙较小，相对平均。这是第四、第五方案与前三个方案的最大区别。

2）在有大柳树水库西线调水调节的作用下，汛期的来水量增加，缓解了三湖河口站小水带大沙的情况,延长了洪峰的持续时间,且沙峰、水峰具有同步性。

3)该系列来水来沙过程在年内分配上表现为丰水丰沙,总的来水量较前四个方案有所增加,沙量变化不大。

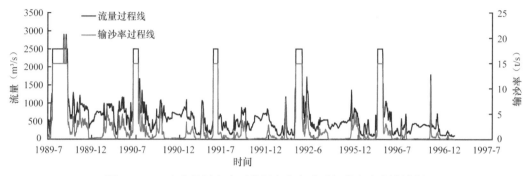

图 13.4-35　有大柳树水库西线调水方案系列年的来水来沙过程

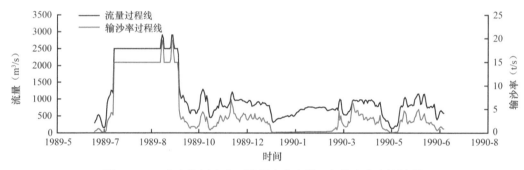

图 13.4-36　有大柳树水库西线调水方案第 1 年的来水来沙过程

13.4.6.2　河床变形分析

(1)河道冲淤总量分析

从有大柳树水库西线调水调节的水沙系列过程中可以发现,这一方案的干流水沙过程与调整龙刘水库运用方式方案水沙过程基本一致,同样表现为第 1 年的来水来沙占系列年的比重较大,并且支流的高含沙水流基本发生在第 1 年,该河段第 1 年淤积量达 0.630 亿 t,是第 5 年最终总淤积量的 1.165 倍。

第 2 年与第 3 年期间,支流没有大的高含沙洪水,在干流比较适宜的水沙过程作用下,河道输水输沙能力增强,这一期间全河段累积冲刷 0.082 亿 t,至第 3 年末的累积淤积量为 0.548 亿 t,是第 5 年最终总淤积量的 1.013 倍。

在第 4 年和第 5 年中,由于依然没有高含沙支流洪水汇入,适宜的水沙过程使得河道持续冲刷,但冲刷强度有所减弱,这一期间全河段累积冲刷量为 0.007 亿 t。干支流水沙过程与该河段冲刷过程保持一致,至第 5 年末的累积总淤积量为 0.541 亿 t。

对比挖河疏浚和调整龙刘水库运用方式两方案可以发现,干流流量过程基本一致,大柳树水库西线调水调节过程来水量较大;大洪水过程一致,小水期大柳树水库西线调水调节的流量大于同期龙刘水库调节的流量;所以调整龙刘水库运用方式方案的河道总体淤积量要小，比挖河疏浚方案少 0.213 亿 t，是挖河疏浚方案淤积总量的 71.8%，体现了大柳树水库西线调水调节方案对减轻该河段淤积的作用。

（2）主流摆动与典型河弯

典型河段平面摆动和主流线套绘见图 13.4-37 和图 13.4-38。由主流线套绘图（图 13.4-38）可以看出，1989～1990 年汛期河道主流线较稳定。毛不拉孔兑下游主流靠右岸，河势较稳定。主流过乌兰十队控导工程后，受前期该河段河道滩地淤积抬高的影响，并没有偏向左岸行洪，而是趋于直线，紧靠黄断 54、黄断 55 右岸，威胁右岸大堤安全。过弯道后，继续向下游行洪，到达西柳沟入汇处附近，由于受支流洪水顶托及其淤积体的影响，主流偏向左岸大堤，并淘刷黄断 69、黄断 70 左岸大堤，在试验中发现最大淘刷深度达 1m，严重影响该河段大堤的安全。

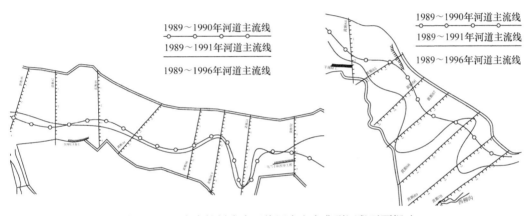

图 13.4-37　有大柳树水库西线调水方案典型河段平面摆动

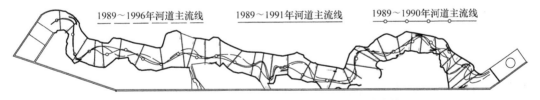

图 13.4-38　有大柳树水库西线调水方案主流线套绘

1989～1991 年汛期同 1989～1990 年汛期相比，水沙条件得到改善，且该期间无支流入汇，河势变化明显向好。主流过乌兰十队控导工程后，开始冲刷左岸滩地，随着冲刷的发展，主流向左摆动，黄断 54、黄断 55 右岸大堤威胁得到缓解。主流在弯道黄断 56 至黄断 56 下之间坐弯刷槽后，逐渐向对岸行溜，在此处形成非常典型的"S"弯道。出弯道后，继续向下游行洪，到达西柳沟入汇处附近，逐渐淘刷淤积体，主流开始逐渐偏向右岸大堤，黄断 69、黄断 70 左岸淘刷大堤情况得到显著改善，但在试验中发现主流靠近右岸大堤的速度明显加快，有淘刷其大堤的可能。

1989～1996 年汛期，与前两个时段（1989～1991 年汛期和 1989～1990 年汛期）相比，水沙搭配继续趋于协调。与前两个时段不同的是，在毛不拉孔兑入汇处，随着冲刷的发展，在黄断 49 处主流开始靠左岸行溜，且主流淘刷黄断 67 右岸大堤也得到了验证，从图 13.4-38 可以看出，大堤受洪水淘刷严重，且逐渐向上游发展。

（3）深泓点与深泓线变化

通过分析实测地形资料，提取深泓点高程，与原型大断面资料对比，来分析深泓点平面摆动和纵向变化，如图 13.4-39 和图 13.4-40 所示。

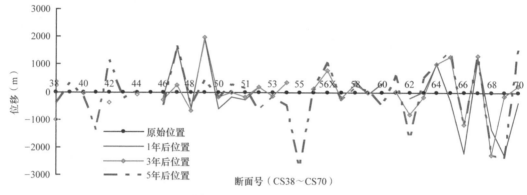

图 13.4-39　深泓点平面摆动

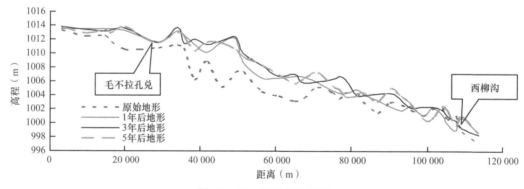

图 13.4-40　深泓点纵剖面

分析有大柳树水库西线调水方案下 1 年后、3 年后和 5 年后深泓点位置相对于原始位置的摆动情况。从深泓点平面摆动图可以看出，两大孔兑交汇处附近断面摆动比较强烈，在第 3 年均达到 1.5km 以上，其余断面深泓点摆幅不大。

有大柳树水库西线调水方案第 1 年汛期来水较调整龙刘水库运用方式方案多，而来沙量变化不大，故汛期高含沙支流入汇处的主河道淤堵程度有所减轻。与前几方案有所不同的是，上游淤积有很大程度的减轻，比降变缓。

（4）典型断面冲淤变化

受支流高含沙入汇的影响，黄断 50 主河道的宽深比增大，从图 13.4-41 可以看出，与原始地形相比主槽淤积抬高。从整体来看，滩地也略有淤积，且右岸滩地厚度明显高于左岸，阻碍主河道水流行洪，受此影响，河势逐渐向左岸发展，主槽逐渐向左岸偏移。

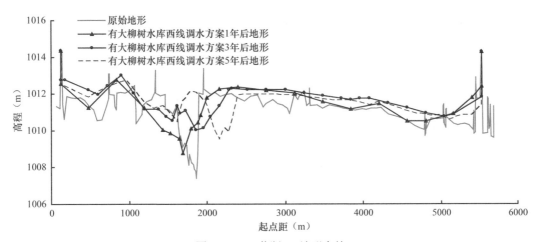

图 13.4-41　黄断 50 地形套绘

从图 13.4-42 可以看出，黄断 59 右岸滩地较高，左岸有打不素控导工程，工程根部淘刷相对于原始地形而言，变化不大。主槽基本稳定，但滩地略微表现为淤积，淤积厚度为 0.3m 左右。

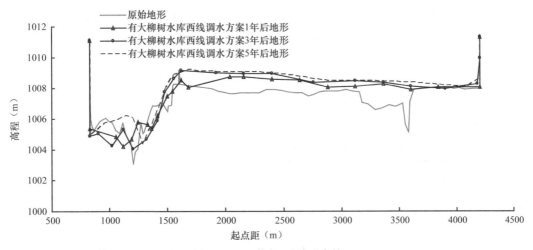

图 13.4-42　黄断 59 地形套绘

从图 13.4-43 可以看出，黄断 63 右岸滩地略有淤积，主河道冲淤变化明显，主槽宽深比逐渐增大，河道左岸因有三岔口控导工程，工程根部淘刷相对于原始地形而言，变化不大。但是第 5 年主槽位置淤积严重，在约 1250m 处形成新的主槽，且深弘点略有抬升。

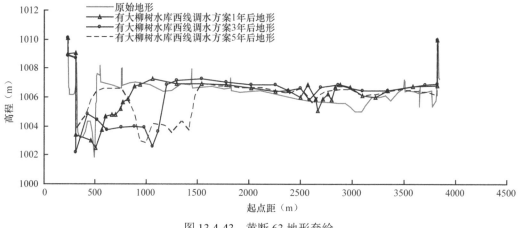

图 13.4-43 黄断 63 地形套绘

13.5 不同治理方案的分析比较

前三个方案是在相同的来水来沙条件下研究工程整治效果，后两方案则是研究现状工程作用下水库和调水调节对河道的影响。在调整龙刘水库运用方式方案下，总的来水量有所减少，但含沙量却是增大的。有大柳树水库西线调水方案下 5 年总水量相对于调整龙刘水库运用方式方案增加了 21%，而总的输沙量却减小了 1%。

从总量来看，五个不同方案来水来沙量没有太大差别，但是比较不同方案的来水来沙系列中 3 年来水年内变化可发现，第四、第五方案汛期流量比较大，且第五方案洪峰持续时间明显比第四方案时间长；非汛期第四、第五方案流量却明显偏小，第四方案非汛期较长。

针对五个不同方案，进行了系列年的放水试验，根据断面法并参考沙量平衡法，进行了不同方案河段系列年的冲淤量计算，主要按 1 年、3 年、5 年三个时段进行计算，计算成果汇总见表 13.5-1。

表 13.5-1 内蒙古模型试验系列年冲淤量计算结果统计

序号	方案	年际淤积量（亿 t）			累积淤积量（亿 t）		
		1 年	2～3 年	4～5 年	1 年	3 年	5 年
1	现状工程方案	0.897	0.018	0.050	0.897	0.915	0.965
2	河道整治方案	0.546	0.303	—	0.546	0.849	—
3	挖河疏浚方案	0.682	−0.074	—	0.682	0.608	—
4	调整龙刘水库运用方式方案	0.793	−0.225	0.186	0.793	0.568	0.754
5	有大柳树水库西线调水方案	0.630	−0.082	−0.007	0.630	0.548	0.541

（1）河道整治方案与现状工程方案对比分析

河道整治方案中，三湖河口至昭君坟河段共规划 15 座控导工程，加上现有的 9 座控导工程，共有 24 座工程。通过放水试验发现，河道整治工程大都能很好地发挥作用，主流归顺，洪水漫滩的概率明显降低，滩地淤积得到改善，高含沙支流入汇后，在整治工程的作用下，泥沙被带向下游，减少了泥沙在主槽内的淤积。3 年淤积总量为 0.849 亿 t，比同期现状工程少淤 0.066 亿 t，可见整治河道对归顺内蒙古河道主流、减少河道淤积还是起到一定作用的。

（2）河道整治方案与挖河疏浚方案对比分析

根据设计水沙系列，河道整治方案、挖河疏浚方案为同一水沙系列，1989～1991年汛期，共 3 年水沙过程。通过水沙过程特点分析可知，两方案的来水来沙总量一致，1989～1991 年汛期毛不拉孔兑、西柳沟同时发生高含沙支流入汇，称为"89.7"洪水，设计水沙系列中毛不拉孔兑、西柳沟来沙总量为 1.17 亿 t，就支流来沙总量而言，两者几乎无变化。

设计年径流量为 304.9 亿 m^3，根据实测资料，三湖河口站 1989 年径流量为 215 亿 m^3，设计年径流量增大 42%左右。但毛不拉孔兑、西柳沟支流洪峰流量只有 686m^3/s、842m^3/s，其对应的含沙量分别为 1119.5kg/m^3、652kg/m^3（出现于 1989 年 7 月 21 日），此时干流洪峰流量为 1100m^3/s 左右（干流最大洪峰流量为 2900m^3/s，出现于 1989 年 9 月 10 日）。也就是说，设计水沙系列中支流水沙搭配极不协调，出现小水带大沙的局面。虽然干流河道年径流量有所增加，但支流洪峰在前，小水带大沙，干流洪峰在后，滞后时间长达 2 个月，干支流洪峰的不协调仍有可能使此段河道淤积加重。

由于实施挖河疏浚工程，改善了河槽边界状态，有利于河道输水输沙，因此在相同的水沙条件下，至第 3 年时，全河段冲刷 0.074 亿 t，扣除挖河疏浚工程量，全河段净冲刷量为 0.065 亿 t，第 3 年末累积淤积总量降为 0.608 亿 t；全河段分别比现状工程方案与河道整治方案少淤 0.307 亿 t 和 0.241 亿 t；扣除挖河疏浚工程量，全河段净少淤量分别为 0.298 亿 t 和 0.232 亿 t，说明挖河疏浚方案对减少河道淤积还是起一定作用的。

（3）调整龙刘水库运用方式方案与有大柳树水库西线调水方案对比分析

从调整龙刘水库运用方式方案的水沙系列过程和有大柳树水库西线调水方案的水沙系列过程中都可以发现，干流水沙过程基本同步，但第 1 年的来水来沙占系列年的比重较大，并且支流的高含沙水流基本发生在第 1 年，两方案在第 1 年的淤积量较大，分别为系列年淤积量的 1.052 倍和 1.165 倍。

第 2 年与第 3 年期间，支流没有大的高含沙洪水，在干流比较适宜的水沙过程作用下，河道输水输沙能力增强，这一期间两方案中，全河段都维持冲刷状态，但调整龙刘水库运用方式方案的冲刷强度大些，是有大柳树水库西线调水方案的 2.74 倍。

在第 4 年和第 5 年中，调整龙刘水库运用方式方案中有支流高含沙洪水汇入，所以河道发生回淤，5 年累积淤积量比第 1 年少 0.039 亿 t，为第 1 年的 95%。在有大柳树水库西线调水方案中，由于依然没有支流高含沙洪水汇入，适宜的水沙过程使得河道持续冲刷，但冲刷强度有所减弱。对比第四和第五两方案可以发现，干流流量过程基本一致，大柳树水库调节过程来水量较大；大洪水过程一致，小水期大柳树水库调节的流量大于同期龙刘水库调节的流量。所以第五方案的河道总体淤积量要小，比第四方案少 0.213 亿 t，是第四方案淤积总量的 71.8%，体现了有大柳树水库西线调水方案对减轻该河段淤积的作用。

对比干流输沙率可以看出，两者在 5 年中的过程基本一致，但调整龙刘水库运用方式方案第 1 年的淤积量大于有大柳树水库西线调水方案，这主要是该期间小水期含沙量相对较高引起的。

13.6 小　　结

中小洪水和大洪水两种工况下的放水试验表明，流量是河势演变的重要水动力因素，小流量促使河势向弯曲型发展，大流量使得游荡型河势得以充分发展。如果长期在小流量（800m³/s 以下）作用下，河段将逐步向进一步弯曲型发展，甚至形成畸形河湾；控制稳定河势的理想流量应该是中等流量，为 1500～2100m³/s。中等洪水时，部分河段控导工程不连续，对河势控制作用弱；局部河湾有持续坐弯、抄控导工程后路的危险，工程需要适当上延。在控导工程比较完善的河段，对河势控制作用较强，大洪水时，主流趋直，会引起一些河段裁弯趋直，部分控导工程脱流失去作用。

支流高含沙洪水遭遇干流中水和小水两种工况下的模型试验表明，在主槽中等流量（整治流量）情况下，即使发生最不利的支流高含沙洪水入汇，也不会淤堵干流。在干流为小流量（800m³/s）情况下，支流高含沙汇入时西柳沟附近淤积更为明显，干流河道地形变化较为复杂，河槽变宽浅，支流出口处几乎完全被淤堵。

系列年下不同治理方案的模型试验表明，各治理方案第 1 年因遭遇支流高含沙洪水均造成了河道大量的淤积，其中现状工程方案第 1 年淤积量最大，为 0.897 亿 t，河道整治工程方案的第 1 年淤积量最小，为 0.546 亿 t。其后几年，各方案对进入河段水沙的不同影响使河道淤积量各不相同：前 3 年，河道整治方案与挖河疏浚方案相比，后者河道淤积少；总 5 年，调整龙刘水库运用方式方案与有大柳树水库西线调水方案相比，也是后者河道淤积少。总的来看，有大柳树水库西线调水方案因增加了汛期水量，调节优化了水沙关系，对河道减淤更有效。

14 结　　论

（1）宁蒙河段来水来沙特性

在广泛收集、系统整理宁蒙河段干流、支流、引水渠及退水渠等水沙资料的基础上，分析了宁蒙河段干流、支流、引水渠及退水渠的来水来沙特性。

1952 年 11 月至 2005 年 10 月，下河沿站年均水量为 296.6 亿 m³，年均沙量为 1.29 亿 t。1986 年 10 月以后，龙刘水库联合运用，改变了汛期、非汛期的来水比例，改变了汛期场次洪水的来水过程，降低了大流量出现的概率；加之黄河上游干流沿程工农业用水的增加，进入下河沿站的水量大幅度减少。1986 年 11 月至 2005 年 10 月下河沿站年均水量为 240.1 亿 m³，为天然状态下的 78.3%，汛期水量减少尤其突出，为天然状态下的 52.7%；年均沙量为 0.73 亿 t，为天然状态下的 30.3%，汛期沙量减少尤其突出，为天然状态下的 26.3%。

1960 年 11 月至 2005 年 10 月，宁蒙河段年均支流来水来沙量分别为 9.60 亿 m³ 和 0.652 亿 t。1986 年以来，宁蒙河段支流来沙量有较大幅度的增加，1986 年 11 月至 2005 年 10 月支流年均来水来沙量分别为 10.19 亿 m³ 和 0.827 亿 t。

1960 年 11 月至 2005 年 10 月，宁蒙灌区年均引水量为 134.4 亿 m³，年均引沙量为 0.439 亿 t，汛期引水引沙量占全年引水引沙量的比例分别是 54.3%、80.4%。

1960 年 11 月至 2005 年 10 月，宁蒙灌区年均退水量为 20.0 亿 m³，占年均引水量的 14.9%，年均退沙量为 0.032 亿 t，占年均引沙量的 7.3%。

（2）宁蒙河段冲淤特性

1952 年 11 月至 2005 年 10 月，宁蒙河段年均淤积量为 0.541 亿 t。其中，宁夏河段多年呈微淤状态，淤积主要发生在内蒙古河段。1986 年龙刘水库联合运用以来，宁蒙河段淤积严重，年均淤积量为 0.865 亿 t。其中，宁夏河段年均淤积量为 0.168 亿 t；内蒙古河段年均淤积量为 0.696 亿 t，占全河段淤积量的 80.5%，淤积主要发生在河槽内。

内蒙古巴彦高勒至头道拐河段的冲淤横向分布表明，1986 年以前，内蒙古河段有冲有淤，发生淤积时，滩槽同步淤积；发生冲刷时，主要集中在河槽内，而 1986 年以后，内蒙古河段发生持续性淤积，且淤积主要发生在河槽。主槽的淤积使主槽断面宽度缩窄，主槽过水面积减小，而表现出同流量水位的逐步抬升及河段平滩流量的急剧减小，至 2008 年该河段的平均平滩流量已不足 1500m³/s。

宁蒙河段的冲淤与来水来沙关系密切，来水条件是影响宁蒙河段冲淤演变的主要因素。经分析，当宁蒙河段汛期来沙系数为 0.0031kg·s/m⁶ 时，河道基本保持冲淤平衡状态，大于此值则发生淤积，反之则发生冲刷。

（3）宁蒙河段洪水输沙及冲淤特性

当下河沿站洪水平均含沙量大于 7kg/m³ 时，宁蒙河段以淤积为主；当下河沿站洪水平均含沙量小于 7kg/m³ 时，宁蒙河段以冲刷为主，且存在流量范围 2200~2500m³/s 宁蒙河段冲刷效率最高。

当洪水输沙效率在 0.85~1.00 时，需要的洪水输沙用水量为 107.0~127.2m³/t。另外，对内蒙古河段粗颗粒泥沙输移特性进行分析后，认为内蒙古河段粗颗粒泥沙能够被输移至头道拐站，且能冲刷前期河床淤积的粗颗粒泥沙，流量越大，冲刷挟带粗颗粒泥沙的能力越大。

（4）宁蒙河段主槽淤积萎缩原因

宁蒙河段近期淤积量增多的原因多而复杂，主要有自然因素和人为因素两种。

从黄河上游三个区域不同时段的降水量分析，20 世纪 90 年代降水偏少主要发生在龙羊峡至兰州区间，比年均值减少 3.9%。由于降水量减少，径流也相应地减少，河道淤积量增加。

中国科学院寒区旱区环境与工程研究所的研究表明，黄河内蒙古河段河道淤积的泥沙主要来源于内蒙古乌兰布和沙漠及十大孔兑的库布齐沙漠和丘陵沟壑梁地，该河段河床淤积物主要是来自沙漠的大于 0.1mm 的风积沙。

宁蒙河段（特别是内蒙古十大孔兑河段）支流来沙与干流淤积量相关性较强，是影响宁蒙河段淤积的主要因素之一。1970 年 11 月至 2005 年 10 月，考虑支流来水来沙与不考虑支流来水来沙相比，宁蒙河段年均多淤积 0.301 亿 t，其中，1970 年 11 月至 1986 年 10 月年均多淤积 0.207 亿 t，1986 年 11 月至 2005 年 10 月年均多淤积 0.377 亿 t。两者相比，说明后一时段的支流来水来沙加重了宁蒙河段的淤积。究其原因，一方面是因为干流有利于输送支流泥沙的来水量减小，另一方面是因为支流来沙本身也有增大。

引水引沙对河道冲淤特性的影响非常复杂，大量引水必然会导致河道淤积量的增加，而与此同时引沙又可以在一定程度上削减引水对河道淤积的影响。综合分析引水引沙与宁蒙河段冲淤的相对关系，认为引水引沙只是影响宁蒙河道淤积的一个因素，且不是控制性因素。1970 年 11 月至 2005 年 10 月，不考虑引水引沙与考虑引水引沙相比，宁蒙河段年均多淤积 0.072 亿 t，其中，1970 年 11 月至 1986 年 10 月年均多淤积 0.093 亿 t，1986 年 11 月至 2005 年 10 月年均多淤积 0.054 亿 t，同前一时段相比，后一时段引沙量较大，而引水量变化不大，因此由引水引沙引起的增淤量较小。

经过对青铜峡水库和三盛公水库排沙运用方式的了解及对排沙期河道冲淤变化的分析，认为青铜峡水库排沙对水库下游河道的影响主要发生在排沙期，造成了邻近河段的短暂淤积，而三盛公水库排沙对水库下游河道的冲淤基本没有影响。

通过对龙刘水库运用以来的水沙条件进行还原，计算了还原后的宁蒙河段冲淤量，比较可得 1986 年 11 月至 2005 年 10 月龙刘水库联合运用使宁蒙河段年均增淤了 0.274 亿 t。

由上可知，各种因素对近期宁蒙河段淤积加重特别是内蒙古河段主槽淤积萎缩均有不同程度的影响，我们对此有了基本的了解和定性的认识，而其中一些影响因素经过我们的定量计算有了初步的结论。总的来说，各影响因素对河道冲淤的作用都不是独立存在的，而是交织在一起，关系复杂，它们共同造就了近期宁蒙河段特别是内蒙古河段的主槽淤积萎缩。究其根本，主要原因是宁蒙河段的水沙关系不协调，洪水少、洪峰低、输沙水量不足，而这一根本则来自近期流域降水减少、工农业用水增加及龙刘水库调蓄运用。基于以上复杂的影响，解决宁蒙河段主槽淤积萎缩需要采取综合治理措施，可从水库调水调沙、增加来水量和采取工程及非工程措施等方面综合治理。

（5）解决宁蒙河段淤积的治理措施及治理效果研究

解决宁蒙河段淤积的措施主要包括调整龙刘水库运用方式、修建大柳树水库、南水北调西线调水工程、加高两岸堤防、挖河、十大孔兑治理等措施。

通过对各项治理措施的治理效果进行分析后认为，治理宁蒙河段的淤积问题，是一个极其复杂的问题，解决宁蒙河段的淤积问题，不能只靠单一的途径或单一的工程措施，需要多种措施相互配合，要做长期的努力。经综合分析，由龙刘水库和大柳树工程联合调节加上西线调水工程，是解决内蒙古河道淤积较为有效的措施之一，能恢复和维持内蒙古河道的中水河槽。

（6）模型

试验表明，流量是三湖河口至昭君坟河段河势演变的重要水动力因素，小流量促使河势向弯曲型发展，大流量使得游荡型河势得以充分发展，控制稳定河势的理想流量应该是中等流量，为 $1500\sim2100\text{m}^3/\text{s}$。在主槽中等流量（整治流量）的情况下，即使发生最不利的支流高含沙洪水入汇，也不会淤堵干流。在干流为小流量（$800\text{m}^3/\text{s}$）情况下，支流高含沙汇入时西柳沟附近淤积更为明显，干流河道地形变化较为复杂，河槽变宽浅，支流出口处几乎完全被淤堵。

系列年下不同治理方案的模型试验表明，各治理方案第 1 年因遭遇支流高含沙洪水均造成了河道大量的淤积，其中现状工程方案的第 1 年淤积量最大，为 0.897 亿 t，河道整治工程方案的第 1 年淤积量最小，为 0.546 亿 t。其后几年，各方案对进入河段水沙的不同影响使河道淤积量各不相同：前 3 年，河道整治方案与挖河疏浚方案相比，后者河道淤积少；总 5 年，调整龙刘水库运用方式方案与有大柳树水库西线调水方案相比，也是后者河道淤积少。总的来看，有大柳树水库西线调水方案因增加了汛期水量，调节优化了水沙关系，对河道减淤更有效。

参 考 文 献

李天全. 1998. 青铜峡水库泥沙淤积. 大坝与安全, (4): 21-27.

水利部黄河水利委员会. 2004. 黄河下游治理方略专家论坛. 郑州：黄河水利出版社.

拓万全, 等. 2009. 黄河宁蒙河道泥沙来源与淤积变化过程研究. 中国科学院寒区旱区环境与工程研究所.

汪岗, 范昭. 2002. 黄河水沙变化研究. 郑州：黄河水利出版社.

王玲, 等. 2004. 黄河流域调查评价. 水利部黄河水利委员会水文局.

吴保生, 申冠卿. 2008. 来沙系数物理意义的探讨. 人民黄河, 30(4): 15-16.

许炯心. 2009. 黄河下游洪水的输沙效率及其与水沙组合和河床形态的关系. 泥沙研究, (4): 45-50.

严军, 王艳华, 王俊, 等. 2009. 黄河下游水沙条件对河道冲淤的影响. 人民黄河, (3): 17-18.

杨根生, 拓万全. 2004. 风沙对黄河内蒙古河段河道淤积泥沙的影响. 西北水电, (3): 44-49.

杨根生, 拓万全, 戴丰年, 等. 2003. 风沙对黄河内蒙古河段河道泥沙淤积的影响. 中国沙漠, 23(2): 152-159.

云雪峰, 等. 2001. 内蒙古黄河三盛公水利枢纽工程管理资料汇编（1961-2000）. 内蒙古自治区黄河工程管理局.

张海燕. 1994. 一九九三年内蒙古自治区水利建设情况. 内蒙古水利, (2): 38.

张占厚, 李永利, 刘来勇. 2001. 对库容冲淤变化情况和水、沙量的分析—— 三盛公水库 2000 年泄库冲刷试验. 内蒙古科技与经济, (2): 78-80.

张自强. 2005. 青铜峡水库 2004 年汛末冲库排沙调度. 人民黄河, (10): 31-32.

中国科学院黄土高原综合科学考察队. 1991. 黄土高原地区北部风沙区土地沙漠化综合治理. 北京：科学技术出版社.